普通高等教育"十三五"规划教材

水力机组辅助设备

主　编　张成立

主　审　王　煜

中国水利水电出版社

www.waterpub.com.cn

·北京·

内 容 提 要

本书按照能源与动力工程专业（水动方向）的培养目标要求编写，包括水轮机进水阀及常用阀门、油系统、压缩空气系统、技术供水系统、排水系统、水力监测系统常用的传感器及仪表、水电站水力监测系统以及辅助设备系统的设计，附有大量思考题、习题以及系统图常用图形符号。

本书可作为高等学校能源与动力工程专业（水动方向）《水力机组辅助设备》的教材，也可供相关工程技术人员参考。

图书在版编目（C I P）数据

水力机组辅助设备 / 张成立主编. -- 北京 ：中国水利水电出版社，2017.2（2024.1重印）
普通高等教育"十三五"规划教材
ISBN 978-7-5170-5214-2

Ⅰ．①水… Ⅱ．①张… Ⅲ．①水力机组－辅助系统－高等学校－教材 Ⅳ．①TV735

中国版本图书馆CIP数据核字(2017)第039706号

书　　名	普通高等教育"十三五"规划教材 **水力机组辅助设备** SHUILI JIZU FUZHU SHEBEI
作　　者	张成立　主编　王煜　主审
出版发行	中国水利水电出版社 （北京市海淀区玉渊潭南路 1 号 D 座　100038） 网址：www.waterpub.com.cn E-mail：sales@mwr.gov.cn 电话：(010) 68545888（营销中心）
经　　售	北京科水图书销售有限公司 电话：(010) 68545874、63202643 全国各地新华书店和相关出版物销售网点
排　　版	中国水利水电出版社微机排版中心
印　　刷	天津嘉恒印务有限公司
规　　格	184mm×260mm　16 开本　17.75 印张　421 千字
版　　次	2017 年 2 月第 1 版　2024 年 1 月第 2 次印刷
印　　数	2001—4000 册
定　　价	**49.00 元**

凡购买我社图书，如有缺页、倒页、脱页的，本社营销中心负责调换

前　言

本书按照能源与动力工程专业（水动方向）的培养目标要求编写。本书紧密结合水电站生产实际，大量吸收新理论、新技术、新设备、新工艺在水电站中的应用成果，反映专业与学科前沿的发展趋势，努力体现本书的先进性与实用性，并保持部分传统内容，以保证本书的系统性与完整性。

本书共分八章，包括水轮机进水阀及常用阀门、油系统、压缩空气系统、技术供水系统、排水系统、水力监测系统常用的传感器及仪表、水电站水力监测系统以及辅助设备系统的设计，每章均附有大量思考题与习题，以供教学与学习中选做，附录水力机械系统图常用图形符号表供学习与设计中查阅和参考。

本书由昆明理工大学冶金与能源工程学院水动教研室张成立主编，王煜主审，参与部分内容编写的还有李丹、张晓旭、于凤荣、罗竹梅及吕顺利等。

本书在编写过程中得到了昆明理工大学、昆明理工大学冶金与能源工程学院的大力支持与资金资助，在此表示衷心感谢！

在本书编写过程中，近几届水动方向的部分学生提出了大量宝贵意见，在此表示感谢！

由于编者学识水平和实践经验有限，书中难免存在不妥或错误之处，敬请读者批评指正。

编者

2016 年 9 月

目　录

第一章　水轮机进水阀及常用阀门

第一节　进水阀的作用及设置条件

进水阀又称主阀，大多数装置在压力钢管末端与蜗壳进口之间。

一、进水阀的作用

（1）岔管引水时构成检修机组的安全工作条件。当一根输水总管给几台机组供水时，若某一台机组需要停机检修，为了不影响其他机组的正常运行，需要关闭机组的进水阀。

（2）停机时减少机组漏水量和缩短重新启动时间。当机组长时间停机时，导叶漏水是不可避免的，特别是经过较长时间运行后，由于在导叶间隙处产生的空蚀和磨损，更使漏水量增加。据统计，一般导叶漏水量为机组最大流量的 $2\% \sim 3\%$，严重的可达 5%，造成水能的大量损失。当漏水量过大时，还可能出现停机困难或无法停机的情况，低速转动将造成机组轴瓦磨损的加剧甚至烧瓦，威胁机组轴承的安全运行。装设进水阀后，由于关闭较严，止漏效果较好，可有效减小由于漏水造成的损失。另外，机组停机时一般不关闭进水口闸门，因为压力水管放空后，机组投入运行时需重新充水，既延长了启动时间，又使机组不能保持随时备用的状态，失去了机组运行的灵活性和速动性。因此，对于高水头、长压力引水管的电站，装设进水阀作用尤为明显。

（3）防止飞逸事故扩大。当机组出现事故且调速系统失灵时，水轮机导叶失去控制，此时可紧急关闭进水阀，截断水流，防止机组飞逸时间超过允许值，避免事故扩大。如果没有设置水轮机进水阀，则应紧急关闭压力管道进水口的快速闸门，但由于压力管道排空需要时间，机组的飞逸时间会较长。

二、进水阀的设置条件

基于进水阀的作用，设置进水阀是必要的，但因进水阀设备昂贵，安装工作量较大，还可能增加厂房土建费用，地下厂房尤为明显，因此，设置进水阀一般应符合下列条件：

（1）由一根输水总管分岔供给几台机组用水时，应在每台水轮机前设置进水阀。

（2）对水头大于 $120 \sim 150\text{m}$ 的单元输水管，应设置进水阀，并在进水口设置快速闸门。高水头引水式电站压力管道较长，充水时间也长，且水头越高导叶漏水越严重，能量损失也越大。

（3）对于最大水头小于 $120 \sim 150\text{m}$、长度较短的单元输水管，如坝后式电站，一般仅在进水口装设快速闸门，并与机组的过速保护联动。对多泥沙电站，由于进水口闸门容易磨损和淤沙，很难保证快速切断水流，因此，经过充分论证后也可设置进水阀。

（4）单元输水的可逆式机组宜设置进水阀。

（5）对进水口仅设置了事故闸门并采用移动式启闭机操作的单元引水式电站，若无其他可靠的防飞逸措施，一般需设置进水阀，以保证机组的安全及减少导叶在停机状态下的空蚀破坏和泥沙磨损。

三、对进水阀的技术要求

由于进水阀是机组和电站的重要安全保护设备，因此对其结构和性能有较高的要求，主要需满足如下的技术要求：

（1）工作可靠，操作简便。

（2）结构简单，体积小，重量轻。

（3）全开时水力损失应尽可能小，以提高机组对水能的利用率。

（4）有严密的止水装置，以减小漏水量，使进水阀后的部件检修方便。

（5）进水阀本身及其操作机构的结构和强度应满足运行要求，能承受各种工况的水压力和振动。

具有防飞逸功能的进水阀，在事故发生时应能在动水压力下迅速关闭，关闭时间应满足发电机飞逸转速允许延续的时间和压力管道允许水击压力值的要求，一般为 1～3min。对于采用液压操作的进水阀，一般可在 30～50s 内紧急关闭。

仅做检修机组截断水流用的进水阀，启闭时间可根据运行要求确定，一般为 2～5min，而且关闭是在静水中进行的。

进水阀通常只有全开或全关两种工况，不允许部分开启来调节流量，以免造成过大的水力损失和影响水流稳定，从而引起过大的振动。另外，进水阀也不允许在动水情况下开启，这样既加大了操作力矩，也会产生很大的振动，运行上也不需要。

第二节　进水阀的型式及其主要构件

常用的水轮机进水阀主要有蝴蝶阀、球阀、筒形阀和闸阀四种。

一、蝴蝶阀（简称蝶阀）

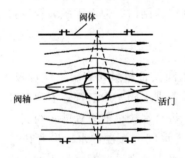

图 1-1　活门绕流示意图

1. 工作原理

蝶阀主要是由圆筒形的阀体和可在其中绕轴转动的活门及其他部件组成。蝶阀关闭时，活门四周与阀体接触，切断和封闭水流通路；蝶阀开启时，水流绕活门两侧流过，如图 1-1 所示。

2. 主要类型

根据蝶阀阀轴的布置型式，可把蝶阀分为立轴和卧轴两种，如图 1-2、图 1-3 所示。这两种蝶阀水力性能没有明显差别，均有广泛应用。其各自的特点如下：

（1）立轴蝶阀的阀体组合面一般在水平位置，可就地逐件装拆。而卧轴蝶阀的阀体组合面大多在垂直位置，需要在安装场装配好后，整体吊装就位，故安装和检修复杂一些。

（2）立轴蝶阀的下部轴承容易沉积泥沙，需要定期清洗，否则下部轴承容易磨损，甚至引起活门下沉，影响密封性能。而卧轴蝶阀则无此问题。

（3）立轴蝶阀的操作机构位于阀体的顶部，有利于防潮和运行人员维护检修，但阀体需要一个刚度很大的支座来固定，为支承活门的重量，在下端需装设推力轴承，故结构较

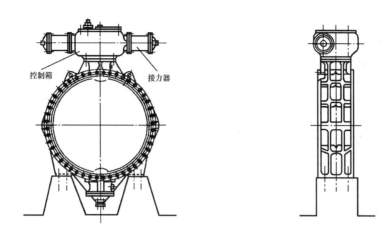

图 1-2 立轴蝶阀

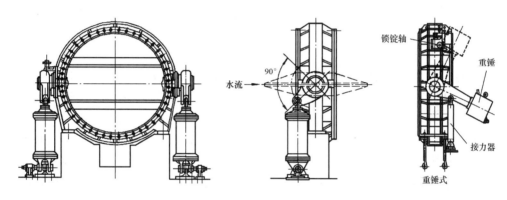

图 1-3 卧轴蝶阀

为复杂。卧轴蝶阀的操作机构可布置在阀体的一侧或两侧，并可利用混凝土地基做基础，不需支承活门的推力轴承，故结构较简单。

（4）立轴蝶阀与卧轴蝶阀相比，布置相对较为紧凑，所占厂房面积要略小一些。

（5）作用在卧轴蝶阀活门上的水压力合力位于阀轴中心线以下，其水力矩有利于活门的动水关闭。部分卧轴蝶阀利用这一水力特性，适当上移阀轴，使活门的下部面积比上部大 8%～10%，从而减少操作力矩，缩小操作机构。

由于立轴蝶阀下部轴承容易沉积泥沙，造成的磨损问题很难防止，因此在一般情况下，特别是多泥沙电站，宜优先选用卧轴蝶阀。

重锤式蝶阀在全开位置时，重锤被举至最高点蓄能，并被锁锭，在事故紧急关闭时，重锤释放重力能，迅速关闭截断水流，常用于中小型电站。

3. 主要部件

蝶阀的主要部件有阀体、活门、阀轴、轴承、密封装置、锁锭装置和操作机构等。

（1）阀体：为蝶阀的主要部件，呈圆筒形，水流由其中通过，既要承受水压力，支承蝶阀的全部部件，又要承受操作力和力矩，故要有足够的刚度和强度。直径较小、工作水头不高的阀体可采用铸铁铸造，中型阀体多采用铸钢结构，大型阀体则一般采用钢板焊接结构。阀体分瓣与否决定于运输、制造和安装条件。当活门与阀轴为整体结构或不易装拆时，则可采用两瓣组合。直径大于 4m 的阀体，一般采用两瓣或四瓣组合，分瓣面布置在与阀轴垂直的平面或偏离一个角度。阀体下部设有地脚螺栓，用来承受蝶阀的重量、操作力和力矩，而作用在活门上的水推力则由上游或下游侧的连接钢管传到基础上。因此，在地脚螺栓和孔的配合处，应按水流方向留有 30~50mm 的间隙，以便于安装和拆卸蝶阀。

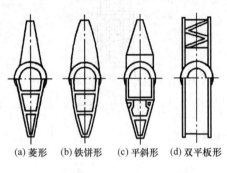

图 1-4 活门

（2）活门：活门装于阀体内，在全关位置时要承受全部水压力，在全开位置时处在水流中心且平行于水流，因此不仅要有足够的强度和刚度，而且要有良好的水力性能。图 1-4 所示为活门的常用形状。菱形活门阻力系数最小，但强度较弱，适用于水头较低的电站；铁饼形活门的断面外形由圆弧或抛物线构成，其阻力系数较菱形和平斜形大，但强度较好，适用于高水头电站；平斜形活门的断面中间部分为矩形，两侧为三角形，其阻力系数介于菱形和铁饼形之间，适用于直径大于 4m 的分瓣组合蝶阀；双平板形活门两侧各有一块圆形平板，两平板间由若干沿水流方向的筋板连接，在活门全开时两平板之间也能通过水流，故阻力系数小，活门全关时呈箱形结构，密封性能好，刚度大，能承受较大的水压力，但不便做成分瓣组合式结构，一般用于直径小于 4m 的蝶阀。根据水头高低，活门一般采用铸铁或铸钢结构，大型活门则采用焊接结构，为一中空壳体。

（3）阀轴和轴承：活门在阀体内绕阀轴转动，阀轴大多与活门直径重合，卧轴蝶阀有时也采用偏心结构，以利于动水快速关闭。阀轴与活门的连接方式一般有三种：当直径较小、水头较低时阀轴贯穿整个活门；当水头较高时阀轴分别用螺钉固定在活门上；当活门直径大于 4m 时，多采用分件组合方式。轴承用于支承阀轴，卧轴蝶阀有左、右两个导轴承，立轴蝶阀除上、下两个导轴承外，在阀轴下端还设有推力轴承，以支承活门重量。轴瓦材料常用铸锡青铜，轴瓦压装在钢套上，钢套用螺钉固定在阀体上，以便于检修轴瓦。

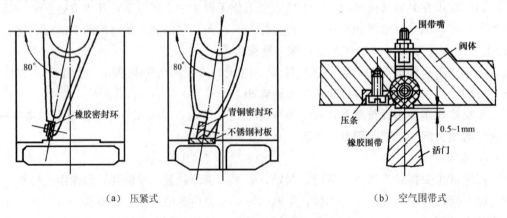

（a）压紧式　　　　　　　　　　　（b）空气围带式

图 1-5 周圈密封

（4）密封装置：包含活门外圆处的周圈密封和阀体与阀轴连接处的端部密封两种。周圈密封的型式又分为两种，如图1-5所示，一种是依靠阀门关闭的操作力将活门压紧在阀体上的压紧式，常用于小型蝶阀，其活门由全开至全关的转角为80°～85°，密封环采用硬橡胶板或青铜板制成，在与活门密封接触处的阀体上加不锈钢衬板；另一种是空气围带式，常用于直径较大的蝶阀，当活门关闭后，密封环充气膨胀，封住间隙，其活门由全开至全关的转角为90°。常用橡胶围带，一般装在阀体上，当活门关闭后，围带内充入压缩空气而膨胀，封住周围间隙。活门开启前应先排气，待围带缩回后方可开启。充入围带内的压缩空气压力应大于最高水头（不包括水锤升压值）0.2～0.4MPa，在不充气时，围带与活门的间隙为0.5～1.0mm。端部密封的型式很多，效果较好的有青铜涨圈式和橡胶围带式，前者适用于直径较小的蝶阀，后者适用于直径较大的蝶阀。双平板形活门的周圈密封移到阀轴外部，形成一个整圈，并取消了端部密封，所以漏水小，密封性能好。

（5）锁锭装置：蝶阀活门在稍微偏离全开位置时就会产生自关闭的水力矩，为防止因漏油或液压系统事故以及水流冲击作用而引起蝶阀误开或误关，必须装设可靠的锁锭装置，在全开或全关位置时投入该装置，以锁锭阀门位置。

（6）附属部件。

1）旁通管和旁通阀：进水阀一般要求动水关闭，但不要求动水开启，所以一般在蝶阀上均装有旁通管和旁通阀，在蝶阀开启前，先开启旁通阀，对阀后充水，当蝶阀两侧的压力相等后，再在静水中平压开启蝶阀，以减小开启力矩和消除开启振动。旁通管的断面面积一般取蝶阀过流面积的1%～2%，但旁通流量必须大于导叶漏水量。旁通阀一般采用闸阀或针形阀，用液压、电动或手动操作，液压操作用于大直径旁通阀。由于旁通闸阀是在两侧压差较大的动水情况下开启的，在开启的初始阶段闸板振动强烈，故应快速开启旁通闸阀至全开位置，以尽快避开闸板振动区域。

2）空气阀：为了在蝶阀关闭时向阀后补充空气，防止产生真空而破坏钢管，同时，为了在向阀后充水时排出空气，必须在蝶阀下游侧压力钢管的顶部设置空气阀。图1-6所示为空气阀的原理图，空气阀由导向活塞、通气孔和空心浮筒等组成。当蝶阀后水面降低时，空心浮筒下降，使引水管经通气孔与大气相通，实现补气。当蝶阀后充满水时，空心浮筒上浮至极限位置，引水管与大气隔绝，防止水流溢出。

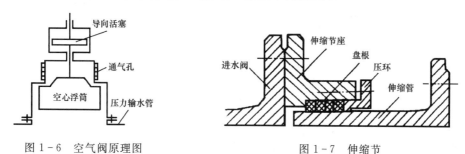

图1-6　空气阀原理图　　　　　　　　　图1-7　伸缩节

3）伸缩节：在蝶阀的上游侧或下游侧，通常装有伸缩节，使蝶阀能沿水平方向移动一定距离，既可补偿钢管的轴向温度变形，又便于蝶阀的安装和检修。图1-7所示为一种常见的伸缩节结构，伸缩节与蝶阀以法兰螺栓连接，伸缩缝中装有3～4层石棉盘根或橡胶盘根，用压环压紧，以阻止伸缩缝漏水。对岔管输水系统，如岔管外露部分不长，伸缩节最好装设在蝶阀下游侧，以便在不影响其他机组正常运行情况下检修伸缩节。

4. 主要特点

（1）结构简单，尺寸较小，重量较轻，造价便宜，操作方便。

（2）能动水关闭，可用作机组快速关闭的保护阀门。

（3）活门对水流流态有一定影响，引起水力损失和空蚀，特别是在高水头下使用时，因活门厚度增大和流速增加而更为明显。

（4）封水性能不如其他阀门，有一定漏水，围带在阀门启闭过程中容易擦伤，会使漏水量增加。

对于重锤式蝶阀，在事故紧急关闭时，还具有先快后慢的关闭特性，能有效控制机组的转速上升和压力钢管的水锤压力上升，是中小型机组安全可靠的后备保护装置。

5. 应用范围

蝶阀一般适用在水头 250m 以下、管道直径 1～6m 的水电站，更高水头时应和球阀作选型比较。目前已制成的蝶阀最大直径达 8.23m，最高水头达 300m。

二、球阀

1. 工作原理

球阀通常采用卧轴结构，如图 1-8 所示，在球阀全开时，圆筒形活门的过水断面与压力引水管道直通，相当于一段钢管，对水流几乎不产生阻力，此时工作密封盖位于上部，如图 1-8（a）和（b）上半部所示；在球阀全关时，活门旋转 90°，由密封装置截断水流，如图 1-8（b）的下半部所示。

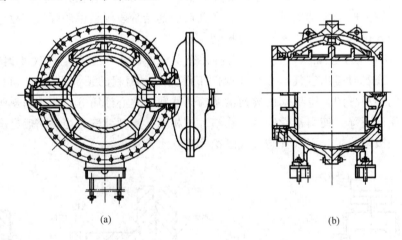

(a)   (b)

图 1-8　球阀

2. 主要部件

球阀的主要部件有阀体、活门、阀轴、轴承、密封装置、操作机构等。

（1）阀体：阀体通常由两件组成，分为偏心分瓣和对称分瓣两种，偏心分瓣的组合面靠近下游侧，阀体地脚螺栓布置在靠上游侧的大半个阀体上，特点是分瓣面螺栓受力均匀，但阀轴与活门必须为装配式，否则活门无法装入阀体；对称分瓣的组合面位于阀轴中线上，如图1-8所示，阀轴与活门可采用整体结构，以减轻重量。阀体多为铸钢件。

（2）活门：活门呈圆筒形，上有一块可移动的球面圆板密封盖，在由其间隙进入的压力水作用下，推动密封盖封住出口侧的孔口，随着阀后水压力的降低，形成严密的密封。由于承受水压的工作面是一球面，改善了受力条件，不仅使球阀能承受更大的水压力，而且还节省了材料，减轻了重量。活门和阀轴为整体结构时，可采用铸钢整铸或铸焊方式。

（3）密封装置：球阀的密封装置有工作密封和检修密封两种，其结构如图1-9所示。工作密封：位于球阀出流侧，由密封环、密封盖等组成，其动作程序为：球阀开启前，先由旁通阀向下游侧充水，同时打开卸压阀，将密封盖2内腔的压力水从孔c排出，随着下游侧水压力的逐渐升高，在弹簧和阀后水压力的作用下，密封盖2逐渐脱离密封环1，这时即可开启活门。相反，当活门关闭后，孔c被卸压阀关闭，上游侧压力水由活门和密封盖护圈4之间的间隙流进密封盖2的内腔，随着下游水压力的下降，密封盖2逐渐突出，直至与密封环1压紧为止。

早期的球阀仅设有工作密封，这样在一些重要的高水头电站通常需设置两

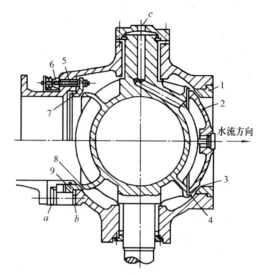

图1-9　球阀的密封装置
1—密封环；2—密封盖；3—密封面；4—护圈；
5—螺杆；6—调整螺母；7—密封环；
8—密封面；9—密封环

个球阀，一个为工作球阀；另一个为检修球阀。现在的球阀一般在上游侧均设有检修密封，用于检修工作密封、阀轴密封和接力器。检修密封有机械操作和水压操作两种，图1-9左上侧所示为机械操作结构，利用螺母6和螺杆5调整密封环7，使其压紧或脱开密封面。由于零件多，操作不方便，易因周围螺杆作用力不均而造成偏卡或动作不灵，故已淘汰。图1-9左下侧所示为水压操作结构，当投入检修密封时，孔a充入压力水，孔b排水，在水压力作用下密封环9向右伸出，紧压在密封面8上；退出检修密封时，孔b充入压力水，孔a排水，密封环9左移，与密封面8脱离。

为了防止生锈，密封装置的活动零件和相应的滑动面一般采用不锈钢材料或加不锈钢保护层。

（4）附属部件：液压操作的球阀一般设有三个液压阀，分别是旁通阀、卸压阀和排污阀，并设有空气阀和伸缩节等部件。卸压阀的作用是在启闭活门时，把密封盖内腔的压力水排至下游，避免密封盖与密封环摩擦。排污阀用来排除积存在球阀壳体内下部的污水。

3. 主要特点

（1）承受水压高，关闭严密，漏水极少。

（2）全开时水流条件良好，几乎没有水力损失，密封装置不易磨损。

（3）活门刚性好，动水关闭时振动小，阀门操作力小，动水操作时水阻力只有摩擦力

的 5%左右，有利于动水紧急事故关闭。

（4）体积大，结构复杂，重量大，造价高，直径较大时尤为显著。为节省投资，可通过采用较高的流速来缩小球阀尺寸。

4. 应用范围

球阀一般适用于水头在 200m 以上、管道直径在 2～3m 以下的水电站。目前已制成的球阀最大直径为 4.96m，最高水头已超过 1000m。

三、筒形阀

筒形阀由法国 Neyrpid 公司 1947 年提出，1962 年首次应用于 Monteynard 水电站，经过不断的改进与完善，逐步得到越来越多的应用，1993 年在我国漫湾电站成功投运。筒形阀在结构、布置和作用等方面均与常规进水阀有一定差异。

1. 工作原理

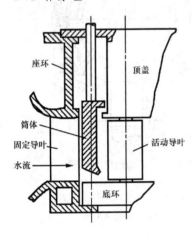

图 1-10　筒形阀的布置

筒形阀主要由筒体、操动机构和同步控制机构组成。筒体安装在水轮机活动导叶与固定导叶之间，其布置如图 1-10 所示，阀门关闭时，筒体沿环状阀槽落下，与顶盖和底环构成密封面截断水流；开启时筒体被提升到座环与顶盖之间的空腔内，其底部和顶盖下端齐平，不干扰水流的正常流动。筒形阀由多套液压操作机构同时进行操作，并用同步控制机构来保证操作同步性。

2. 主要部件

筒形阀的主要部件有筒体、操动机构、同步控制机构和密封装置等。

（1）筒体：筒体是一薄而短的大直径圆筒，常用 20 号锅炉钢板卷焊制成，其内圆必须略大于剪断销剪断后导叶与限位销相碰时的最大外圆，厚度应满足在关闭行程末端被异物卡住时所产生的不平衡操作力与周围水压力联合作用下的强度和刚度要求。当筒体尺寸较大时，可分瓣制造、运输和现场组装。

在筒体与固定导叶之间一般装有青铜导向板，以对筒体移动进行导向。当筒体被卡住时，应及时切除操作机构的油源，使筒体停止移动。

（2）操动机构：操动机构用于控制筒体上下运动，以启闭筒形阀，一般采用多套操动机构来保证筒体受力均匀，但由于受顶盖上方空间位置的限制，通常对称布置四套操动机构，当筒体直径较大时，可适当增加操动机构数量。

早期的筒形阀，操动机构普遍采用大力矩的低速油压马达作为动力，带动丝杠完成启闭动作，其结构如图 1-11（a）所示。由于丝杠和螺母具有自锁功能，故筒形阀可停留在任意位置上。现在的筒形阀，均采用直缸接力器进行操作。

（3）同步控制机构：用于协调各操动机构的操作同步性，使各操动机构动作一致，确保筒形阀启闭平稳，避免在动水关闭时受水流冲击而引起筒体晃动，如图 1-11（b）为同步链条方式。

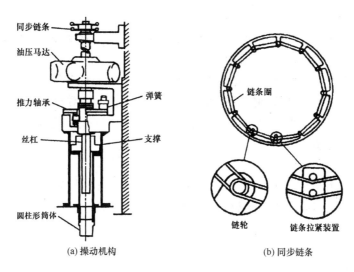

图 1-11 筒形阀传动原理图

（4）密封装置：为减少漏水量，在筒体与顶盖、底环之间设有密封装置，如图 1-12 所示。筒体与顶盖之间的密封称为上密封，筒体与底环之间的密封称为下密封。上密封由顶盖底部外缘处带凸缘的环形橡胶板和压板组成，下密封由底环外缘处的环形橡胶条和压板组成。当筒形阀关闭后，上、下缘与密封橡胶压紧，实现止水。压板和内六角螺钉均为不锈钢材质，密封件长度应留有余量，在装配时可按实际情况切割。实践证明这种密封装置止水性能好，使用寿命也较长。

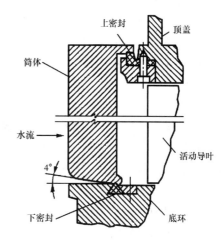

图 1-12 筒形阀的密封

筒形阀的操作力矩、零部件的结构强度和刚度必须满足动水关闭的要求。在动水关闭中，当筒形阀关到约 90% 行程时，筒体下端面开始脱流，而上端面仍承受动水压力，上下端面的压差即为作用于操作机构上的下拉力，该力可达阀门重量的 10 倍左右。实验表明，筒体下端面存在一定的倾斜角时，下拉力可显著降低。下拉力随倾斜角的增大而减小，但倾斜角越大，则筒形阀全开时，筒体下端面与顶盖、座环之间过流面的平滑性越差，对水流的影响也就越大。实际应用中倾斜角一般为 2°～6°，如漫湾水电站采用 4°。

3. 主要特点

（1）结构简单，造价便宜，成本仅为蝶阀的 1/3～1/2、球阀的 1/4，不占用压力引水管道，无伸缩节、连接管、旁通阀和空气阀等附属设备，布置方便，可有效减小厂房宽度和地下电站的土建开挖量，降低电站投资。

（2）全开时不阻碍水流，水力损失小，关闭后封水严密，可有效减轻导叶的间隙空蚀和泥沙磨损，延长导叶的检修周期，对高水头、多泥沙电站或承担调峰调频任务的机组效果尤为明显。

（3）操作程序简单，启闭迅速，开启或关闭时间一般不超过60s，事故停机时能提供有效的过速保护，可实现调峰机组的快速启停。

（4）部分零部件加工精度要求高，安装难度大，座环和顶盖等部件需进行适当改造，目前还没有相关的设计、制造和安装标准规范，应用经验也相对较少。

（5）关闭后顶盖处于承压状态，不能用作检修阀门，检修时需要关闭进水闸门，一般不适用于岔管引水电站。

4. 应用范围

筒形阀一般适用于水头在60～400m的水电站，特别是水头在150～300m的单元引水式电站，对多泥沙电站或承担调峰调频任务的机组尤为适合。

四、闸阀

1. 工作原理

闸阀主要由阀体、阀盖和闸板等组成。关闭时，闸板下移到最低位置，其侧面与阀体接触，切断水流通路，同时，闸板上的密封面依靠操作力和闸板两侧流体的压差实现密封。全开时，闸板沿阀体中的闸槽向上移动至阀盖空腔内，水流通道全部打开，流道直通，水流平顺，水力损失很小。当闸板处于部分开度时，水力损失较大，易引起闸门振动，并可能损伤闸板和阀体的密封面，因此闸阀不宜用作调节或节流，一般只有全开和全关两种工作位置。

2. 主要类型

闸阀按操作方式有液压操作、电动操作和手动操作三种，电动和手动操作的闸阀，阀杆上通常设有螺纹，按螺母所处位置不同可分为明杆式和暗杆式两种，如图1-13所示。明杆式的螺母在阀盖外，不与水接触，阀门启闭时，操作机构驱动螺母旋转，使阀杆向上或向下移动，从而使与阀杆连接在一起的闸板也随之启闭。暗杆式的螺母在阀盖内，与水接触，阀门启闭时，操作机构驱动阀杆旋转，使螺母向上或向下移动，从而使与螺母连在一起的闸板也随之启闭。

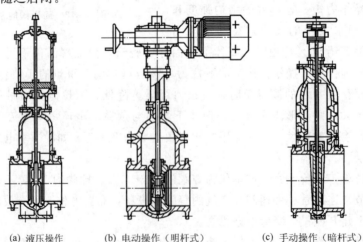

(a) 液压操作　　　(b) 电动操作（明杆式）　　　(c) 手动操作（暗杆式）

图1-13　闸阀类型

明杆式闸阀阀杆螺纹和螺母的工作条件较好，但阀杆上下移动，阀门全开时的总高度较大；暗杆式闸阀全开时总高度不变，但阀杆螺纹与螺母受水侵蚀，工作条件较差。作为进水阀使用的闸阀，一般为立式安装。

3. 主要部件

闸阀的主要部件有阀体、阀盖、闸板、阀杆和操作机构等。

（1）阀体：阀体是闸阀的承重部件，呈圆筒形，其中通过水流，要求具有足够的强度和刚度，一般采用铸造结构。在阀体上部开有供闸板升降的孔口，内壁上设有与闸板密封的闸槽。

（2）阀盖：阀盖一般为铸造件，其下部与阀体连接，共同构成闸阀开启时容纳闸板的空腔，顶部装有阀杆密封装置，通常采用石棉盘根密封。

（3）闸板：闸板按结构型式分为楔式和平行式两类，如图 1-14 所示。楔式闸板落于阀体中楔形闸槽内，靠操作力压紧来密封。楔式单闸板结构简单，尺寸小，但配合精度要求高；楔式双闸板楔角精度要求低，容易密封，但结构较复杂；平行式双闸板落于阀体中平行闸槽内，在操作力作用下，通过中心顶锥将两块闸板压紧两侧面来密封，该结构密封面之间相对移动小，不易擦伤，制造维修方便，但结构复杂，将逐渐被楔式闸板取代。大型闸板上一般设有滚轮，以减少闸板移动时的摩擦力，并可设置旁通阀来实现平压启闭。闸板与闸槽接触的部位，通常设铜合金的密封条以改善止水效果。双闸板的闸阀宜直立安装，单闸板的闸阀可任意安装，而且用于水电站的闸阀不宜倒装，以免泥沙沉积。

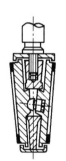

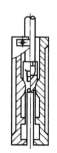

（a）楔式单闸板　　（b）楔式双闸板（明杆）　　（c）楔式双闸板（暗杆）　　（d）平行式双闸板

图 1-14　闸板结构

4. 主要特点

（1）结构简单，制造工艺成熟，运行维护方便，结构长度较短，便于布置。

（2）全开时，水力损失很小，全关时具有良好的密封性能，漏水量少。

（3）能自锁，不会由于水流冲击而自行开启或关闭。

（4）外形尺寸高，重量大，闸板下部的闸槽易淤积泥沙而导致关闭不严，密封件容易磨损或脱落。

（5）动水关闭时振动较大，操作力矩大，采用手动和电动操作的闸阀启闭时间长，一般仅作为检修阀门，用于截断水流。

5. 应用范围

闸阀的适用水头在 400m 以下，广泛用于压力引水管直径小于 1m 的小型电站，特别是卧式机组中。

第三节　进水阀的操作方式和操作系统

一、进水阀的操作方式

进水阀的操作按操作动力不同，一般分为液压、电动和手动操作三种类型。直径较大并做事故用的进水阀，为保证能迅速关闭，绝大多数都用液压操作；低水头、小直径及仅作检修用的进水阀，可采用电动操作；对于不要求远方操作的小型进水阀，因操作力较小，可采用手动操作。

液压操作一般采用油压或水压通过配压阀、接力器来实现。

当电站水头大于 120～150m 时，可采用压力钢管中的高压水来操作，以简化能源设备，但配压阀和接力器中与压力水接触的部分需采用耐磨和防锈材料，并保证水质清洁，为此一般需设置专门的滤水器。

当电站水头小于 120～150m 时，通常采用油压操作，以缩小接力器尺寸。压力油源可由专门的油压装置、油泵或调速器的油压装置取得，一般要根据电站的实际情况而定。由于进水阀的操作用油容易混入水分，使油质变差，故采用与调速系统共用油压装置时，对调速系统的油质是有影响的，需采取措施防止水分混入压力油。

常用的液压操作机构主要有如下几种：

（1）导管式接力器：图 1-15 所示为装在立轴进水阀上的导管式接力器。由于导管占据了部分工作空间，因而增大了接力器的活塞直径。根据操作力矩的大小，可采用一个或两个接力器，布置在一个盆状的控制箱上，控制箱固定在阀体上，常用于立轴进水阀中。

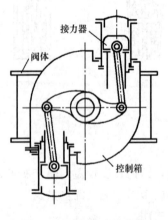

图 1-15　导管式接力器

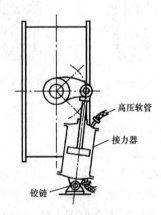

图 1-16　摇摆式接力器

（2）摇摆式接力器：图 1-16 所示为装在卧轴进水阀上的摇摆式接力器。为适应缸体的摆动，缸体下部用铰链与地基连接，管接头常用高压软管或铰链式刚性管。有的还在活门轴头上装有重锤，以利于机组紧急事故时的动水关闭，增加操作可靠性。该接力器工作时随着转臂摆动，不需要导管，故在同样的操作力矩下，活塞直径比导管式要小，广泛用于大中型卧轴进水阀中。

（3）刮板接力器：图1-17为刮板接力器，其缸体固定在阀体上，缸内用隔板分成三个腔体，活塞体装在阀轴上，其上有三个刮板，刮板在压力油的驱动下使活塞体转动，从而操作活门。该接力器结构紧凑，外形尺寸小，重量轻，在阀体上布置较方便，应用广泛，但零件较多，精度要求较高，制造难度较大。

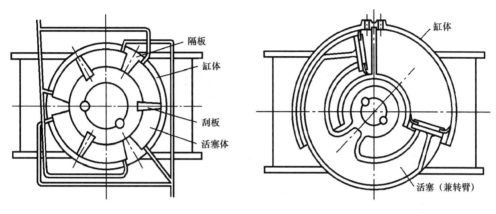

图1-17　刮板接力器　　　　　　　　　图1-18　环形接力器

（4）环形接力器：图1-18为环形接力器，其缸体固定在阀体上，接力器的活塞和转臂做成（或装配成）一体。该接力器零件少，应用较广泛。但精度要求较高，工艺较复杂，外形尺寸较大，操作时缸体和活塞变形量大，漏油量也大。

二、进水阀的操作系统

大中型电站进水阀的操作系统一般采用自动控制方式，由控制元件、放大元件、执行元件及连接管道等组成。当接收动作信号后，即按一定的程序进行关闭或开启的自动操作。以前常用继电器实现自动控制功能，现在则多采用计算机（如PLC）来完成自动控制。

（一）继电器控制方式

1. 蝶阀的液压操作系统

图1-19所示为水电站采用较多的蝶阀机械液压系统图（各元件位置相应于蝶阀全关状态），采用继电器控制方式时的动作过程如下：

（1）开启蝶阀：当发出开启蝶阀的信号后，开启继电器使电磁配压阀13（1DP）动作，活塞向上移动，使与油阀12（YF）相连的管路与回油接通，油阀上腔回油，使油阀开启，压力油通至四通滑阀11（STHF）的中腔。同时，由于电磁配压阀13（1DP）的活塞向上移动，压力油进入液动配压阀9（YP）的顶部，将其活塞压下，使压力油进入旁通阀活塞的下腔，而旁通阀活塞的上腔接通回油，该活塞上移，旁通阀开启，蜗壳充水。与此同时，锁锭1（SD）的活塞右腔接通压力油，左腔接通排油，于是将锁锭1（SD）拨出。压力油经锁锭通至电磁配压阀14（2DP）。待蜗壳水压上升至压力信号器4（YX）的整定值时，电磁空气阀6（DKF）动作，活塞被吸上，空气围带排气。排气完毕后，反映空气围带无压的压力信号器 7（YX）动作，使电磁配压阀 14（2DP）动作，活塞被吸上，压力油进入四通滑阀 11（STHF）的右端，并使四通滑阀的左端接通回油，四通滑阀的活塞向左移动，从而切换油路方向，压力油经四通滑阀通至蝶阀接力器开启侧，将蝶阀开启。当开至全开位置时，行程开关 3（1HX）动作，使全开位置的红色信号灯点亮，并将蝶阀开启继电器释放，从而使电磁配压阀 13（1DP）复归，旁通阀关闭，锁锭 1（SD）落下，同时关闭油阀 12（YF），切断总油源。

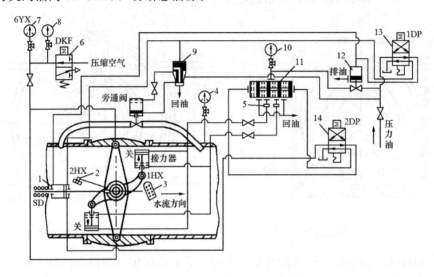

图 1-19　蝶阀机械液压操作系统图

1—锁锭 SD；2、3—行程开关 HX；4、7—压力信号器 YX；5—节流阀 JL；6—电磁空气阀 DKF；8、10—压力表；9—液动配压阀 YP；11—四通滑阀 STHF；12—油阀 YF；13、14—电磁配压阀 DP

（2）关闭蝶阀：当发出关闭蝶阀的信号后，关闭继电器使电磁配压阀 13（1DP）励磁，活塞被吸上，油阀 12（YF）开启，旁通阀开启，锁锭 1（SD）拨出，随即电磁配压阀 14（2DP）复归，活塞落下，压力油进入四通滑阀 11（STHF）的左端，推动活塞向右移动，从而切换油路方向，压力油进入蝶阀接力器关闭侧，将蝶阀关闭。当蝶阀关至全关位置后，行程开关 2（2HX）动作，使全关位置的绿色信号灯点亮，并将蝶阀关闭继电器释放。电磁空气阀 6（DKF）复归，围带充入压缩空气。同时电磁配压阀 13（1DP）复归，关闭旁通阀，锁锭 1（SD）投入，并关闭油阀 12（YF），切断总油源。

蝶阀的开启和关闭时间，可通过节流阀 5（JL）进行调整。

2. 球阀的液压操作系统

图 1-20 所示为一种常用的球阀机械液压系统图（各元件位置相应于球阀全关状态），它采用继电器控制方式，可在现场手动操作，现场或机盘自动操作，以及在中控室与机组联动操作。其动作程序如下：

（1）开启球阀：发出球阀开启命令后，开启继电器使电磁配压阀 1DP、2DP 的活塞提起，压力油经 A_1、B_1 作用到卸压阀的左腔，同时其右腔经 C_1、D_1 排油，卸压阀开启，密封盖内腔开始降压。这时，油阀上腔经 C_1、D_1 排油，油阀在下部油压作用下自动打开，向球阀操作系统提供压力油。压力油经 A_2、B_2 到旁通阀的下腔，其上腔通过 C_2、

D_2 排油，旁通阀打开，向蜗壳充水。蜗壳充满水后与压力钢管平压，这时密封盖的外侧压力大于内侧压力，故自动缩回，与阀体上的密封环脱离接触。当球阀前后压力平衡后，电接点压力信号器 YX 接通，使电磁配压阀 3DP 的活塞提起，压力油经 A_3、B_3 通向四通滑阀右侧，其左侧经 C_3、D_3 排油，四通滑阀左移，压力油通过四通滑阀的中腔进入接力器开启腔，而其关闭腔则经四通滑阀排油，球阀开启。待球阀全开后，行程开关 1QX 动作，使全开位置红色指示灯亮，并将电磁配压阀 1DP、2DP 复归，卸压阀与旁通阀关闭，压力油经 A_1、C_1 至油阀上腔，油阀关闭，切断油源。

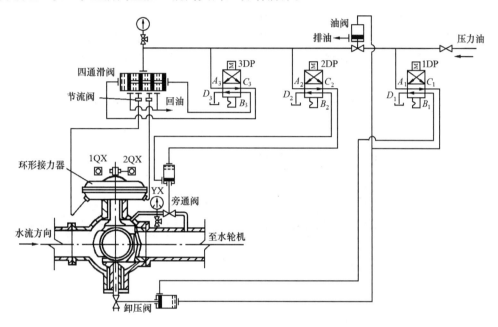

图 1-20　球阀机械液压操作系统图

（2）关闭球阀：当发出球阀关闭命令后，关闭继电器动作，使电磁配压阀 1DP 的活塞提起，卸压阀打开，密封盖缩回，油阀开启，操作油源接通。复归电磁配压阀 3DP，压力油经 A_3、C_3 使四通滑阀右移，压力油经四通滑阀进入接力器关闭腔，并使开启腔经四通滑阀排油，球阀关闭。待球阀全关后，行程开关 2QX 动作，使全关位置绿色指示灯亮，并将关闭继电器释放，电磁配压阀 1DP 复归，卸压阀及油阀关闭，压力水经密封盖与活门缝隙进入密封盖内腔，这时如果蜗壳中水压有所下降，密封盖将自动压出，与阀体上的密封环紧贴而止水。若蜗壳中水压未降低，可将蜗壳排水阀或水轮机导叶略微打开，使密封盖内外造成压差而压出。

球阀的开启和关闭时间，可通过节流阀进行调整。

3. 电动操作系统

电动操作装置分为 Z 型和 Q 型两种。Z 型的输出轴能旋转多圈，适用于闸阀；Q 型的输出轴只能旋转 90°，故适用于蝶阀和球阀。主要由以下几部分组成：

（1）专用电动机：以适应阀门开启之初扭矩最大和关闭末了迅速停转的要求，其特点是启动转矩大，转动惯量小，短时工作制。

（2）减速器：结构型式很多，其中蜗轮传动结构简单，传动比较大。

（3）转矩限制机构：为一种过载安全机构，用以保证操作机构输出转矩不超过预定值，蜗杆窜动式工作可靠，适用扭矩范围大。

（4）行程控制机构：保证阀门启闭位置的准确性，要求灵敏、精确、可靠和便于调整，其中计数器式精度高，调整方便。

（5）手动-电动切换机构：用于改变操作方式，分全自动、半自动和全人工三种，半自动结构简单，工作可靠。

（6）开度指示器：用来显示阀门在启闭过程中的行程位置，有直接机械指示部分和机电信号转换部分，前者供现场操作时观察用，后者供远距离操作时使用。

（7）控制箱：用以安装各种电气元件和控制线路，可装在现场或控制室内。

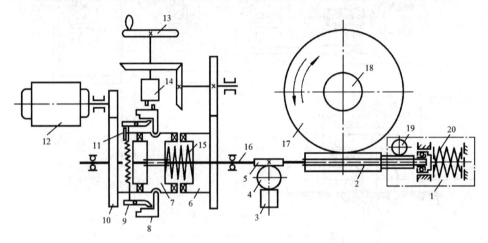

图 1-21　Z 型电动操作装置传动原理图

1—转矩限制机构；2—蜗杆套；3—行程控制器；4—中间传动轮；5—控制蜗杆；6、10—带离合器齿轮；
7—离合器；8—活动支架；9—卡钳；11—圆销；12—专用电动机；13—手轮；14—偏心拨头；
15—弹簧；16—花键轴；17—蜗轮；18—输出轴；19—齿轮；20—蝶形弹簧

图 1-21 所示为用于闸阀的 Z 型电动操作装置传动原理图，采用继电器控制方式时的动作过程如下：

（1）开启阀门：向开阀控制回路发出信号，接通电动机电源，电动机向开阀方向旋转，经带离合器齿轮 10、离合器 7、花键轴 16、蜗杆套 2、蜗轮 17、输出轴 18，带动阀杆转动，使阀门开启。当阀门达到全开位置时，行程控制器 3 中的微动开关动作，切断电动机电源。若在开启过程中阀门卡住，或者到达全开位置时因行程控制机构失灵而不能切断电源，将会产生过载情况。此时，输出转矩超过转矩限制机构 1 由蝶形弹簧 20 预先整定的限制转矩，则蜗轮 17 不能转动，而使蜗杆套 2 所受向右方向的轴向力大于蝶形弹簧的弹力，蜗杆套 2 在花键轴 16 上向右移动，经齿轮 19 使双向扭矩开关中的微动开关动作，切断电动机电源，使保护操作装置免遭破坏。

（2）关闭阀门：动作过程与开启阀门相同，仅通过关阀控制回路发出信号、传动机构动作方向相反而已。

（3）手动操作：Z型电动操作装置设有手动-电动切换机构。当需手动操作时，转动手轮13，即自动切断电动机电源，继续转动手轮13，则偏心拨头14拨动活动支架8，使离合器7右移，压缩弹簧15而与带离合器齿轮6啮合，经花键轴16使阀门动作，进入手动状态。离合器7的位置靠卡钳9撑住活动支架8来保持。当需恢复电动操作时，只要接通电动机电源，带离合器齿轮10转动，使其上面的圆销11在离心力作用下将卡钳9左端向外顶起，则右端收缩，离合器7在弹簧15作用下自动左移，重新与带离合器齿轮10啮合，进入电动操作状态。

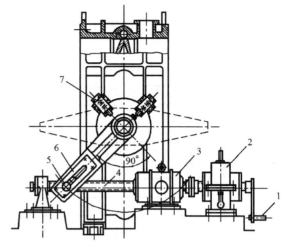

图1-22　Q型电动蝶阀结构图
1—手动操作手柄；2—减速箱；3—电动机；
4—螺杆；5—螺母；6—转臂；7—行程开关

如图1-22所示为Q型电动蝶阀结构图。

（二）可编程控制器（PLC）控制方式

1. 蝶阀的液压操作

由于蝶阀的控制较为简单，需要的开关量输入输出点数较少，故可采用整体式PLC，如开关量输入点数选16点，输出点数选8点，其就地操作的PLC控制系统接线原理如图1-23所示。

（1）蝶阀的开启条件：蝶阀处于全关位置，其全开位置常开触点SBV1断开（X1：5），全关位置常开触点SBV2闭合（X1：6），全关位置绿色信号灯PL1点亮（X2：5）；水轮机导叶处于全关位置，即导叶全关位置行程开关SGV常闭触点闭合（X1：13）；机组无事故，即出口继电器KOU3常开触点断开（X1：14）。

（2）蝶阀的开启：将运行/试验选择开关SAH转为运行位置（X1：3），使PLC控制系统投入运行；将控制开关SAC拧向开启侧，其触点1、2闭合（X1：1），PLC控制继电器K1常开触点闭合（X2：1），使YV1动作，其常闭触点1、2断开（X1：7），常开触点3、4闭合（X1：8），相关油路接通，旁通阀开启，锁锭拔出，PLC控制K1复归；当锁锭拔出后，锁锭解除常开触点SLA1闭合（X1：11），待水轮机蜗壳充满水后，压力信号器SP常开触点闭合（X1：15），PLC控制继电器K3常开触点闭合（X2：3），使YV2开启，其常闭触点1、2断开（X1：9）；常开触点3、4闭合（X1：10），蝶阀接力器向开启侧动作，PLC控制K3复归，并使蝶阀全开位置红色信号灯PL2闪烁（X2：6）；当蝶阀开至全开位置时，全开位置常开触点SBV1闭合，PLC控制继电器K2常开触点闭合（X2：2），使YV1动作，其常闭触点1、2闭合，常开触点3、4断开，相关油路接通，旁通阀关闭，锁锭投入，PLC控制K2复归，并熄灭PL1和点亮PL2；当锁锭投入后，锁锭投入常开触点SLA2闭合（X1：12），PLC控制黄色信号灯PL3点亮（X2：7）。

（3）蝶阀的关闭：将控制开关SAC拧向关闭侧，其触点3、4闭合（X1：2），PLC

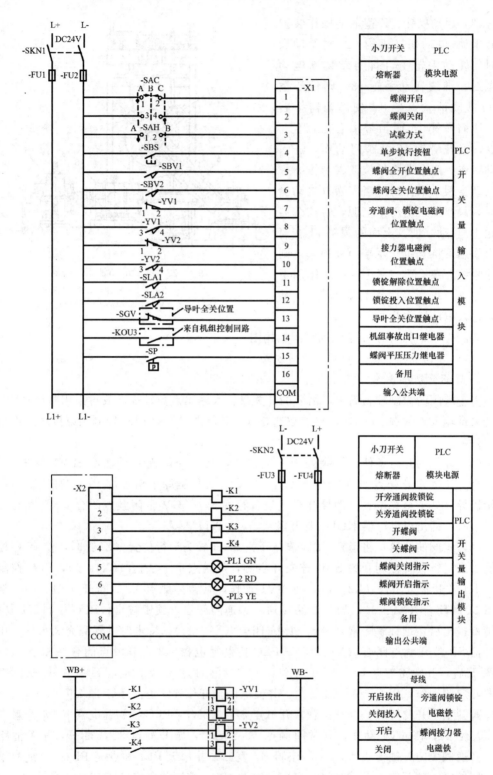

图 1-23 蝶阀的 PLC 控制系统接线原理图

控制 K1 常开触点闭合，使 YV1 动作，其触点 1、2 断开，触点 3、4 闭合，相关油路接通，旁通阀开启，锁锭拔出，PLC 控制 K1 复归；当锁锭拔出后，SLA1 闭合，PLC 控制继电器 K4 常开触点闭合（X2：4），使 YV2 关闭，其触点 1、2 闭合，触点 3、4 断开，蝶阀接力器向关闭侧动作，PLC 控制 K4 复归，并使 PL1 闪烁；当蝶阀关闭至全关位置时，SBV2 闭合，PLC 控制 K2 常开触点闭合，使 YV1 动作，其触点 1、2 闭合，触点 3、4 断开，相关油路接通，旁通阀关闭，锁锭投入，PLC 控制制 K2 复归，并点亮 PL1 和熄灭 PL2；当锁锭投入后，SLA2 闭合，PLC 控制 PL3 点亮。

（4）控制系统说明：若需要实现远方操作功能，则可增加就地/远方操作切换开关和远方启闭操作开关，并加上远方指示信号；如需与机组开停机实现联动，则可在开启控制开关（X1：1）上并联开机继电器 KST 的常开触点和在关闭控制开关（X1：2）上并联停机继电器 KSP 的常开触点；由于蝶阀的控制系统较为简单，故当机组具有计算机控制系统时，可不设置独立的蝶阀控制系统，而直接由机组计算机控制系统实现蝶阀控制，以简化控制系统结构。

（5）控制系统特点：与继电器控制方式相比，PLC 控制方式由于逻辑功能由软件完成，故外部接线简单，调试维护方便，同时，可实现与上位计算机的数据通信。

2. 筒形阀的液压操作

筒形阀的液压操作系统主要由一套控制阀组、一个分流模块、多套配油模块和多套接力器组成，如图 1-24 所示。系统运行时，压力油罐内的压力油经控制阀组和分流模块产生多路等流量的液压油，进入配油模块，最后进入接力器，实现筒形阀的启闭操作，如图 1-25 所示。

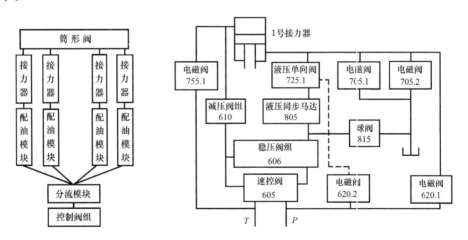

图 1-24　筒形阀液压系统结构图　　　　图 1-25　筒形阀液压控制原理图

控制阀组主要由速控阀 605、稳压阀组 606、减压阀组 610、球阀 815、液压同步马达 805、电磁阀 620.1 和电磁阀 620.2 组成，用于筒形阀开启和关闭过程中不同过程的控制，并实现压力油在多套接力器中的平均分配。

分流模块用于实现控制管路的集成布置。

配油模块用于精确调整进入每个接力器油缸的油量，从而保证多套接力器的运动保持同步。以一个接力器为例，配油模块主要包括电气同步电磁阀705.1（微调）和705.2（粗调）、电磁阀755.1和液控单向阀725.1等，实现对接力器的精确调整，每个配油模块服务于一台接力器。

（1）开启筒形阀：筒形阀在全关位置时，需要较大的提升力才能使其开始运动。PLC发出开启筒形阀命令后，电磁阀755.1和电磁阀620.1励磁，压力油不经速控阀直接进入接力器下腔，以较大的压力提升筒形阀，使其阀体与密封脱离。密封脱离后，电磁阀620.1失磁关闭，同时速控阀605开始工作，其开启线圈励磁，根据PLC输入信号大小控制提升速度。筒形阀全开后，速控阀605失磁，回复中位。

（2）关闭筒形阀：PLC发出关闭筒形阀命令后，速控阀605动作使关闭线圈励磁，阀芯向关闭侧移动。同时电磁阀620.2励磁，液控单向阀725.1全开。速控阀605根据PLC输入信号，控制接力器下腔的回油速度。筒形阀全关后，速控阀605失磁，回复中位。

（3）紧急关闭筒形阀：筒形阀紧急关闭分两种情况：

当机组发生事故、油压装置工作正常时，速控阀605动作使关闭线圈励磁，阀芯向关闭侧移动，同时电磁阀620.2励磁，其输出油压作用于液控单向阀725.1使其全开，接力器下腔快速回油，使筒形阀在动水中快速关闭。

当机组发生事故且油压装置失压时，手动打开球阀815，电动操作（当PLC失电时可手动操作）电磁阀620.2，电磁阀620.2的供油管与一储压罐相连，所以此时仍可输出压力油，打开液控单向阀725.1，将接力器下腔油直接排入回油箱，回油箱中的油将沿着一根装有单向阀的油管进入接力器上腔，消除接力器上腔的真空，使筒形阀在动水中靠自重快速关闭。

三、进水阀的选型

1. 确定进水阀型式

根据电站的情况和各种进水阀的特点，确定进水阀的型式。其中蝶阀适用于水头小于250m、直径较大的情况；球阀适用于水头大于200m、直径较小的情况；闸阀适用于水头小于400m、直径小于1m的情况，特别适用于小型电站的卧式机组。

2. 确定阀门直径

根据蜗壳进口断面直径确定阀门直径。

（1）蝶阀：蝶阀的有效断面积应大于或等于蜗壳进口的断面积，可用式（1-1）或式（1-2）计算：

$$D = \frac{D_0}{\sqrt{\alpha}} \tag{1-1}$$

$$D = \beta D_0 \tag{1-2}$$

式中　D_0——蜗壳进口断面直径，m；

　　　α——系数，可用 $\alpha = 1 - 0.0687 \sqrt[3]{H_{max}}$ 计算，也可从表1-1查取；

　　　H_{max}——电站最大静水头，m；

　　　β——系数，从表1-1查取。

表1-1　　　　　　　　蝶阀活门相对厚度 b/D、α、β 与水头 H 的关系

水头 H/m	活门相对厚度 b/D	系　　数	
		α	β
25	0.158	0.800	1.118
50	0.199	0.748	1.156
100	0.251	0.681	1.210
150	0.287	0.640	1.250
200	0.316	0.605	1.286
250	0.340	0.375	1.318

（2）球阀和闸阀：直径等于蜗壳进口断面直径，即 $D=D_0$。

进水阀的直径应按表1-2的直径系列选取。

表1-2　　　　　　　　　　　进 水 阀 直 径 系 列

阀型	阀 门 直 径/m
蝶阀	1.00，1.25，1.50，1.75，2.00，2.50，2.80，3.40，4.00，4.60，5.30，6.00，7.00，8.00
球阀	0.60，0.80，1.00，1.30，1.60，2.00，2.40，3.00，4.20

3. 确定操作方式

根据所选阀门，确定阀门的操作方式，并得到相关数据，如阀门采用油压操作，需确定接力器、油压装置等。

第四节　水电站其他常用阀门

一、截止阀

1. 工作原理

截止阀关闭时，阀杆顺时针方向旋转，阀瓣紧压在阀体中的阀座上，切断介质通路；开启时，阀杆逆时针方向旋转，阀瓣被阀杆提起，流体通路打开，一般用手轮操作，也可用电动操作。截止阀的阀座通口变化与阀瓣行程成正比关系，阀瓣启闭行程较短，所以非常适合用于切断水流或调节流量。

2. 结构

截止阀主要由阀体、阀盖、阀杆、阀瓣、阀杆螺母和操作手轮等组成。按阀体结构分为直通式、直流式和直角式，如图1-26所示，其中直流式损失最小。

3. 主要特点

（1）结构简单，操作灵活，维护方便，对流量的调节性能较好。

（2）阀瓣与阀体密封面的摩擦力小，耐磨，制造工艺性较好，止水性能好。

（3）操作行程短，开启高度小，一般仅为阀座通道直径的1/4。

（4）流道不平直，阻力系数较大（约为闸阀的5～10倍），阀瓣易受冲蚀。

（5）关闭时，阀瓣运动需克服流体的压力，所需力矩较大。

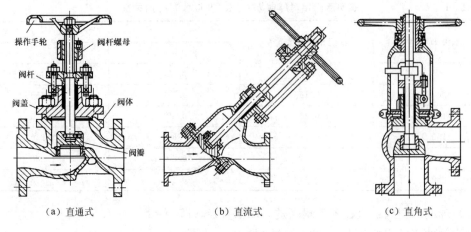

（a）直通式　　　　　　（b）直流式　　　　　　（c）直角式

图 1-26　截止阀

（6）只允许单向流动，安装时要求流体流动方向与阀体上箭头一致，不宜倒装。

4.应用范围

截止阀主要用于直径较小的高温、高压及对流动阻力要求不严的管路中作截流或调节流量。直流式截止阀适用于黏性介质或腐蚀性介质，水电站中常用直通式截止阀。

二、旋塞阀

1.工作原理

旋塞阀由带通孔的阀塞绕垂直于通道轴线的阀杆旋转，从而达到启闭流道的目的，常用于截断或开启管道中的液流，也可作一定程度的节流用。

2.结构

旋塞阀主要由阀体、阀塞、阀杆、阀盖和手柄组成，阀塞有圆柱体和圆锥体等，按通道可分为直通式、三通式和四通式等，如图 1-27 所示，三通式和四通式主要用于流体的分配和换向。三通式按通道形状又分为 L 形和 T 形，靠精加工的金属阀塞与阀体接触来实现密封，旋转阀塞可改变液流通路。

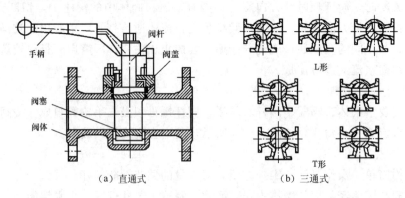

（a）直通式　　　　　　（b）三通式

图 1-27　旋塞阀

3.主要特点

（1）结构简单，维修方便，体积小，重量轻，价格低。

（2）阻力系数小，启闭迅速，操作轻便，运行稳定，不受安装方向限制。

（3）普通旋塞阀密封性能较差，易磨损。

4. 应用范围

旋塞阀适用于低压（≤1MPa）和小口径（≤100mm）管道上经常操作的地方。在水电站中，直通式旋塞阀多用于开启和关闭管道中的流体，有时也用于节流，三通式旋塞阀主要用于测量仪表，作为测量、放气和切断之用。

三、止回阀

1. 工作原理

止回阀又称逆止阀或单向阀，是防止管道中介质倒流的阀门，内装只允许单方向开启的阀瓣，依靠介质本身的压力自动启闭，当倒流发生时，阀瓣自动关闭。在管路系统中，止回阀用于防止流体倒流、防止水泵和驱动电动机反转，以及防止容器内流体泄放。在两种不同工作压力的系统之间，通过加装止回阀，可实现低压系统向高压系统进行预充，并避免高压系统的流体进入低压系统而损坏设备。

2. 结构类型

（1）气系统止回阀：气系统中的止回阀按流动方向可分为直通式和直角式两种，如图1-28所示，主要由阀体、阀芯和弹簧组成。在止回阀前后一般需要装设闸阀或截止阀，以便于检修。

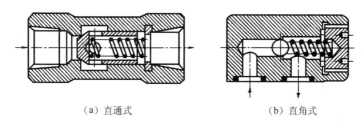

（a）直通式　　　　　　　（b）直角式

图1-28　气系统止回阀

（2）水系统止回阀：水系统中的止回阀按结构不同可分为升降式和旋启式两种，如图1-29所示，升降式的阀瓣沿着阀体垂直中心线上下移动；旋启式的阀瓣绕着阀座上的销轴旋转。升降式只能安装在水平管道上，旋启式除水平安装外，还可垂直安装，但水流方向应自下而上，安装时要使水流流动方向与阀体上箭头一致。

对于水平安装的旋启式止回阀，由于阀瓣压向阀座的力比升降式少了阀瓣的自重，因

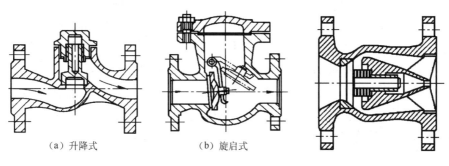

（a）升降式　　　　　　　（b）旋启式

图1-29　水系统止回阀　　　　　　　图1-30　梭式止回阀

此，在低压情况下，其密封性不如升降式好，但水力损失小，水流方向没有大的改变，故多用于中、高压或较大管径的场合。

在水电站中还有一种使用较多的梭式止回阀（静音止回阀），常安装于水泵出水口处，以防止停泵时水倒流及水击压力对水泵造成损害。梭式止回阀的基本结构如图 1 - 30 所示，其内部水流通路为流线型，开启时水头损失小，阀瓣的关闭行程很短，停泵时阀门关闭迅速，可有效降低水击危害，避免因水击而产生较大噪声。

（3）底阀：底阀是一种特殊的止回阀，安装在水泵吸水管的底端，可防止管道内水体倒流，与普通止回阀不同之处在于底阀下端是开敞的，且装有拦污栅。

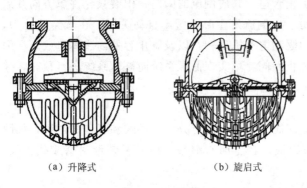

|（a）升降式|（b）旋启式|

图 1 - 31　底阀

底阀由阀盖、阀瓣、密封圈等部件组成。阀盖上设有由进水孔和加强筋做成的拦污栅，可防止污物堵塞管道，并起支撑作用。底阀有升降式和旋启式两种，如图 1 - 31 所示，常用升降式。水泵启动时，水从阀盖进入阀体，在水压力的作用下阀瓣打开，使水通过底阀进入水泵吸水管；水泵停止时，阀瓣受自重和反向水压力作用迅速关闭，从而阻止管道内的水体倒流。

四、安全阀

1. 工作原理

安全阀是防止介质压力越限、起安全保护作用的阀门，用于承受内压的管道或容器上。当被保护设备内介质的压力升高到规定数值（开启压力）时，安全阀自动开启，排放部分介质，防止压力继续升高；当介质压力降到规定数值（回座压力）时，又自动关闭，以避免压力过度降低，从而保证设备的正常进行。

2. 结构

安全阀按阀瓣开启的高度分为微启式和全启式，按加于阀瓣的负荷方式又为杠杆重锤式、弹簧式和先导式。在水电站中，广泛采用弹簧式，其中水系统多为封闭弹簧微启式，气系统多为封闭弹簧全启式，封闭是指排除的介质不外泄，全部沿着出口流到指定的地方。图 1 - 32 所示为弹簧微启式安全阀的结构图，它是利用压缩弹簧力来平衡阀瓣压力并使之密封，通过调节弹簧的压缩量来调整压力。

弹簧式安全阀具有体积小、重量轻、灵敏度

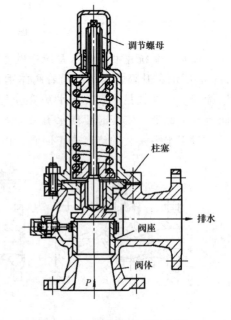

图 1 - 32　弹簧微启式安全阀

高及安装位置不受严格限制等优点。

选择安全阀时，一般按安全阀在高出工作压力5%～10%时动作，且泄放管内可能通过的全部最大流量来考虑。

五、减压阀

1. 工作原理

减压阀是用来将进口压力减小至所需要的出口压力，并使其自动保持在允许范围内的阀门，其原理是介质通过阀瓣时产生阻力，造成损失，并通过阀后压力的反馈作用，使进口压力降低至需要的出口压力。当阀前压力变化时，通过敏感元件（弹簧或膜片等）来自动调整阀瓣的开度，从而使阀后压力保持稳定。

2. 结构

根据介质作用力的差异，减压阀可分为如下几类：

（1）正作用式：介质作用力使阀瓣趋于开启，主要用于小口径。

（2）反作用式：介质作用力使阀瓣趋于关闭，通常用于中等口径。

（3）卸荷式：介质作用于阀瓣上的合力趋于零，适用范围较广。

（4）复合式：带有副阀，适用高压和较大口径。

图1-33所示为水电站中常用的复合式减压阀，动作原理为：调节调整螺钉顶开副阀瓣，介质由进口通道经副阀进入活塞上腔，因活塞面积大于主阀瓣的面积，则活塞下移，使主阀瓣开启，介质流向出口，并同时进入膜片下方，出口压力逐渐上升直至所要求数值时，与弹簧力平衡。如果出口压力增高，膜片下方的介质压力大于调节弹簧的压力，膜片向上移动，副阀瓣则向关闭方向移动，使流入活塞上腔的介质减少，压力亦随之下降，导致活塞与主阀瓣上移，减小了主阀瓣的开度，出口压力也随之下降，达到新的平衡。反之，当出口压力下降时，则主阀瓣向开启方向移动，出口压力随之上升，达到新的平衡。因此，只要调整螺钉的位置适当，就可使出口压力自动维持在所需要的范围内。

减压阀根据进口压力、出口压力及公称直径来选取，且要注意适用的介质类型。安装时，要分清高低压侧，安全阀应装在低压侧。

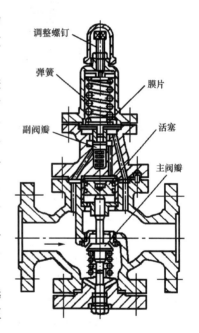

图1-33 复合式减压阀

六、液压操作阀

1. 工作原理

液压操作阀是一种用油压操作启闭的截止阀，一般与电磁配压阀组合使用，通过电磁配压阀控制压力油流向，推动活塞移动，使与活塞相连的阀瓣移动，从而实现截止阀的启闭操作。液压操作阀常用于水电站的油、气、水系统管路上，借以实现管路内流体通过或截止的远距离控制。

2. 结构

液压操作阀主要由截止阀本体和液压操作机构两部分组成，如图 1-34 所示。图 1-34（a）中截止阀的阀瓣由铸青铜制成，当截止阀关闭时，阀瓣与橡胶制成的密封环压紧，以保证密封性。液压操作机构由油缸和活塞组成，活塞与阀杆连接，控制压力油直接引到活塞上下的两个腔内，操作活塞上下移动，借以实现截止阀的启闭操作。图 1-34（b）中的油阀主要用于油系统中，当活塞上腔接通压力油时，截止阀关闭，当失去操作油压时，截止阀能在管道中油压的作用下自动开启。

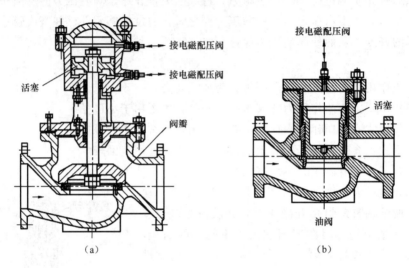

图 1-34 液压操作阀

七、水力控制阀

1. 工作原理

水力控制阀是以两侧管道中的水压差为动力进行启闭和调节的阀门，一般由导阀控制，使隔膜（活塞）在水压差、重力和弹簧共同作用下运动，从而使阀门全开、全关或处于中间某个调节状态，实现对水位、水压或流量等的单独和复合调节。

2. 结构

水力控制阀一般由一个主阀门和附设的导管、导阀、针阀、球阀和压力表等组成。主阀门类似于截止阀，但由于附属元件较多，所以全开时的水力损失比截止阀要大。导阀种类较多，可以单独使用或组合使用。

水力控制阀分隔膜型和活塞型两类，如图 1-35 所示，主阀门口径在 300mm 以下的多采用隔膜型，而口径在 300mm 以上的多采用活塞型。

3. 应用范围

水力控制阀多用于工业、消防和生活供水系统，可实现阀门启闭操作、水流减压调节、止回阀缓闭消声、流量自动调节、管道水流泄压、水流压力保持、紧急关闭、水泵出口控制和压差旁通平衡等功能。

4. 水电站中常用的水力控制阀

（1）紧急关闭阀：如图 1-36 所示，利用水的作用力实现阀门的自动关闭和开启，常用

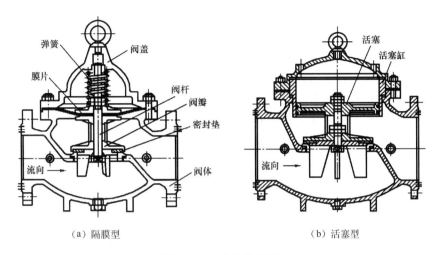

（a）隔膜型   （b）活塞型

图 1-35 水力控制阀

于消防与生产和生活共用管路的供水系统中。正常情况下，上游水流通过微型滤水器、针阀进入主阀门控制室，并经过导阀和球阀排至下游，此时管道供生产和生活用水。当消防系统启动时，管道中水压升高超过设定值时，导阀关闭，主阀门控制室水压升高，自动关闭主阀门，切断生产和生活用水，从而避免生产和生活用水设备因水压升高而损坏。当消防供水结束后，管道水压下降至设定值时，导阀开启，主阀门控制室的水排至下游，由于导阀的排水量大于针阀的进水量，则控制室水压下降，自动开启主阀门，恢复生产和生活供水。

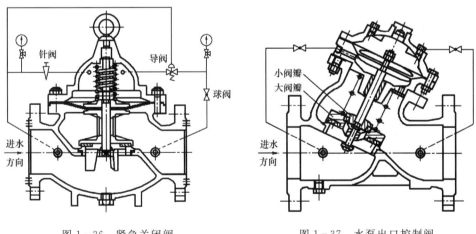

图 1-36 紧急关闭阀   图 1-37 水泵出口控制阀

（2）水泵出口控制阀：如图 1-37 所示，该阀安装在水泵出口处，除具有一般止回阀功能外，当水泵启动后，压力上升到设定值时，主阀门才缓慢开启，防止水压突然升高而损坏用水设备，并避免水泵启动时产生大电流冲击，实现水泵闭阀启动；当水泵停止时，快速关闭大阀瓣，即关闭主阀门开度的 90%，此时小阀瓣还未关闭，部分水流可从大阀瓣上的泄流孔流回水泵，避免产生过大的水击压力；随着倒流进入控制室上腔，在水压的作用下，小阀瓣缓慢关闭泄流孔，完成剩余 10% 开度的关闭，防止水泵倒转，并避免产生水击噪声。在水泵正常运行过程中，由于水压的作用，主阀门全开，水力损失很小。

思 考 题 与 习 题

1. 为什么要设置水轮机进水阀？设置进水阀应符合哪些条件？

2. 水轮机进水阀在技术上有哪些要求？

3. 在进水阀的操作中为什么只考虑动水关闭而不考虑动水开启？

4. 常用的进水阀类型有哪些？各有什么特点？各适用于什么范围？

5. 蝶阀的主要部件有哪些？其密封装置有哪几种？为什么要设置锁锭装置？

6. 蝶阀和球阀设置旁通阀、空气阀及伸缩节的作用是什么？

7. 球阀的止漏是如何实现的？

8. 筒形阀的主要部件有那些？

9. 闸阀有哪些类型？

10. 进水阀的操作方式和操作能源有哪些？

11. 进水阀的控制机构有哪些型式？各有什么特点？

12. 进水阀采用自动操作时有哪些控制方式？

13. 简述采用继电器控制方式时蝶阀和球阀液压系统的自动操作过程。

14. 简述采用继电器控制方式时闸阀电动操作系统的自动操作过程。

15. 简述采用 PLC 控制方式时蝶阀液压系统的自动操作过程。

16. 简述筒形阀液压系统的 PLC 控制过程。

17. 进水阀的选择步骤有哪些？

18. 水电站常用的阀门有哪些？

19. 简述截止阀的类型和用途。

20. 简述旋塞阀的类型和用途。

21. 简述止回阀作用与类型。

22. 安全阀有什么作用？如何选择？

23. 简述减压阀的类型和工作原理。

24. 简述液压操作阀的工作原理。

25. 水力控制阀是怎么工作的？有哪些常用类型？

第二章 油 系 统

第一节 水电站用油种类及其作用

一、用油种类

水电站的机电设备在运行中，由于设备的特性、要求和工作条件不同，需要使用各种性能不同的油。水电厂中这些油大致可分为润滑油和绝缘油两大类。

1. 润滑油

(1) 润滑油（H）类。常用透平油、机械油和压缩机油三种。

1) 透平油：也称汽轮机油，供机组轴承润滑和液压操作用（包括调速系统、进水阀、调压阀、液压操作阀等）。按油在 50℃ 时的运动黏度平均值（mm^2/s）分为 HU-20、HU-30、HU-40、HU-45、HU-55 等几种（GB 25337—1981）；按油在 40℃ 时的运动黏度中心值（mm^2/s）分为 32、46、68、100 四种（GB 11120—1989），并有优等品、一等品和合格品三个等级，水电站常用 32 和 46 两种，且一般采用防锈型。

2) 机械油：供电动机、水泵的轴承和起重机齿轮变速器、低水头水电站水轮发电机组齿轮增速器等使用，其抗氧化安定性较透平油差。按油在 50℃ 时的运动黏度平均值（mm^2/s）分为 HJ-10、HJ-20、HJ-30、HJ-40、HJ-50 等几种；按油在 40℃ 时的运动黏度中心值（mm^2/s）分为 5、7、10、15、22、32、46、68、100、150 十个等级（GB/T 7631.1—2008）。

3) 压缩机油：专供空气压缩机气缸运动部件及配气阀的润滑，并起防锈、防腐、密封和冷却作用。按油在 100℃ 时的运动黏度平均值（mm^2/s）分为 HS-13、HS-19 等几种，HS-13 主要用于低压、中压压缩机（≤4MPa）；HS-19 主要用于高压、多级压缩机；按使用负荷和 40℃ 时的运动黏度中心值（mm^2/s）分为 L-DAA 和 L-DAB 两个品种，每个品种按又分为 32、46、68、100、150 五个牌号（GB 12691—1990）。

(2) 润滑脂（Z）类。润滑脂俗称黄油，是润滑油与稠化剂的膏状混合物，主要供滚动轴承和水泵填料函润滑密封用，也对机组部件起防锈作用，常用钙基、钠基和钙钠基三种。

1) 钙基润滑脂：具有良好的抗水性能，使用温度不高于 55~65℃，常用 ZG-1、ZG-2、ZG-3、ZG-4、ZG-5 五种。一般用于水泵、水轮机等容易与水接触的滚动轴承或止水填料函等场合。

2) 钠基润滑脂：没有抗水性能，遇水会溶化分解而失去润滑性能，使用温度较高，一般不超过 110~120℃，常用 ZN-2、ZN-3、ZN-4 三种。一般用于不易掺入水分的场合，如发电机和电动机的滚动轴承。

3) 钙钠基润滑脂：有抗水性和耐热性，工作温度 80~100℃，但不适合于低温环境，常用 ZGN-1 和 ZGN-2 两种。一般用于小电动机、发电机及其他高温轴承等场合。

水电站在安装检修时，常用二硫化钼润滑剂，它是一种银灰色或浅黑色粉末，有滑腻感，具有良好的润滑性，不溶于水、油、脂和醇，适用于高温、高负荷机械。

2. 绝缘油

（1）变压器油：供油浸式变压器及电流、电压互感器用，作为它们的高、低压绕组和铁芯间的绝缘介质。有 DB-10、DB-25 和 DB-45 三种型号，符号后面的数值表示油的凝固点（℃）（负值）。

（2）断路器油：供油断路器用，常用 DU-45 号，符号后面的数值表示油的凝固点（℃）（负值）。在我国南方，也可采用同牌号的变压器油。

（3）电缆油：供充油电缆用，有 DL-35、DL-110、DL-220 和 DL-330 四种，符号后面的数值表示以 kV 计的耐压值。

在水电站中，机械油、压缩机油、润滑脂及电缆油的用量较少，透平油和变压器油的用量最大，少则几十吨，多则上千吨，故需设置透平油系统和绝缘油系统。

二、油的作用

1. 透平油

透平油在设备中的作用主要是润滑、散热和液压操作。

（1）润滑作用：透平油在轴承内或其他做相对滑动的运动部件之间形成油膜，以润滑油内的液体摩擦代替零部件间的干摩擦，从而减轻设备的磨损和发热，延长设备的使用寿命，保证设备的功能和安全。

（2）散热作用：运行设备的机械运动和润滑油内部分子间的摩擦会将大部分消耗转变为热量，通过润滑油的对流作用，把热量传递给油冷却器中的冷却水带走，或经油盆器壁直接散发出去，使油和设备的温度不致超过规定值，从而保证设备的安全经济运行。

（3）液压操作：作为传递能量（压能）的工作介质进行设备的液压操作，如调速系统、进水阀、调压阀、液压阀等，均可利用高压透平油来操作。

2. 绝缘油

绝缘油在设备中的作用主要是绝缘、散热和消弧。

（1）绝缘作用：绝缘油的绝缘强度比空气大得多，用绝缘油作绝缘介质可缩小电气设备的尺寸，提高设备的可靠性。同时，绝缘油对于浸在油中的绝缘材料（如棉纤维）起保护作用，不使其潮湿和氧化。

（2）散热作用：变压器运行时因线圈通过电流而产生热量，绝缘油吸收这些热量，并在温差作用下通过对流把热量传递给冷却器（水冷式）或散热片（自冷式、风冷式），使热量散发出去，从而避免温升过高而损坏线圈绝缘，确保变压器的功能和安全。

（3）消弧作用：当油断路器切断负荷时，在触点间会产生电弧，电弧温度很高，如果不及时将热量传出，使之冷却，弧道分子的高温电离就会迅速扩展，电弧也会持续发生，可能烧毁设备，还可能造成电力系统振荡，引起过电压，击穿用电设备。油在电弧作用下发生分解会吸收大量的热，并且会产生活泼的消弧气体氢（约70%），氢会快速逸出或直接钻进弧柱地带，将弧道冷却，限制弧道分子离子化，使电弧熄灭，避免设备被电弧烧毁。油分解后的碳化成分会沉积在油中，使油逐渐劣化。

第二节 油的基本性质和分析化验

一、油的基本性质及其对运行的影响

油的性质分为物理、化学、电气性质和安定性。物理性质包括黏度、闪点、凝固点、水分、机械杂质、透明度和灰分含量等；化学性质包括酸值、水溶性酸或碱及苛性钠抽出物等；电气性质包括绝缘强度、介质损失角；安定性包括抗氧化安定性和抗乳化度，这里介绍部分与水电站设备运行直接相关的基本性质。

1. 黏度

（1）含义：液体受外力作用移动时，在液体分子间产生的阻力（即液体的内摩擦力）称为黏度。黏度是流体抵抗变形的能力，也表示流体黏稠的程度。

（2）度量指标：油的黏度分为绝对黏度和相对黏度，绝对黏度又包括动力黏度和运动黏度。

1）动力黏度：液体中面积为 $1cm^2$、相距 1cm 的两层液体，发生速度为 $1cm/s$ 的相对移动时，液体分子间产生的阻力称为此液体的动力黏度，用 μ 表示，单位为 $Pa \cdot s$。对于 20.2℃的水，其动力黏度为 $\mu = 0.001Pa \cdot s$。

2）运动黏度：在相同的温度下，液体的动力黏度 μ 与它的密度 ρ 之比，称为液体的运动黏度，用 ν 表示，即 $\nu = \mu/\rho$，单位为 m^2/s 或 mm^2/s。

3）相对黏度：也称比黏度，任一液体的动力黏度与 20.2℃时水的动力黏度之比值，称为该液体的相对黏度，用 η 表示，显然，η 为一个无量纲数。

我国习惯使用的相对黏度为恩氏黏度，即在规定的条件下，试油从恩氏黏度计流出 200mL 与 20℃蒸馏水流出 200mL 所需的时间之比，称为恩氏黏度，用 $°E$ 表示。恩氏黏度的测定温度一般为 20℃、50℃和 100℃。

恩氏黏度值可按乌别洛德近似公式换算成运动黏度值：

$$\nu = \left(0.0731°E - \frac{0.0631}{°E} \right)(mm^2/s) \tag{2-1}$$

（3）影响因素：油品的黏度主要取决于油中烷烃、环烷烃、芳香烃及不饱和烃的含量。油品以烷烃为主时，黏度较低，黏温性能较好；当环烷烃或芳香烃较多时，黏度较高，黏温性能变差；当含有不饱和烃时，易氧化生成胶质，黏度较高，黏温性能极差。油品的黏度随着分子量和沸点的增加而增大，也随着温度和压力变化。一般情况下，黏度随温度升高而降低，随压力增加而增高，在高压时（＞50MPa）尤为显著，但在实际使用中，由于工作压力一般不大，可不考虑压力对黏度的影响。

（4）对运行的影响：黏度是油品的重要特性之一，是润滑油牌号划分的依据，也是油品选用的重要依据。

对于绝缘油，黏度宜小一些，因为黏度小则流动性大，有利于变压器对流散热，也有利于油断路器切断负荷时电弧热量的快速散出，提高灭弧能力，但黏度过小时闪点也低，因此绝缘油的黏度要适中。

对于透平油，黏度大时易附着在金属表面不易被压出，易保持油膜厚度，有利于保持液体摩擦状态，但黏度过大时，油的流动性差，会产生较大的摩擦阻力，增加磨损，且散热能力降低。一般根据油膜承受的压力和设备转速来确定，压力大而转速低时选用黏度大的油，反之则选用黏度小的油。

运行中的绝缘油和透平油会逐步变质，其黏度也会随之增加。

2. 闪点

(1) 含义：闪点是试油在规定条件下被加热至某一温度，油蒸气与空气混合后遇火呈现蓝色火焰并瞬间自行熄灭（闪光）时的最低温度，用℃表示。并不是任何油气与空气的混合气都能闪光，混合气中油气的浓度要在一定范围内，浓度过低或过高均不能闪光，此范围称为闪光范围。

闪点不是自燃点（火焰产生后不再熄灭），一般润滑油的自燃点比闪点高 50～100℃。油品的危险等级是根据闪点来划分的，闪点在 45℃ 以下的为易燃品，45℃ 以上的为可燃品。在储运和使用中，禁止将油品加热到闪点，加热的最高温度应低于闪点 20～30℃。

(2) 影响因素：闪点的高低不仅取决于油的化学成分，特别是沸点低、易挥发碳氢化合物的数量，油沸点越低，闪点也越低，而且还与物理条件有关，如测定方法、仪器、温度和压力等，所以闪点是在特殊仪器内测定的条件性数值。透平油通常在开口容器中工作，因此用开口式仪器测定闪点，要求新透平油的闪点不低于 180℃；而绝缘油一般是在闭口容器中工作，故用闭口式仪器测定，要求新变压器油的闪点不低于 135℃。在测定闪点时，若油面越高，蒸发空间越小，越容易达到闪点浓度，闪点也越低。对同一油品，开口式闪点高于闭口式闪点。

(3) 对运行的影响：闪点反映了油在高温下的稳定性，是保证油品在规定温度范围内储运和使用的安全指标，用以控制油中轻馏分含量不超过规定限度和蒸发损失，保证在闪点之下，不致发生火灾和爆炸。

对于运行中的绝缘油和透平油，在正常情况下，随着使用时间的延长，闪点会逐渐升高，但是若有局部过热或电弧作用等情况时，闪点会因油品高温分解而显著降低。如果发现运行中绝缘油闪点降低，往往是由于电气设备内部故障造成过热高温，使绝缘油热裂解，产生易挥发、可燃的低分子碳氢化合物。因此，可通过对运行油闪点的测定，及时发现设备内部是否有过热故障。

油品的闪点过低，容易引起设备火灾或爆炸事故。

3. 凝固点

(1) 含义：油品失去流动性时的最高温度值为凝固点，以℃表示。对于含蜡很少或不含蜡的油，油品失去流动性是由黏温凝固所致，即随着温度的降低，油的黏度上升到一定值时，油品变为无定形的玻璃状物质而失去流动性；对于含蜡油，油品失去流动性则是由构造凝固所致，即随着温度的降低，油品中的蜡逐渐结晶出来，分散在油中，使透明油品中出现云雾状混浊现象，若进一步降温，则结晶大量生成并逐渐扩大，靠分子引力连接成网，形成结晶骨架，把当时尚处于液态的油包在其中，使整个油品失去流动性，含蜡越多，油品的凝固点越高。

(2) 影响因素：油的凝固点除与油中含蜡量有关外，还受油中水分和苯等高结晶点的烃类影响。当油中含有千分之几的水时便可使凝固点上升,当油中含有胶质或沥青质时,则会妨碍石蜡结晶的长大,并破坏石蜡结晶的构造,使其不能形成网状骨架,从而使凝固点有所降低。

(3) 测定方法:油品是一种复杂的混合物,没有固定的凝固点,因此一般用如下方法来测定:试油在规定条件下冷却到某一温度,将盛油试管倾斜 45°角,1min 后观察油面是否流动,停止流动时的最高温度称为该油品的凝固点。

(4) 对运行的影响:油在低温时的流动性是评价油品使用性能的重要指标之一,对油品的使用、储存和运输均有重要意义。油凝固后不能在管道及设备中流动,会破坏润滑油的油膜,降低绝缘油的散热和灭弧作用,增大油断路器操作阻力。因此,要求油品具有较低的凝固点。

用于寒冷地区的绝缘油,对凝固点有较严格的要求。一般选用 DB-25,在月平均气温不低于-10℃的地区,可选用 DB-10;当月平均气温低于-25℃的地区,宜选用 DB-45。室外断路器油在长江以南可采用 DB-10,而东北、西北严寒地区则需要用 DU-45。

对于润滑油,一般要求使用温度必须比凝固点高 5～7℃,否则机组启动时容易产生干摩擦现象。由于透平油是在厂房内机组中使用,对凝固点要求较宽。为便于运输、储存、保管和使用中低温的极限,要求透平油的凝固点低于-7℃。

为降低凝固点,未经深度脱蜡的油可加入降凝剂,如加入 0.5%～1%的烷基萘(801)后,凝固点可下降 10～20℃。

4. 水分

(1) 来源:油品中的水分一是外界侵入,如运行中水混入、空气中水汽吸入等;二是油氧化而生成的水。

(2) 水的存在形态。

1) 游离水:多为外界侵入的水分。油劣化不严重时,油和水为两相,这种水容易去除,危害不大。

2) 溶解水:一般为空气中进入的水分。水溶于油中,水和油为均匀的单相,这种水会急剧降低油的耐压,需用真空雾化法去除。

3) 结合水:这种水为油氧化生成,是油初期老化的象征。

4) 乳化水:油品精制不良,或长期运行造成老化,或被乳化物污染,都会降低油水之间的界面张力,使油水混合在一起,形成乳化状态。乳化水以极小的颗粒分布于油中,很难去除,危害极大。

(3) 测定方法:油中水分的测定方法分定性(有或无)和定量(百分数%)两种,而且都是有条件的。

1) 定性测定:将油注入干燥的试管中,把油加热,当加热到 150℃左右时,如听到响声,且油表面产生泡沫,这时若摇动试管,则试管中的油变成混浊状,说明油中含有水分,否则认为油中不含水分。

2) 定量测定:用试油与低沸点无水溶剂混合,使用特定仪器用蒸馏方法测定油的水分含量,结果用重量百分数(%)表示。

微量水分测定法有库仑法和气象色谱法。

（4）危害：润滑油中含有水分会助长有机酸的腐蚀能力，生成金属皂化物；使油膜强度降低，影响油的润滑性能；使添加剂分解沉淀，性能降低甚至失效；产生泡沫或乳化变质，加速油的氧化。

绝缘油中含有水分会大大降低耐压能力，如变压器油中含水分 0.01% 时，其绝缘强度会降低到 1/8 以下；增大油的介质损失角；加速绝缘纤维老化。

规定不论是新油还是运行油中均不允许含有水分。

5. 机械杂质

（1）含义：机械杂质是指油中的各种固体悬浮物，如灰尘、金属屑、泥沙、纤维物和结晶性盐类等，用 % 表示。

（2）来源：有的机械杂质是在地下油层中固有的，有的是开采时带上来的，有的是加工精制过程中遗留下来的，有的是在运输、保存和运行中混入的。

（3）测定方法：将 100g 试油用汽油稀释，用干燥和称量过的滤纸过滤，残留物用汽油洗净后，将滤纸烘干称量，得到机械杂质重量，以占油重量的百分数表示。

（4）危害：机械杂质会阻碍油的流动，破坏油膜，加速零件磨损，使摩擦部件过热，堵塞油管或滤网，降低油的抗乳化度，促使油劣化，增大残炭和灰分数量，降低绝缘性能。

规定透平油和绝缘油均不含机械杂质。

6. 酸值

（1）含义：油中游离的有机酸含量称为油的酸值，也称酸价，用中和 1g 试油中所含酸性组分所需的氢氧化钾毫克数来表示酸值的大小，即 mgKOH/g。从试油中测得的酸值，是有机酸和无机酸的总和，故也称总酸值。中和 100mL 油中酸性组分所需的氢氧化钾毫克数称为酸度。

酸值是保证储油容器和用油设备不受腐蚀的指标之一，也是评定新油品和判断运行中油质氧化程度的重要化学指标之一。一般来说，酸值越高，油品中所含的酸性物质就越多，新油中含酸性物质的数量，随原料与油的精制程度而变化。

在有水分存在的条件下，金属会被氧化生成金属氢氧化物，金属氢氧化物又易与高分子有机酸作用生成盐类，这些盐类又会成为油品氧化的催化剂，进一步加速油品氧化。

（2）来源：新油中的酸性组分，是油品在精制过程中由于操作不善或精制、清洗不够而残留在油中的酸性物质，如无机酸、环烷酸等；使用中的油品则是由于氧化而产生的酸性物质，如脂肪酸、羟基酸和酚类等。

油品在使用过程中酸值一般是逐渐升高的，习惯上常用酸值来衡量或表示油的氧化程度。

（3）测定方法：用热乙醇将油中的有机酸抽提出来，然后滴定，测出中和时所需的氢氧化钾数。

（4）危害：油中的酸性组分会腐蚀金属，尤其是对铜、铝及其合金的腐蚀更为严重，高温时还会使纤维绝缘材料老化，油中所形成的环烷酸皂化物会堵塞管道，降低油的润滑性能、抗乳化能力和绝缘强度，引起机件磨损发热，缩短设备的使用寿命，在有水分存在的条件下，其腐蚀性会增大，造成机组振动，调速系统卡涩，严重威胁机组的安全运行。

因此，油的酸值要严格控制在一定范围内。

由于添加剂如防锈剂、抗氧化剂等都是酸性的，故添加剂的使用会增大油品的酸值，使油品的酸值指标有所放宽。

7. 水溶性酸或碱

（1）含义：油品中的水溶性酸或碱是指能溶于水的无机酸或碱，以及低分子有机酸和碱性化合物等物质。

（2）来源：一般是油品酸碱精制过程不当、储运中被污染或使用中氧化变质造成的。

（3）测定方法：以等体积的蒸馏水和试油混合摇动后，根据其水抽出液的酸性或碱性反应来判断的。如抽出液对甲基橙不变色，则认为不含水溶性酸；如抽出液对酚酞不变色，则认为不含水溶性碱。

（4）危害：油中水溶性酸或碱的存在会强烈腐蚀金属，酸会腐蚀铁和铁合金，碱会腐蚀有色金属，在受热情况下会加速油品氧化、胶化和分解。

绝缘油中的水溶性酸对变压器的绝缘材料老化影响很大，会直接影响变压器的运行寿命。

要求油品为中性，无酸碱反应。

8. 绝缘强度

（1）含义：在规定条件下，绝缘油承受击穿电压的能力称为绝缘强度，以平均击穿电压（kV）或绝缘强度（kV/cm）表示，它是评定绝缘油电气性能的主要指标之一。

（2）影响因素：击穿电压的大小与电极的形状和大小和间距、油中的水分、纤维、酸和杂质、油的压力和温度、施加的电压特征等多种因素有关，但决定性的因素是含水量，微量的溶解水会使油品绝缘强度大大降低。提及击穿电压时一定要注明其电极形式和间距。

（3）测定方法：在绝缘油容器内放一对标准电极（间距0.25cm），并施加电压，当电压升到一定数值时，电流突然增大而发生火花，绝缘油被击穿，这个开始击穿的电压即为平均击穿电压，绝缘强度由平均击穿电压换算得到。

（4）对运行的影响：绝缘油是充油电气设备的主要绝缘部分，油的击穿电压是保证设备安全运行的重要条件。如油中含有杂质和吸收空气中的水分而受潮，或油品老化变质，均会使油的击穿电压下降，影响设备的绝缘性能，甚至击穿设备，造成事故。所以在运行油质标准中，按不同设备的电压等级，对油的击穿电压都有具体的指标要求，并定期或不定期取样，进行击穿电压测定，以便发现问题，及时处理，防止设备事故，保证运行安全。

9. 介质损失角正切 $\tan\delta$

（1）含义：当绝缘油受到交流电作用时，会消耗一些电能而转变为热能，单位时间内消耗的电能称为介质损失。若无介质损失，则加在绝缘油的电压 U 与所产生的电流 I 的相位差为90°。

1）吸收电流：由于绝缘油中含有极性分子，这种极性分子在交流电场的作用下会不断运动，从而产生热量，造成电能损失，这种原因消耗的电流称为吸收电流 I_{RC}，此电流是电阻电容电流，如图2-1所示。

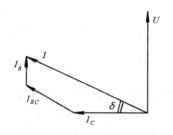

图 2-1 介质损失向量图
I_C—电容电流；I_R—传导电流；
I_{RC}—吸收电流

2）传导电流：绝缘油中有部分电流直接穿过介质，即泄漏电流，也造成电能损失，称为传导电流 I_R。

由于有这两部分介质损失，使电压 U 与电流 I 的相位差总小于 90°，90° 与实际相角之差 δ 称为介质损失角，它是绝缘油电气性能中的一个重要指标。通常以 $\tan\delta$ 表示，称为介质损失角正切，也称介质损耗因素，其大小等于通过绝缘油电流的有功分量与无功分量之比。对于正常的绝缘油，通过其电流的有功分量很小，可忽略不计，因此，绝缘油才能绝缘。但当油劣化时，$\tan\delta$ 相应地增大，电能损失增加，绝缘性能下降。

（2）用途：用 $\tan\delta$ 可以很灵敏地判断油的绝缘性能，油质的轻微变化在化学分析试验尚无从辨别时，$\tan\delta$ 却能明显地发生变化，即 $\tan\delta$ 能比其他指标较早地显示出油的污染程度，可用于判断绝缘油的极性物质（如胶质和酸类）含量和受潮程度，是检验绝缘油干燥、精制程度及老化程度的重要指标。

10. 抗氧化安定性

（1）含义：在较高温度下，油品抵抗和氧发生化学反应的性能称为抗氧化安定性，以试油在氧化条件下所生成的沉淀物含量（％）和酸值（mgKOH/g）来表示试油的抗氧化安定性。

抗氧化安定性是油品最重要的化学性能之一。油在使用和储存过程中，不可避免会与空气中的氧接触而发生化学反应，产生一些新的氧化产物，这些氧化产物在油中会促使油品变坏。

（2）影响因素：油的化学组成、温度、与空气接触的程度、氧化时间、水分、金属与其他物质的催化作用等均会影响油品的抗氧化安定性。

（3）测定方法：对透平油和断路器油，在铜铁催化剂作用下，当温度达到 125℃ 时通入氧气 8h，然后进行测定；对变压器油，在铜铁催化剂作用下，当温度达到 100℃（含添加剂为 110℃）时通入氧气 164h，然后进行测定。

（4）对运行的影响：油的抗氧化安定性越好，酸值和沉淀物数量就越小，危害也越小，油的使用寿命就越长。油被氧化后，沉淀物增加，酸值升高，使油劣化，有机酸会腐蚀金属，缩短金属设备使用寿命，酸与金属作用生成的皂化物会加速油的氧化，油中的胶质和沥青质会加深油的颜色，增大黏度，影响正常润滑和散热，沉淀物过多时会堵塞油路，威胁机组安全运行。

对于变压器油，油中的酸性产物会使纤维材料变坏，降低油及纤维材料的绝缘强度，氧化产物还会析出较多的沉淀物，沉积在变压器线圈表面，堵塞线圈冷却通道，造成过热，甚至烧坏设备，如果沉淀物在变压器的散热管中析出，还会影响油的对流散热作用。

油的抗氧化安定性能要求较高，一般需要对油进行深度精制，以获得良好的抗氧化安定性。由于黏度小的油抗氧化安定性也好，有利于酸值的控制，因此，在规定的范围内宜尽量采用黏度较小的油。为了减缓运行中油的氧化速度，延长使用期，常在油中添加适量的抗氧化剂，如芳香胺、T501、721等，它能破坏烃类氧化过程中的连锁反应，抑制有机酸的生成，加入量一般为0.1%～0.3%。

11. 抗乳化度

（1）含义：在规定的试验条件下，将水蒸气通入试油中所形成的乳浊液达到完全分层所需要的时间，称为抗乳化度，也称破乳化时间，以分钟（min）表示。

（2）影响因素：精制深度不当，存在环烷酸皂类等残留物；运输和储存中混入金属腐蚀物、油漆和尘埃等杂质；运行中油老化生成环烷酸皂类和胶质物等乳化剂。

抗乳化度是鉴别透平油精制深度、受污染程度及老化深度等的一项重要指标。

（3）对运行的影响：抗乳化度是透平油的一项重要性能指标。水电站中使用的透平油难免与水直接接触，所以容易形成乳化液。油被乳化后黏度增高，泡沫增多，机械杂质不易沉淀，加速油劣化；析出的水分会破坏油膜，影响润滑效果，加速部件磨损，引起轴承过热，造成调速系统失灵，引起设备损坏事故；油中乳状物会腐蚀金属，乳状物沉淀时会妨碍油循环，使流速减小，造成油量供应不足。

要求透平油具有良好的抗乳化度，以利于迅速分离水分，定期排水后循环使用。由于黏度小的油抗乳化度好，因此在规定的范围内宜尽量采用黏度较小的油。

12. 其他参数

（1）透明度：用于判断油的清洁和被污染程度。油中含有水分和机械杂质后透明度将发生变化，油中胶质或沥青质含量增大时颜色将变深。要求油呈橙黄色透明。

（2）灰分：燃烧后剩下的无机矿物性杂质（盐类和氧化物）含量，以%表示。当灰分含量过多时，会增大机械磨损，使油膜不均匀，润滑性能变差，产生的油泥沉淀物不易清除，在高温下易形成硬垢。

（3）苛性钠抽出物酸化测定：用于判断油的精制程度。定性判断油中高分子有机酸、金属盐和脂的存在量，分为1～4级。量越大，级数越高，油的抗氧化安定性、抗乳化度及抗腐蚀性能越差。

绝缘油在使用上要求安全可靠，连续工作时间长，要求具有很高的耐压能力和良好的抗氧化安定性，而透平油则要求具有良好的抗氧化安定性和抗乳化度。

二、油的质量标准

油品的质量对运行设备影响很大，因此对其性能有严格的要求。不论是新油还是运行油都要符合国家标准。透平油的新油和运行油质量标准参见表2-1和表2-2，绝缘油的新油和运行油质量标准参见表2-3和表2-4。

三、油的分析化验

为了及时了解油的质量，防止因油劣化而造成设备事故，应按规定进行取样试验。在新油或运行油装入设备后，运行一个月内，每10天要求采样试验一次；运行一个月后，每15天要求采样试验一次。

当运行中油劣化速度加快时，应适当增加取样试验次数，找出原因，采取补救措施。在发生事故后，应对油进行试验，以便找出原因。此外，在大修结束机组启动前，透平油必须做简化分析。油的任一性质突然改变，都必须加以研究，它可能是油老化的结果，也可能预示用油设备内某种危险征兆。

表 2-1　　　　　　　　　新透平油的质量标准（GB 11120—1989）

项　目		优等品		一等品		合格品		试验方法
黏度等级		32	46	32	46	32	46	—
运动黏度，40℃/(mm²/s)		28.8~35.2	41.4~50.6	28.8~35.2	41.4~50.6	28.8~35.2	41.4~50.6	GB/T 265
黏度指数，≥		90	90	90	90	90	90	GB/T 1995
倾点/℃，≤		−7	−7	−7	−7	−7	−7	GB/T 3535
闪点（开口）/℃，≥		180	180	180	180	180	180	GB/T 267
酸值/(mgKOH/g)，≤		—	—	—	—	0.3	0.3	GB/T 264
机械杂质/%		无	无	无	无	无	无	GB/T 511
水分		无	无	无	无	无	无	GB/T 260
抗乳化度，54℃/min，≤		15	15	15	15	15	15	GB/T 7305
起泡性试验/(mL/mL)	24℃，≤	450/0	450/0	450/0	450/0	600/0	600/0	GB/T 12579
	93℃，≤	100/0	100/0	100/0	100/0	100/0	100/0	
	后24℃，≤	450/0	450/0	450/0	450/0	600/0	600/0	
氧化安定性	总氧化物/%	报告	报告	报告	报告	—	—	SH/T 0124
	沉淀物/%	报告	报告	报告	报告	—	—	
	氧化后酸值达到2.0mgKOH/g的时间/h，≤	3000	3000	2000	2000	1500	1500	GB/T 12581
液相锈蚀试验（合成海水）		无锈	无锈	无锈	无锈	无锈	无锈	GB/T 11143
铜片腐蚀，100℃，3h/级，≤		1	1	1	1	1	1	GB/T 5096
空气释放值，50℃/min，≤		5	6	5	6	—	—	SH/T 0308

表 2-2　　　　　　　　　运行中透平油的质量标准（GB 7596—2008）

项　目		设备规格	质量指标	检验方法
外状			透明	DL/T 429.1
运动黏度40℃/(mm²/s)			32：28.8~35.2；46：41.4~50.6	GB/T 265
闪点（开口）/℃			≥180，比前次测定不低10℃	GB/T 267、GB/T 3536
机械杂质		200MW以下	无	GB/T 511
洁净度（NAS1638）/级		200MW及以上	≤8	DL/T 432
酸值/(mgKOH/g)			未加防锈剂≤0.2；加防锈剂≤0.3	GB/T 264
液相锈蚀			无锈	GB/T 11143
抗乳化度，54℃/min			≤30	GB/T 7605
水分/(mg/L)			≤100	GB/T 7600或GB/T 7601
起泡沫试验/mL	24℃		500/10	GB/T 12579
	93.5℃		50/10	
	后24℃		500/10	
空气释放值，50℃/min			≤10	SH/T 0308

表 2-3 　　　　　　　　　　　　　**新绝缘油的质量标准**

绝缘油类别			变压器油（GB 2536—1990）				断路器油（SH 0351—1992）	
项　目			质量指标			试验方法	质量指标	试验方法
牌号			10	25	45			
外观			透明，无悬浮物和杂质			目测	目测	
密度，20℃/(kg/m³)，≤			895			GB/T 1884	895	GB/T 1884
运动黏度 /(mm²/s)	40℃，≤		13	13	11	GB/T 265	5	GB/T 256
	−10℃，≤		—	200	—			
	−30℃，≤		—	—	1800		200	
倾点/℃，≤			−7	−22	报告	GB/T 3535	−45	GB/T 3535
酸值/(mgKOH/g)，≤			0.03			GB/T 264	0.03	GB/T 264
凝点/℃，≥			—	—	−45	GB/T 510	—	—
闪点（闭口）/℃，≥			140	140	135	GB/T 261	95	GB/T 261
腐蚀性硫			非腐蚀性			SH/T 0304	—	—
铜片腐蚀（T2铜片，100℃，3h）			—			—	≤1	GB/T 5096
氧化 安定性	氧化后酸值/(mgKOH/g)		≤0.2			SH/T 0206	—	—
	氧化物沉淀物/%		≤0.05					
水溶性酸和碱			无			GB/T 259	—	—
击穿电压（间距2.5mm）/kV，≥			35			GB/T 507	40	GB/T 507
介质损耗因素，≤			（90℃）0.005			GB/T 5654	（70℃）0.003	GB/T 5654
水分，≤			mg/kg（报告）			SH/T 0207	35ppm	SH/T 0255

表 2-4 　　　　　**运行中变压器油的质量标准（GB/T 7595—2008）**

项　目	设备电压等级	质　量　指　标		检验方法
		投入运行前的油	运行油	
外状		透明，无悬浮物和机械杂质		外观目视加标准号
水溶性酸（pH值）		>5.4	≥4.2	GB/T 7598
酸值/(mgKOH/g)		≤0.03	≤0.1	GB/T 264
闪点（闭口）/℃		≥135		GB/T 261
水分/(mg/L)	330～1000kV	≤10	≤15	GB/T 7600
	220kV	≤15	≤25	
	≤110kV 及以下	≤20	≤35	GB/T 7601
介质损耗因素（90℃）	500～1000kV	≤0.005	≤0.020	GB/T 5654
	≤330kV	≤0.010	≤0.040	
击穿电压/kV	750～1000kV	≥70	≥60	DL/T 429.9
	500kV	≥60	≥50	
	330kV	≥50	≥45	
	660～220kV	≥40	≥35	
	35kV 及以下	≥35	≥30	
体积电阻率（90℃） /(Ω·m)	500～1000kV	≥6×10¹⁰	≥1×10¹⁰	GB/T 5654
	≤330kV		≥5×10¹⁰	DL/T 421

按规定,中小型水电站一般按简化分析项目配置化验设备,见表2-5,对于中心油务所或偏僻地区的大型电站,可按全分析项目配置,而对于一些用油量很少的小型电站,可不设油化验设备,但需定期取样到油务中心进行试验。

表 2-5　　　　　　　　　　简 化 油 化 验 设 备

序号	设备名称	规格型号	单位	数量	备注
1	比色计	721型	台	1	应
2	比重计	PZ-B-5型	台	1	应
3	酸度计	PHs-2C型	台	1	应
4	开口闪点测定器	3609型	台	1	应
5	闭口闪点测定器	3205型	台	1	应
6	水浴涡	4孔	个	1	应
7	恩氏黏度计	3608NNE-A型	个	1	应
8	架盘天平	100g,精度0.01g	台	1	应
9	光电分析天平	TG328A型	台	1	应
10	电动搅拌机	OH90-18型	台	1	应
11	万用电炉	立式500-1000W型	个	1	应
12	高温电炉	SX-4-9型	个	1	应
13	超级恒温器	DL501型	套	1	宜
14	绝缘油耐压试验器	IJJ-2/60型	套	1	宜
15	色相色谱仪	1102型	台	1	宜
16	鼓风电热恒温干燥箱	SC-101,50~300℃	台	1	宜
17	真空泵	ZXZ-0.25	台	1	宜

第三节　油的劣化和净化处理

一、油劣化的危害和原因

1. 油的劣化

油在运行、储存过程中发生了物理、化学性质的变化,以致不能保证设备的安全和经济运行,这种变化称为油的劣化。

2. 油劣化的危害

油劣化的危害取决于劣化时的生成物及其劣化程度。油劣化后酸值增高,黏度加大,闪点降低,颜色加深,并有胶状物和油泥沉淀物析出,这不但影响油的润滑和散热作用,还会腐蚀金属和纤维物,使操作系统失灵等。油劣化后在高温下运行如产生氢和碳化氢等气体,与油面的空气混合形成易燃易爆气体会危及设备的安全运行。

3. 油劣化的原因及防护措施

油劣化的根本原因是油和空气中的氧发生了反应，即油被氧化了。加速油劣化的因素和相应的防护措施主要有以下几种：

（1）水分：水使油乳化，促进油氧化，增加油的酸值和腐蚀性。水分进入油中的途径主要有：油表面与空气接触，直接吸收空气中的水分；空气在低温的油面冷却后析出水分；设备漏水；变压器和储油槽的呼吸器中干燥剂失效，使空气把水分带入油容器内；油氧化后生成的水分等。当油劣化不严重时，水在油中为游离状态，容易被清除。当水和油形成乳化状态时，油和水成为同相，水不易被清除，将危及油的安全运行。

防护措施：密封用油和储油设备，尽可能与空气隔绝，防止水管渗漏，保持呼吸器性能良好。

（2）温度：油温度的升高，会造成油的蒸发、分解和碳化，并降低闪点，同时加快油的氧化速度。实践证明，在正常压力下，油的氧化随温度的升高而加快。当油温在30℃以下时，氧化很少；当油温在50～60℃时，油就开始加速氧化；当油温超过60℃时，每增加10℃，氧化速度将加快一倍。所以规定透平油的工作温度不高于45℃，而绝缘油不高于65℃。

造成油温升高主要有以下几种原因：设备运行不良、机组过负荷、冷却水中断、油面过低、轴承油膜破坏、局部高温、机组振动或摆度过大等。

防护措施：保持设备在正常工况下运行，冷却水供应正常，确保正常的油膜厚度，防止设备和油过热。

（3）空气：空气中含有氧、水汽和尘埃等，不仅会促使油氧化，还会增加油中的水分和机械杂质。除了油的表面直接和空气接触之外，还会由于添加速度过快、回油管设计不合理以及运行设备对油的搅动等原因产生泡沫而增加油与空气接触的面积，从而加速空气中的氧、水汽和杂质进入油中。

防护措施：减少油与空气的接触，防止泡沫形成。如设置储油槽呼吸器，并用真空泵抽出储油槽内湿空气；油系统的供排油管伸入油面以下，以避免冲击而产生泡沫；供排油的速度不能过快，防止泡沫产生。

（4）天然光线：天然光含有紫外线，它对油的氧化起触媒作用，会促进油的劣化。油在日光照射以后再放到无日光照射的地方劣化会继续进行。

防护措施：将储油槽布置在阴凉干燥处，避免阳光直接照射。

（5）电流：穿过油内部的电流会使油分解劣化，如发电机主轴铁芯所产生的轴电流，通过轴颈穿过轴承的油膜时，会促使油质劣化，使油的颜色变深，并生成油泥沉淀物。

防护措施：通过绝缘措施来防止轴电流的作用。

（6）其他因素：金属的氧化；检修清洗不良；储油容器使用油漆不当；不同种油品的不良混合等。

防护措施：采用煤油、轻柴油、汽油或金属清洗剂（如851）清洗设备，保持设备清洁；透平油设备使用耐油漆，绝缘油设备使用耐油耐酸漆；避免不同种类的油相互混合，若要混合必须先进行试验。

尽管采取了各种有效措施，在长期运行中油仍然会不同程度地劣化。当油已劣化时，要根据油的劣化程度采用必要的措施加以净化处理，以恢复油品的使用性能，延长油品的使用期限。

二、油的净化处理

根据油劣化变质程度的不同，劣化的油可分为污油和废油两种。轻度劣化或被水分和机械杂质污染了的油称为污油，污油经简单的机械净化后仍可继续使用。深度劣化变质的油称为废油，废油用化学法或物理化学法进行处理，使其得到净化而恢复原有的性能，称为油的再生。油的再生一般在专门的油务部门或电力系统的中央油务系统进行。

对一般水电站来说，只对污油作机械净化处理。常用的机械净化方法如下：

1. 沉降法

当油长时间处于静止状态时，油中机械杂质和水分会因密度较大而沉降到底部，很容易将它们清除。沉降的速度取决于油的密度、黏度、油层高度以及杂质颗粒的密度、形状和大小等因素。黏度大、油层高，沉降速度慢，故适当提高油温可减少油的黏度，加快沉降速度。

沉降法设备简单，对油无伤害，但所需的时间较长，净化不彻底，油中的酸值、可溶性杂质和水分等不能除去。

沉降法一般与其他净化方法配合使用，是各种机械净化处理的第一步，也可作为运行中油循环的补充净化措施之一，在水电站中被广泛采用。

2. 压力过滤

压力过滤是用压力滤油机把油加压，使其通过滤纸，利用滤纸对水分的吸附及对杂质的阻挡作用，使水分和机械杂质与油分开。

压力滤油机的工作原理如图 2-2 所示，其工作过程为：污油从进油口吸入，经粗滤器除去较大杂质后，进入油泵加压，把压力油送入滤床，渗透过特制的滤纸，利用滤纸的毛细管作用把油中的水分吸附并把杂质阻挡住，而清净的油则从出油口流出。滤床由可移动的铸铁滤板和滤框组成 15～20 个单独的过滤室，滤纸夹在滤板和滤框之间，三者用螺旋夹压紧，每组滤纸由 2～3 张滤纸叠成。若采用碱性滤纸还能中和油中微量酸性物质。

滤油工作最好在天气晴朗、气候干燥的情况下进行，滤纸应在烘箱内以 80℃ 烘烤 24h 后再使用。油进入滤床后从首张滤纸到末张依次渗透过去，因此一组滤纸中首张滤纸吸水及阻挡杂质最多，更换滤纸时只需取去污油流入侧的第一张，把新滤纸置于该组滤纸的流出侧。污染的滤纸经洗净烘干后仍可使用。随着滤纸的逐步污染，滤床进油侧的管路系统压力升高，当压力达到 0.4～0.6MPa 或滤纸已完全饱和时就应更换滤纸。安全阀用以控制管路的最高压力，压力超过 0.6MPa 时，安全阀开启，压力油经安全阀进入粗滤器、油泵进行自动循环。油盘收集滤床的渗漏油经回油阀进入粗滤器。油样阀用于定期取样试验。在每次更换滤纸后开机时，油中都会出现很多泡沫，并含有纤维，因此在重新开机的最初 3～4min 内，应把滤出的油送回污油中重新过滤。滤油过程中，每隔一段时间应取油样化验检查，化验合格后方能使用。

压力滤油机结构简单，操作方便，工作可靠，应用广泛，它能过滤油中的杂质和微量水分，但在更换滤纸时必须停机，不能连续过滤。同时，当油中水分较多时，应先用真空

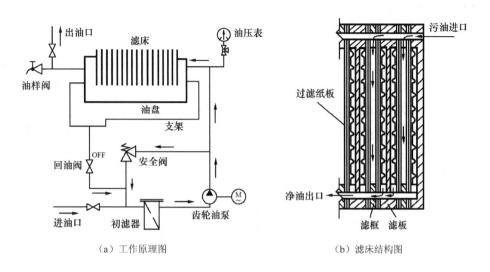

（a）工作原理图　　　　　　　（b）滤床结构图

图 2-2　压力滤油机工作原理图和滤床结构图

滤油机把油中的水分分离后，再用压力滤油机过滤杂质和残存水分。

3. 真空过滤

在同一压力或真空度下，油与水的汽化温度不同，水的汽化温度比油低，据此原理制成真空滤油机，用来完成水分、气体与油的分离。由于真空过滤不能滤除油中机械杂质，故常在真空罐前后设置油泵和过滤器。

真空滤油机的工作原理如图 2-3 所示，滤油时，污油从储油设备经油泵加压后送入粗滤器，过滤后进入加热器，把油温提高到 50～70℃后再送入真空罐内，罐内真空度约为 95～99kPa，经喷嘴把油喷射扩散成雾状。在此温度和真空度下，油中的水分发生汽化，油中的气体也从油中析出，而油仍然是油滴，重新聚结沉降在真空罐容器底部。用真空泵把集聚在真空罐上部的水汽和气体通过冷凝器抽出，使水分和气体从油中得到分离，

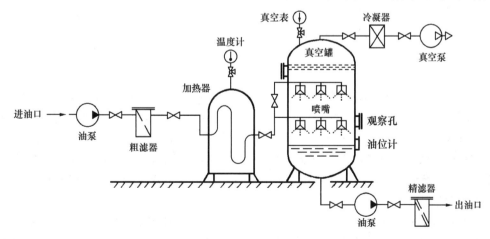

图 2-3　真空过滤工作原理图

达到除水脱气的目的。真空罐底部的清净油用油泵抽出，经过精滤器输往净油槽。这样就实现了真空滤油的一个循环。若油质还不满足要求，可如此进行多个滤油循环，直至油合格。在油没有循环时不得启动加热器，否则会烧坏加热器，甚至爆炸。

真空滤油机滤油速度快、质量好、效率高，能有效去除油中的水分和气体；价格较贵，油在 50～70℃ 下喷射扩散时会有少量油被氧化；对杂质的过滤效果较差，可在真空滤油机后串联一台压力滤油机，进一步滤除油中的杂质和残存的水分；适用于透平油和绝缘油，尤其对提高绝缘油的绝缘强度、增大电阻率作用更为显著，所以在水电站中得到广泛应用。

三、油的再生

在水电站中，一般透平油 2 年再生一次，绝缘油 5～7 年再生一次。中小型水电站一般不专设废油再生装置，而由中心油务管理机构的专业化工作人员对其水电站的油进行再生处理；对于变质不严重尚可运行的油或者具有油的再生能力的大中型水电站，可在电站内进行油的简易再生处理。

水电站油的简易再生处理一般采用吸附处理和投入添加剂两种方式。

1. 油的吸附处理

油的吸附处理是在吸附器中放置吸附剂，由其吸附油中的多种化学物质，使油长期处于合格状态。吸附剂是一种多孔结构并且具有相当强的吸附能力的固体，它能吸附多种化学物质。常用的吸附剂有硅胶、白土、活性氧化铝、活性炭和矾土等。最常用的是硅胶，硅胶吸附速度快、效果好、简便经济。不同吸附剂的颗粒上有不同直径的微孔，使它们在单位质量上具有极大的内表面。如 1g 硅胶的内表面可达 $300～450m^2$，1g 白土的内表面也有 $100～300m^2$，因此它们具有很强的吸附能力，能将一些化学物质如劣化生成的酸类、胶质、沥青等吸附在其表面小孔内，使油得到再生。当吸附剂表面的小孔已充满被吸附的物质时，就失去了再吸附的能力。

吸附处理方法可分成连续处理法或间断处理法。

(1) 连续处理法（热虹吸法）：吸附剂放在与变压器连通的吸附器中（可替换一个散热器），变压器运行时，油受热而密度变小，从变压器上部流入吸附器，并在流动中逐步冷却而密度增大，自动从吸附器底部流回变压器，完成自动循环。油中的氧化物在吸附器中被吸附剂吸附，从而使油长期处于合格状态，并可延长变压器的使用寿命，其装置原理如图 2-4（a）所示。

对小型变压器，也可把吸附剂装于布袋中悬挂在变压器油箱上部；对较大的变压器，可将吸附剂置于变压器顶盖上的金属桶中，但要注意安全距离和严密性能；对大型变压器，还可采用薄膜保护法，即在顶部用丁腈橡胶袋进行吸附。

(2) 非连续处理法（间断处理法）：设备检修时，把吸附器与净油设备串联使用，如图 2-4（b）所示，既达到净化作用又起到吸附目的，再生效率较高，透平油的吸附处理一般采用此法。

吸附处理对轻度劣化（酸值小于 $0.25mgKOH/g$）的油效果良好，但对劣化较严重的油效果欠佳，而且会产生大量的油泥沉淀物，运行中油的酸价越小，进行油的再生就越安全；吸附剂的粒子大小应在 3～8mm 之间，用量应为油量的 1%～2%，使用前要将吸附

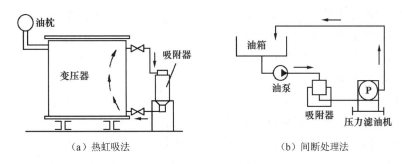

（a）热虹吸法　　　　　　　　（b）间断处理法

图 2-4 油吸附处理

剂中的气体清除；透平油再生前要将油中水分清除掉，否则会影响再生的效果和经济性；吸附器的安装应尽量减少管道弯曲，并保证正常循环。

2. 投入添加剂

为了延长油的使用期，保证设备的安全和经济运行，可在油中投入添加剂，如添加抗氧化剂（芳香胺、T501、721 等）以抑制油的氧化。新油、再生油中 T501 含量应不低于 0.3%～0.5%，当运行中的透平油 T501 含量低于 0.15% 时，应进行补加，但补加后油的 pH 值不应低于 5.0。

此外，还可在透平油中加入防锈剂。效果较好的防锈剂有十二烯基丁二酸（即 T746），它是一种极性化合物，溶在透平油中对金属表面有很强的附着力，能形成一层保护膜，阻止水分和氧气接触金属表面，因而起到防锈作用。油中添加防锈剂能有效地解决油系统中设备的锈蚀问题，尤其是调节系统中调节元件的防锈问题，不仅能保证机组的安全、经济运行，还能延长设备的检修期，减少检修工作量。T746 防锈剂的添加量一般为油的 0.02%～0.03%。

第四节　油系统的任务、组成和系统图

一、油系统的任务

为了做好油的监督和维护工作，使运行中的油处于合格状态，延长油的使用时间，避免因油劣化而造成设备事故，确保机组安全、经济运行，需要有油供应、维护设备所组成的油系统。其任务如下：

（1）接受新油：接受运来的新油并将其注入储油槽；对新油要依照油的质量标准要求进行取样试验。

（2）储备净油：在油库中储存足够数量的合格净油，以便事故发生时更换净油和补充正常运行的消耗用油。

（3）向设备充油：对新装机组或因检修而把油排出的机组进行充油。

（4）向运行设备添油：补充运行中由于蒸发、泄漏、取样、排污等损耗的油。

（5）从设备中排出污油：设备检修时或油被污染后，需把油排到运行油槽中。

（6）污油的净化处理：污油经净化处理去除油中的水分和机械杂质后送净油槽备用；或机组检修时在机旁净化处理，净化后的油仍送回机组。

（7）油的监督与维护：对油量（油位）、油温、排污等进行经常性的监督，定期取样进行分析化验，对油系统进行管理和维护。

（8）废油的收集：把废油收集起来并送油务中心进行再生处理。

二、油系统的组成

油系统是用管网将用油设备、储油设备、油处理设备连成一个油务系统。为了监视和控制用油设备的运行情况，还装设有必要的测量和控制元件。其组成如下：

（1）油槽：油槽用于储存净油、临时的废油或从机组设备中排出的污油，中小型电厂一般用金属油槽储存油品，油槽的容积和数量根据总储油量及电厂具体条件决定。常用的油槽主要有净油槽、运行油槽、中间油槽和重力加油箱，油槽一般与事故排油池放置在油库中。

（2）油处理设备：油处理设备包括净油和输送设备，如油泵、压力滤油机、滤纸烘箱、真空滤油机等，油处理设备一般布置在油处理室内。

（3）油化验设备：包括油化验仪器、设备和药物等，主要用于对新油和运行油进行化验，油化验设备一般设置在油化验室中。

（4）油再生设备：水电站通常只设置吸附器，如硅胶吸附器。

（5）管网：将用油设备、储油设备和油处理设备等部分连接起来组成油系统。

（6）测量和控制元件：用以监视和控制用油设备的运行情况，如温度信号器、油位信号器和油混水信号器等监测元件及安全阀和截止阀等控制元件。

三、油系统图

在水电站辅助设备各系统中，一般均有系统图。系统图是把主机与辅机或辅机与辅机之间的关系及其连接管道和元件，用规定的符号绘制的示意图或原理图，它只表示设备与管道之间的关系，而不表示设备和管道的尺寸和高程。系统图是技术施工设计以及水电站管理、操作和维护的依据。

1. 油系统图的设计要求

油系统图的合理性直接影响设备运行的安全性和操作维护的方便性。因此，应根据机组和变压器等设备的技术要求进行合理设计。具体要求如下：

（1）管道与阀门要尽量少，使操作简便，不易出错。

（2）油处理设备可单独运行或串联、并联运行。

（3）污油和净油、透平油和绝缘油均应有各自的独立管道和设备，以减少不必要的冲洗。对于小型电站，为了节省投资，透平油系统和绝缘油系统常共用一套净油设备，而且宜选用移动式设备。

（4）管网遍布全用油区，透平油沿厂房纵向设置两条平行的供、排油干管，每台机组旁引出支管。小型水电站为了简化管网，可采用软管或活接头方式。

（5）在设备和管网系统的适当地方设置必要的控制元件。

在油系统中，除机组轴承、油压装置及漏油箱常用自动控制方式外，其余部分一般采用手动操作方式。机组轴承、油压装置及漏油箱的自动控制系统常由生产厂家配套，以前一般采用继电器方式实现自动控制功能，现在则多用计算机（如PLC）来完成自动控制。

2．油系统图示例

油系统图的设计与电站的规模、布置形式和机组类型有密切的关系，设计时，要从实际出发，力求简便、实用。

图 2-5 是转桨式机组的透平油系统图。电站装有两台机组，水轮机为 ZZ440-LJ-

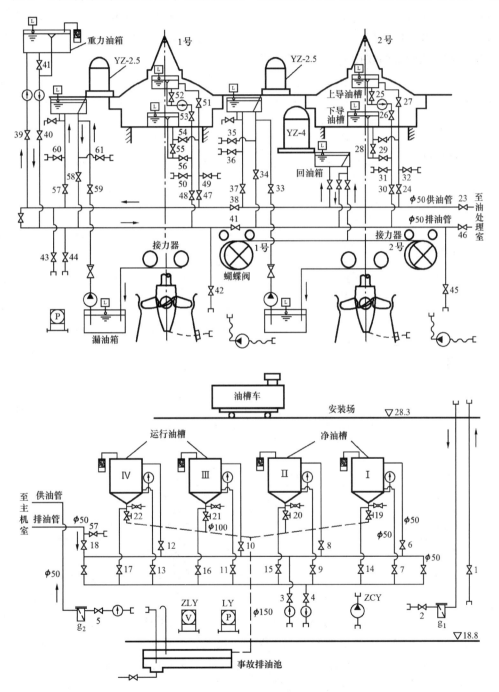

图 2-5　转桨式机组的透平油系统图

330，水导轴承为水润滑，每台机组均设有蝴蝶阀，蝴蝶阀由一台 YZ‐4 型油压装置操作；调速器为 ST‐100 型，配 YZ‐2.5 油压装置；发电机悬式结构，型号为 TS‐550/80‐28。油库设在安装场下方，油处理室和机组用油设备之间均采用两根干管连接，使净油与污油管道分开，各净油设备均用活接头和软管连接，管路较短，操作阀门较少，净油设备可移动，运行灵活。当机组检修或长时间停机时，可通过机旁供排油管的活接头实现机旁过滤，系统图的操作程序见表 2‐6。该油系统能较好地满足运行和维护要求，这种油处理室采用两干管的连接方式，较适用于中型电站。

表 2‐6　　　　　　　　　　转桨式机组透平油系统操作程序表

序号	工作名称	使用设备	操作程序及设备
1	新油注入油槽Ⅰ（Ⅱ）	自流	油槽车、阀 2、软管、3、6（8）、油槽Ⅰ（Ⅱ）
2		压力滤油机（油泵）	油槽车、阀 2、LY（ZCY）、3、6（8）、油槽Ⅰ（Ⅱ）
3	净油循环过滤	压力滤油机（真空滤油机）	油槽Ⅰ（Ⅱ）、阀 14（15）、4、LY（ZLY）、3、8（6）、油槽Ⅱ（Ⅰ）
4	运行油注入油槽Ⅲ（Ⅳ）	自流	轴承油槽 25（28）、26（29）、排油管、46、18、10（12）、油槽Ⅲ（Ⅳ）
5	运行油过滤	压力滤油机（真空滤油机）	油槽Ⅲ（Ⅳ）、阀 16（17）、4、LY（ZLY）、3、6（8）、油槽Ⅰ（Ⅱ）
6	机旁循环过滤	压力滤油机（真空滤油机）	YZ 回油箱、35、LY（ZLY）、软管、36、YZ 回油箱
7	向轴承油槽充油	油泵（压力滤油机）	油槽Ⅰ（Ⅱ）、阀 7（9）、4、ZCY（LY）、软管、5、g_2、供油管、23、47、51（54）、轴承油槽
8	向重力加油箱充油	油泵（压力滤油机）	油槽Ⅰ（Ⅱ）、阀 7（9）、4、ZCY（LY）、软管、5、g_2、供油管、23、39、重力加油箱
9	向油压装置充油	油泵（压力滤油机）	油槽Ⅰ（Ⅱ）、阀 7（9）、4、ZCY（LY）、软管、5、g_2、供油管、23、37、YZ 回油箱
10	废油排出	油泵	机组用油设备、排油管、阀 46、57、ZCY、1、油槽车
11	废油排出	油泵	转轮室、ZCY、45、排油管、46、57、软管、1、油槽车
12	事故排油	自流	阀 19、20（21、22）、事故排油管、事故排油池

注　Ⅰ（Ⅱ）为净油槽，Ⅲ（Ⅳ）为运行油槽，ZCY 为油泵，LY 为压力滤油机，ZLY 为真空滤油机，g_1、g_2 为过滤器。

图 2‐6 为混流式机组的油系统图，油处理室采用四根干管连接，使净油、污油分开，既保证了油质，又满足了油处理的要求。由于混流式机组添油量一般不大，可不设重力加油箱，而考虑设置加油桶，用油泵或加油桶添油，系统图的操作程序见表 2‐7。该油系统有实用价值，净油设备已连接好，可根据需要操作设备和切换阀门，操作方便，但阀门设置较多，管路较长，投资较大，一般适用于大型电站。

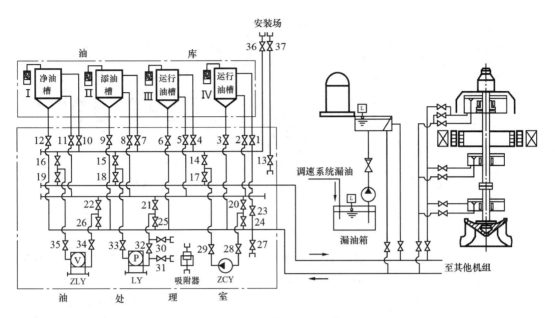

图2-6　混流式机组油系统图

表2-7　　　　　　　　　混流式机组透平油系统操作程序表

序号	工作名称	使用设备	操作程序及设备
1	运行油槽接受新油	自流	油槽车、阀36、1（4）、油槽Ⅳ（Ⅲ）
2	运行油槽新油 自循环过滤	压力滤油机	油槽Ⅳ（Ⅲ）、阀3（6）、25、32、LY、33、15、4（1）、油槽Ⅲ（Ⅳ）
3		真空滤油机	油槽Ⅳ（Ⅲ）、阀3（6）、26、34、ZLY、35、16、4（1）、油槽Ⅲ（Ⅳ）
4	运行油槽新油注入 油槽Ⅰ（Ⅱ）	压力滤油机	油槽Ⅳ（Ⅲ）、阀2（5）、21、32、LY、33、15、10（7）、油槽Ⅰ（Ⅱ）
5	机组检修排油	油泵	机组、阀24、28、ZCY、29、14、1（4）油槽Ⅳ（Ⅲ）
6	净油槽向设备充油	油泵	油槽Ⅰ、阀11、20、28、ZCY、29、17、机组或油压装置
7	添油槽向设备添油	油泵	油槽Ⅱ、阀8、20、28、ZCY、29、17、机组或油压装置
8	运行油吸附处理	压力滤油机	油槽Ⅳ（Ⅲ）、阀3（6）、25、30、吸附过滤器、31、LY、33、15、7（10）、油槽Ⅱ（Ⅰ）
9	油处理室排污	油泵	油槽Ⅳ（Ⅲ）、阀3（6）、27、油泵、13、37、油槽车
10	设备废油排出	油泵	机组或油压装置、阀27、油泵、13、37、油槽车
11	设备自流排油	自流	机组或油压装置、阀23、1（4）、油槽Ⅳ（Ⅲ）

注　LY为压力滤油机，ZLY为真空滤油机，ZCY为油泵。

图2-7为卧式机组的油系统图，油处理室无供排油干管，各储油槽引出管与各油处理设备之间采用活接头和软管连接，机组供排油干管与油处理室也用活接头连接。该系统简单经济，阀门少，管路较短，但使用时连接工作量较大，一般适用于小型电站。

上述三种透平油系统图的共同点是：机组用油设备的供排油管均在本机组段内与系统

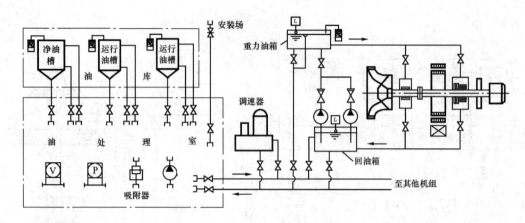

图 2-7 卧式机组油系统图

供排油干管相连；操作方式一般都采用手动操作；对大中型机组在各用油设备上设有供、排油管和溢油管。其不同之处为：油处理室和机组用油设备的连接方式不同。

图 2-8 为绝缘油系统图，变压器与油库之间采用固定管路，油处理室采用四根干管连接，净油设备已连接好，可根据需要操作设备和切换阀门，可实现变压器供油和排油、污油和运行油过滤、向变压器添油等操作。变压器设有吸附器，可实现连续吸附处理。如设备少且距离较近时，油处理室可不设置干管，需要时临时敷设。

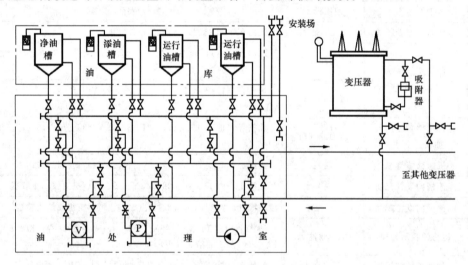

图 2-8 绝缘油系统图

第五节 油系统的计算和设备选择

一、用油量估算

油系统的规模与设备容量的大小，应根据设备用油量的多少而定。在设计时分别编制设备用油量的明细表，计算出透平油和绝缘油的总用油量。所有设备的用油应根据制造厂所提供的资料进行计算。但在初步设计阶段，未能获得厂家资料时，可按已投入运行的尺寸相近的同类型机组或近似公式进行估算。电气设备的用油量可在有关产品目录中查出。

1. 水轮机调速系统充油量计算（V_p）

水轮机调速系统充油量包括油压装置、导水机构接力器、转轮接力器（转桨式）、受油器（转桨式）、喷针接力器（冲击式）和管道的充油量，机组类型不同，计算项目不同。

（1）油压装置的用油量。油压装置是向机组调速系统提供压力油的能源设备，也作为进水阀、调压阀和液压操作元件的压力油源，主要由压油槽、回油箱、漏油箱、油泵和相关附件组成，有分离和组合式两类，分离式压油槽与回油箱分开，容量大，适用于大中型机组；组合式压油槽安装在回油箱上面的框架上，容量较小，适用于中小型机组。

先要确定油压装置的台数、额定压力和容量。对于机组调速系统，为满足安全运行要求，每台机组通常设置一台油压装置；目前国内油压装置的额定压力主要有 2.5MPa、4.0MPa、6.3MPa 及以上等几种，国外多采用 7.0MPa 及以上的额定压力；初步设计时，压油槽的总容积 V_0 一般按经验公式（2-2）进行估算：

$$V_0 = (18 \sim 20)V_d + (4 \sim 5)V_z + 3V_f + (9 \sim 10)V_t \, (\text{m}^3) \tag{2-2}$$

式中 V_d——导叶接力器总容积，m^3；

      V_z——转轮桨叶接力器总容积，m^3；

      V_f——水轮机进水阀门接力器总容积，m^3；

      V_t——调压阀接力器总容积，m^3。

根据估算出的压油槽总容积，查阅相关资料选定油压装置型号。由于进水阀的操作用油容易混入水分，所以其油压装置一般单独设置，以免影响调速系统的可靠性。

选定油压装置型号后即可确定其用油量。带油压装置的中小型调速器的充油量见表 2-8；油压装置的充油量见表 2-9。

表 2-8   带油压装置的中小型调速器充油量

型号	CT-40	YT-1000	YT-600	YT-300	TT-300	TT-150	TT-75
充油量/m^3	1.11	0.22	0.2	0.13	0.12	0.12	0.04

表 2-9   油 压 装 置 的 充 油 量

型 号	充油量/m^3		型 号	充油量/m^3	
	压油槽	回油箱		压油槽	回油箱
YZ-1.0	0.35	1.3	YZ-20-2	7.0	8.0
YZ-1.6	0.56	1.3	YZ-30-2	12.0	
YZ-2.5	0.90	2.0	HYZ-0.3	0.105	0.3
YZ-4.0	1.40	2.0	HYZ-0.6	0.21	0.6
YZ-6.0	2.10	4.0	HYZ-1.0	0.35	1.0
YZ-8.0	2.80	4.0	HYZ-1.6	0.56	1.6
YZ-10.0	3.50	5.0	HYZ-2.5	0.875	2.5
YZ-12.5	5.00	6.2	HYZ-4.0	1.4	4.2

（2）导水机构接力器用油量：可按式（2-3）进行计算（两只接力器）：

$$V_d = \frac{\pi d_d^2 S_d}{2} \quad (\text{m}^3) \tag{2-3}$$

式中 d_d——接力器直径，m；

    S_d——接力器最大行程，一般 $S_d = (1.4 \sim 1.8) a_0$，转轮直径小于 5m 时，取小值；

    a_0——为导叶最大开度，m。

或根据接力器直径从表 2-10 中查取。

表 2-10   导水机构接力器用油量

接力器直径/mm	300	350	375	400	450	500	550	600	650	700	750	800
两只接力器的充油量/m³	0.04	0.07	0.09	0.11	0.15	0.20	0.25	0.35	0.45	0.55	0.65	0.80

（3）转桨式水轮机转轮接力器用油量：可按式（2-4）计算：

$$V_z = \frac{\pi d_z^2 S_z}{4} \quad (\text{m}^3) \tag{2-4}$$

式中 d_z——转轮接力器直径，m，$d_z = (0.3 \sim 0.45) D_1$，$D_1 \geqslant 5$m 时，取小值；

    D_1——水轮机转轮的标称直径，m；

    S_z——转轮接力器活塞行程，m，$S_z = (0.12 \sim 0.16) d_z$，$D_1 \geqslant 5$m 时，取小值。

或按表 2-11 选取。

表 2-11   转轮接力器（含受油器）用油量（操作油压力 2.5MPa）

转轮标称直径 D_1/m	2.5	3.0	3.3	4.1	5.5	6.5	8.0	9.0	11.3
转轮接力器（含受油器）用油量/m³	1.15	1.95	2.45	3.30	5.30	6.53	15.00	20.00	66.75

（4）受油器用油量：可按转轮接力器用油量的 20% 计算，或按表 2-11 含在转轮接力器用油量中。

（5）冲击式水轮机喷针接力器用油量按式（2-5）计算：

$$V_j = \frac{Z_0 \left(d_0 + \dfrac{d_0^3 H_{\max}}{6000} \right) \times 10^5}{P_{\min}} \quad (\text{m}^3) \tag{2-5}$$

式中 Z_0——喷嘴数；

    d_0——射流直径，cm；

    $H_{\max}$——电站最大工作水头，m；

    $P_{\min}$——油压装置最低油压，Pa。

2. 机组润滑油系统充油量计算（V_h）

机组润滑油系统的充油量指推力轴承和导轴承的充油量，当机组的资料较完整时，其用油量可按每千瓦损耗进行估算，即

$$V_h = q(P_t + P_d) \quad (\text{m}^3) \tag{2-6}$$

$$P_t = A P_T^{3/2} n_e^{3/2} \times 10^{-6} \quad (\text{kW}) \tag{2-7}$$

$$P_t = B P_T \quad (\text{kW}) \tag{2-8}$$

$$P_d = 11.78 \frac{S\mu V_u^2}{\delta} \times 10^{-3} \quad (kW) \tag{2-9}$$

式中　V_h——一台机组润滑油系统用油量，m^3；

　　　q——轴承单位千瓦损耗所需的油量，m^3/kW，按表 2-12 选取；

　　　P_t——推力轴承损耗，kW，可按式（2-7）或式（2-8）计算；

　　　A——系数，取决于推力轴瓦上的单位压力 p（和发电机结构型式有关，p 通常采用 3.5~4.5MPa），在图 2-9 查取；

　　　P_T——推力轴承负荷，t，包括水轮机的轴向水推力和机组转动部分的重量；

　　　n_e——机组额定转速，r/min；

　　　B——单位负荷推力轴承损耗，kW/t，按表 2-13 选取；

　　　P_d——导轴承损耗，kW，可按式（2-9）计算；

　　　S——轴与轴瓦接触的全面积，m^2，$S = \pi D_p h$；

　　　D_p——主轴轴颈直径，m，可根据 $M = 97400 N_z/n_e$（kgf·cm）得到机组的扭矩 M，由 M 与主轴直径关系曲线图 2-10 查得主轴直径 D_z，再由关系 $D_p = D_z + b$，$D_z < 0.65$m 时，$b = 0.015$m，$D_z \geqslant 0.65$m 时，$b = 0.02$m 即可得到 D_p；

　　　N_z——主轴传递功率，kW；

　　　h——轴瓦高度，m，一般取 $h = (0.5 \sim 0.8) D_p$；

　　　μ——油的动力黏度系数，对于 50℃ 的 HU-20 可取 $\mu = 0.0175$Pa·s，HU-30 可取 $\mu = 0.0263$Pa·s；HU-32 可取 $\mu = 0.0288$Pa·s；

　　　V_u——主轴轴颈的圆周速度，m/s，$V_u = \pi D_p n_e / 60$；

　　　δ——轴瓦间隙，m，可取 $\delta = 0.0002$m，也可按式 $\delta = D_p/2000$ 或式 $\delta = 0.00015 + 0.2 D_p$ 计算。

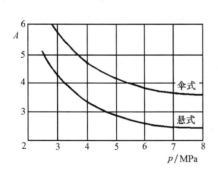

图 2-9　推力轴瓦上的单位压力
　　　p 与系数 A 的关系曲线

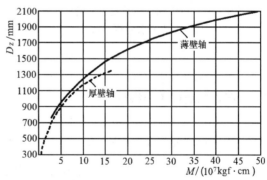

图 2-10　机组扭矩与主轴直径关系曲线图

表 2-12　　　　　　　　　　　　　　　轴承单位千瓦损耗所需的油量 q

轴承结构	轴承单位损耗所需的油量 $q/(m^3/kW)$
一般结构的推力轴承和导轴承	0.040~0.050
组合结构（推力轴承与导轴承同一油槽）	0.030~0.040
外加泵或镜板泵外循环推力轴承	0.018~0.026

表 2-13 推力轴承损耗与转速的关系

转速/(r/min)	单位负荷推力轴承损耗 B/(kW/t)	备 注
54.6～83.3	0.085～0.100	适用伞式机组
88.2～107.0	0.155～0.170	适用伞式机组
100.0～150.0	0.140～0.180	适用悬式机组,高速取上限
115.4～500.0	0.200～0.300	高速大容量取上限
375.0～500.0	0.50～0.60	

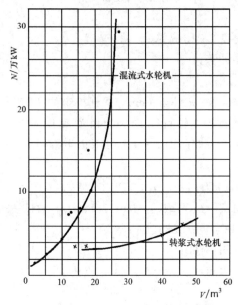

图 2-11 机组润滑油系统充油量
与出力的关系曲线

机组润滑油系统充油量也可参照容量和尺寸相近的已运行同类机组资料进行估算。图 2-11 所示为根据部分已运行机组编制的机组润滑油系统充油量和出力的关系曲线。

3. 进水阀的用油量(V_a)

进水阀接力器的用油量可根据阀门直径和工作水头从有关资料查出,如蝴蝶阀直径 1.75～5.30m,则接力器充油量为 0.11～1.61m³,球阀直径 1.0～1.6m,则接力器充油量为 0.50～0.89m³。如果进水阀采用独立的油压装置,则还包括油压装置的用油量,可从表 2-9 直接查取。

4. 透平油系统用油量的计算

(1) 设备充油量 V_1:指一台机组润滑油量、调速器的用油量及进水阀用油量之和,并考虑 5%的管道充油量,即

$$V_1 = 1.05(V_p + V_h + V_a) \quad (m^3) \tag{2-10}$$

(2) 事故备用油量 V_2:以最大的一台设备充油量的 110%计算,其中 10%为考虑油的蒸发、漏损和取样等的裕量,即

$$V_2 = 1.1(V_p + V_h + V_a) \quad (m^3) \tag{2-11}$$

(3) 补充备用油量 V_3:补充设备运行中油的损耗,为设备 45～90 天的添油量,即

$$V_3 = \frac{45 \sim 90}{365} \alpha (V_p + V_h + V_a) \quad (m^3) \tag{2-12}$$

式中 α——设备在一年中需补充油量的百分数。对转桨式机组取 15%～25%,其他机组取 5%～10%。

(4) 系统总用油 V:

$$V = ZV_1 + V_2 + ZV_3 \quad (m^3) \tag{2-13}$$

式中 Z——机组台数。

5. 绝缘油系统用油量的计算

(1) 设备充油量 W_1:指一台变压器或油开关的用油量,可从有关产品目录中查得。

（2）事故备用油量 W_2：为最大的一台设备充油量的 1.1 倍，对于容量大于 125MVA 的大型变压器可取 1.05 倍，即

$$W_2 = (1.05 \sim 1.1) W_1 \quad (\text{m}^3) \tag{2-14}$$

（3）补充备用油量 W_3：为设备 45～90 天的添油量，即

$$W_3 = \frac{45 \sim 90}{365} \sigma W_1 \quad (\text{m}^3) \tag{2-15}$$

式中 σ——设备在一年中需补充油量的百分数，对变压器取 5％，对油开关取 10％。

（4）系统总用油 W：

$$W = n W_1 + W_2 + n W_3 \quad (\text{m}^3) \tag{2-16}$$

式中 n——变压器或油开关台数。

二、油系统设备选择

油系统设备的选择，应根据电站地理位置、交通情况、装机容量、机组台数等因素来考虑，其配置原则为：绝缘油和透平油两系统分别配置。设备包括：储油设备、净油设备、油再生设备、油泵、油管和油化验设备等，油再生设备一般只考虑运行油的吸附处理设备，而油化验设备对于一般电站只按简化分析项目配置。

1. 储油设备选择

（1）净油槽：储备净油供设备换油时使用。容积为最大一台设备充油量的 1.1 倍，加上全部运行设备 45～90 天的补充备用油量，即 $V_2 + Z V_3$ 或 $W_2 + n W_3$。通常透平油和绝缘油各设一个。但当容量过大不易布置时，可根据厂房布置情况，考虑设置两个或多个，但总容积不变。当透平油只设一个净油槽时，为了日常添油及油务管理方便，可增设一个添油槽，其容量按全部运行设备 45～90 天添油量确定。

（2）运行油槽：用于设备检修时排油和净化油。考虑可兼作接受新油，并与净油槽互用，其容积一般与净油槽相同，而且为了净化方便，提高效率，常设置两个，每个容积为总容积的一半，当容积较大不易布置时，也可设置两个以上，但总容积不变。对于小型电站，用油量少，可只设置一个运行油槽。

（3）中间油槽：对于透平油系统，当油库设在厂外或位置较高时，为检修方便，可设置中间油槽，以便检修机组充油部件时用于排油，其容积为一台机组的最大用油量，数量宜多于两个。当油库布置在厂内水轮机层以下时，不需设置。

（4）重力加油箱：设在厂房内高层空间（如起重机轨道旁）用以储存净油，作为设备自流添油装置，其容积应根据设备的添油量而定，一般为 $0.5 \sim 1.0 \text{m}^3$，但不小于 $Z V_3$。当机组容量较大且台数较多时，可设置两个及以上。对于转桨式机组，漏油量较大，添油频繁，一般需设置重力加油箱；对于灯泡贯流式机组，重力加油箱容积按油泵故障时机组还能安全运行 5～10min 的用油量确定；而对于混流式机组或小型电站，漏油量少，添油不多，可不设置，而采用移动式添油小车添油，其容积应满足添油量需要。

（5）事故排油池：接受事故排油用。一般设置在油库底层或其他合适的位置上，容积为油槽容积之和。事故排油时间通常为 10min，事故排油管管径不得小于 100mm。

设有中心油务所时，可只设置中间油槽和添油槽，不再设置净油槽和运行油槽。

在设计时要考虑运行中油的输送和处理，并对运行情况进行实际分析，然后确定所需

设置的油槽，尽量做到经济合理。

2. 油净化设备的选择

(1) 压力滤油机和真空滤油机选择：按 8h 内净化一台最大机组用油量或 24h 内净化一台最大变压器用油量来确定，同时考虑压力滤油机更换滤纸所需时间，生产率会减少30%，以及真空滤油机与压力滤油机串联使用等情况，故滤油机的生产率为

$$Q_L = \frac{V_1}{0.7t} \quad (\text{m}^3/\text{h}) \tag{2-17}$$

式中　V_1——最大一台设备的充油量，m^3；

　　　　t——滤清时间，透平油取 8h，绝缘油取 24h。

根据透平油与绝缘油计算的 Q_L 值，在产品目录中选取压力滤油机和真空滤油机：大型电站透平油与绝缘油系统均分别设置 1~2 台压力滤油机（配套一台滤纸烘箱）和 1 台真空滤油机；中型电站各设 1 台压力滤油机，共设 1 台真空滤油机；小型电站两系统各设 1 台压力滤油机；特小型水电站可只设 1 台移动式压力滤油机，以减少设备投资。

设有中心油务所时，油净化设备宜不设置或简化设置。

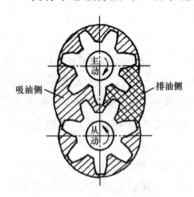

图 2-12　齿轮泵工作原理图

(2) 油泵选择：油泵是输油设备，用于接受新油、设备充油和排油以及油的净化处理。齿轮泵结构简单、工作可靠、自吸性能好、维护方便、价格便宜，故应用广泛。齿轮泵分为外啮合和内啮合两种。在水电站中，常用外啮合齿轮泵，一般由泵壳、盖板和一对外啮合齿轮组成，如图 2-12 所示。当齿轮按图示方向转动时，吸油侧的油分别被两齿轮的齿间空间带到压油侧，则吸油侧便形成一定的真空度而把泵外的油吸入，在压油侧由于两齿轮的轮齿投入啮合，储油的空间减少，油被挤压而压力升高并从压力油管排出。

油泵生产率按 4~6h 内充满一台机组或 6~8h 内充满一台变压器的用油量计算，即

$$Q = \frac{V_1}{t} \quad (\text{m}^3/\text{h}) \tag{2-18}$$

式中　V_1——最大一台设备的充油量，m^3；

　　　　t——充油时间，透平油取 4~6h；绝缘油取 6~8h。

油泵的扬程应能克服设备之间高程差和管路损失。根据生产率和扬程在产品目录中选取油泵，常用 ZCY 型或 KCB 型。一般按透平油与绝缘油系统各选两台，其中一台为移动式，用来接受新油和排出污油。小型电站也可只设一台移动式油泵。

3. 油管选择

(1) 管径选择：按经验选择，压力油干管采用 $d = 32~65\text{mm}$，排油干管取 $d = 50~100\text{mm}$；也可按经济流速计算选择：

$$d = 1.13\sqrt{\frac{Q}{v}} \quad (\text{m}) \tag{2-19}$$

式中　d——油管直径，m；

　　　Q——油管内的流量，m^3/h；

　　　v——油管中流速，根据油的不同黏度在表 2-14 中选取。

表 2-14　　　　　　　　　　　油管中流速推荐值　　　　　　　　　　单位：m/s

油的黏度/°E	1～2	2～4	4～10	10～20	20～60	60～120
自流及吸油管道	1.3	1.3	1.2	1.1	1.0	0.8
压力油管道	2.5	2.0	1.5	1.2	1.1	1.0

计算后选取标准管径，标准管径系列有 6mm、8mm、10mm、12mm、15mm、20mm、25mm、32mm、40mm、50mm、65mm、80mm、100mm、125mm、150mm、175mm、200mm、225mm、250mm、300mm、350mm、400mm、450mm、500mm、600mm 等。

支管直径按供油、排油和用油设备的接头尺寸而定。

（2）管材：选用不锈钢钢管和紫铜管，不宜选用镀锌钢管和硬塑管，镀锌钢管会与油中的酸、碱发生反应，使油劣化，硬塑料管易变形和老化，也不利于防火。软管可选用金属软管、耐油橡胶管，并采用标准活接头。

（3）管道颜色：在油系统中，压力油、进油管道表面应涂成红色；排油、漏油管道表面应涂成黄色。

4. 阀门选择

经常操作的阀门宜采用不锈钢球阀，事故排油阀可选用闸阀。

三、透平油系统设计计算实例

1. 设计基本资料

（1）电站主要参数。

电站水头：$H_{max}=26.5m$，$H_{pj}=22.2m$，$H_r=18.5m$，$H_{min}=15.5m$；

装机容量：$N=4×8800=35200kW$。

（2）水轮机和发电机技术资料。

机型：ZZ460-LH-300；TSL425/79-32；

额定出力：$N_r=9215kW$；$P_r=8800kW$；

安装高程：$\nabla_y=29.3m$；

额定转速：$n_r=187.5r/min$。

（3）调速器与油压装置型号。

调速器型号：JST-80；油压装置型号：YZ-2.5。

2. 确定油系统类型

该水电站属中型水电站，铁路干线从附近通过，交通方便；离某大城市 150km，电站所在地区内没有其他水电站，故按厂用油系统配置油处理设备，按一般水电站简化分析项目配置油化验设备。

3. 透平油系统供油对象及用油量计算

（1）供油对象。发电机推力轴承和上、下导轴承；水轮机导轴承；水轮机转轮操作；

调速系统。

（2）用油量计算（根据厂家资料）。水轮机调节系统充油量：YZ-2.5型油压装置充油2.9m³；导水机构接力器用油0.2m³；转轮接力器用油2.5m³；受油器充油0.5m³。

机组润滑油系统充油量：推力、上导轴承油槽充油3.5m³；下导轴承油槽充油0.7m³；水导轴承油槽充油0.4m³。

1）运行用油量（设备充油量）：

$$V_1 = 1.05(V_p + V_h) = 1.05 \times [(2.9 + 0.2 + 2.5 + 0.5) + (3.5 + 0.7 + 0.4)] = 11.24(\text{m}^3)$$

2）事故备用油量：

$$V_2 = 1.1V_1 = 1.1 \times 11.24 = 12.36(\text{m}^3)$$

3）补充备用油量：对于转桨式机组，一年的添油量为机组用油量的25%，45天的补充油量为

$$V_3 = \frac{45}{365}\alpha(V_p + V_h) = \frac{45}{365} \times 25\% \times 10.7 = 0.33(\text{m}^3)$$

4）系统总用油量：

$$V = ZV_1 + V_2 + ZV_3 = 4 \times 11.24 + 12.36 + 4 \times 0.33 = 58.64(\text{m}^3)$$

4. 油系统设备的选择

由于该电站油库存油为 $(V_2 + ZV_3) = 12.36 + 4 \times 0.33 = 13.68$（m³），厂内可以布置，故透平油系统设置在厂内安装场的下层。

（1）储油设备的选择。

1）净油槽：容积 $V_{净} = 13.68$m³，取 $V_{净} = 14$m³，数目为一个。

2）运行油槽：容积与净油槽相同，即14m³，数目为两个，每个容积为7m³。

3）重力加油箱：该电站机组为转桨式，漏油较多，添油频繁，故在厂内设置重力加油箱一个，容积为0.5m³，安装在厂房一端最高层的吊车轨道旁，以自流方式向机组添油。

因为油库设置在厂内，该电站不设置中间油槽；根据设计规程，该电站不设置事故排油池，为防止油库万一发生火灾事故，可设置直接排往下游的活接头及阀门。

（2）净油设备选择。压力滤油机和真空滤油机的生产率按8h内净化一台机组的油量来确定：

$$Q_L = \frac{V_1}{0.7t} = \frac{11.24 \times 10^3}{0.7 \times 8 \times 60} = 33.45 \quad (\text{L/min})$$

查产品目录，选用LY-50型压力滤油机一台，783型滤纸烘箱一台，ZLY-50型真空滤油机一台。

（3）油泵选择。油泵的生产率按4h内充满一台机组的用油量来确定，即

$$Q = \frac{V_1}{t} = \frac{11.24}{4} = 2.81 \quad (\text{m}^3/\text{h})$$

查产品目录，选用KCB-55型齿轮油泵两台，一台为固定式，供设备充油用；一台移动式，用于接受新油和排油；油泵生产率 $Q = 3.3$m³/h，扬程 $H = 33$m。

（4）管道选择。油管根据经验选定，本电站供、排油干管均选用50mm的无缝钢管；

支管亦选用无缝钢管，其直径分别与供油设备、净油设备和用油设备接头管径相同。

5. 透平油系统图及操作说明

透平油系统图如图2-13所示，其操作程序表略。

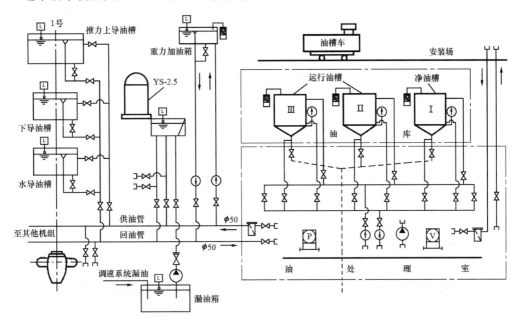

图2-13　透平油系统图

第六节　油系统的布置及防火要求

一、辅助设备布置的一般原则

水电站辅助设备的合理布置，对快速安装、安全运行有重要意义。其布置的一般原则是布置紧凑、操作维护方便、安全可靠和整齐美观。具体要求如下：

（1）满足运行要求：应使各辅助设备在运行中操作简易、可靠，检查维护方便，有助于事故的处理，并有利于机组提前发电。

（2）满足施工、安装和检修要求：施工安装期间就能使用永久性设备和场地。辅助设备管道、电气设备应分侧布置在厂内（上游侧或下游侧），且在安装管道的一侧，一般水管在最下面，油管和气管在上面，这样可使安装期间各工种互不干扰，有利于平行作业。

（3）满足经济要求：尽量减少土石方开挖量和混凝土工程量；管路布置尽可能短，以减少管路阻力损失和管材用量；尽可能做到整齐、美观、紧凑、协调。

（4）满足安全要求：对于油系统，要注意满足防火方面的有关要求。

二、油系统的合理布置

（1）油库的布置要求：油库可布置在厂房内或厂房外，尽量靠近用油设备，面积和高度应按布置条件、油槽数量和尺寸来确定，并留有适当裕度，在进入门处应设置挡油坎，挡油坎内的有效容积应不小于最大油槽的容积与灭火水量之和；厂内透平油油库宜布置在水轮机层或以下各层的副厂房内，且在安装场设供、排油管的接头；厂外绝缘油油库宜布置在交通方便和安全之处，油槽可布置在室内或露天场地，露天油槽周围应设有不低于1.8m的围墙，并有良好的排水措施，而且不应布置在高压输电线路下方；对于小型电站，也可把透平油油库和绝缘油油库设在一处；油槽宜成列布置，以便于油管装拆，油位易于观察，进人孔出入方便，阀门便于操作，油槽间净距不小于1m，油槽与墙的净距离不小于0.75m，油槽前应有不小于1.5m的交通道；在空气比较潮湿的地区，要求设置防潮措施，如沿墙设排水沟，以及时排出冷凝水，而且要有通风换气设施，以防油槽和管道锈蚀；油库室温在5～35℃之间。

（2）油处理室的布置要求：油处理室应布置在油库旁边，面积根据油处理设备的数量和尺寸而定；油处理室内应有足够的维护和运行通道，两台设备之间净距应不小于1.5m，设备与墙之间的净距不小于1m；宜设计成固定式设备和固定管路系统或移动式设备和软管连接管路系统；油处理室内应设置专用的滤纸烘箱房间，面积不小于8m²，以防止烘箱内滤纸失火而蔓延，烘箱的电源开关不应放在室内，否则应采用防爆电器；油处理室地面应易清洗，并设有排污沟。

油库及油处理室的布置示例见图2-14。

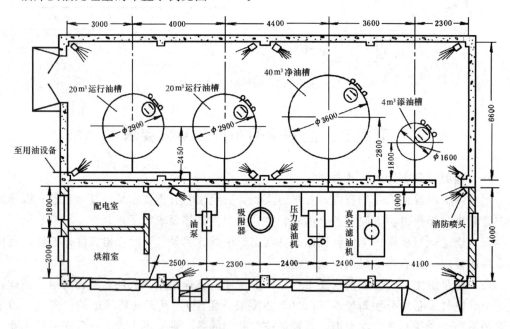

图2-14 油库及油处理室布置图

（3）管路敷设要求：主厂房内的油管应与水、气管路的布置统一考虑，应便于操作维护且整齐美观，供排油干管沿厂房纵向布置在上游侧或下游侧，在各机组段引出支管；油管宜采用法兰连接，并尽量明敷，以便于维护管理，如布置在管沟内，管沟应有排水设施，当管路穿墙柱或穿楼板时，应留有孔洞或埋设套管；管路敷设应有一定的坡度，在最低部位应装设排油接头，以便能把油排净；在油处理室、机旁及其他临时连接油净化处理设备和油泵处，应装设软管接头；阀门和接头的布置应便于操作、安装和检修，位置不宜过高，管路和阀门一般布置在离墙约 0.2m、高出地面约 1～1.5m 的地方；油管应避开长期积水处，露天油管应敷设在专门管沟内，漏油箱应布置在可能漏油的设备下面，并有排水设施，以免积水；管路安装前应先进行清洗和擦净处理，并将压力油管和进油管的外表面涂上红漆，排油和漏油管涂上黄色漆，以便于确认。

（4）油化验室的布置要求：油化验室一般设在副厂房内或厂外，要求有良好的通风、采光和防震防噪音措施，面积为 30m² 左右，并设置 6m² 左右的药品室和天平室。

三、油系统防火要求

油库和油处理室的布置均应符合《水利水电工程设计防火规范》（SDJ 278—90）的规定要求，主要有如下几项：

（1）油库与其他建筑物的防火安全距离要符合防火规范规定的距离。

（2）厂内油库不得超过两个，露天油库要有防雷设施；油处理室内应采用防爆电器。

（3）油库和油处理室一般应设两个安全出口，并采用向外开的防火门，墙体应采用防火墙；油库内应有油、水排出措施，油库中宜采用固定式水喷雾灭火系统或其他灭火装置；油化验室一般采用移动式化学灭火器及沙土灭火。

（4）钢质油槽及其管路均应接地，接地点不少于两处，接地电阻不大于 30Ω。

（5）油库、油处理室、油化验室应有独立的通风系统，装设有每小时换气量不小于 6次的防爆通风设备，排风口不能正对生产房间，火灾时能自动报警，并能自动停止通风。

（6）若设有事故排油池，其容积不应小于最大一个油槽的容积，当设有固定式水喷雾灭火系统时，还应加上灭火水量的容积；排油阀应设在油库外安全的地方，并进行编号，避免误操作；事故排油池要有防止积水的措施，四周和池底均有管道把渗漏水排至集水井，池顶要严加密封，进人孔四周应有凸缘以防进水。

第七节 油压装置的计算机监控系统

水电站中的油压装置是为调速器或油压操作进水阀提供操作能源。对于调速器，一般是一台调速器配一套油压装置，小型调速器的电气控制柜或机械控制柜常是与油压装置合为一体；对于进水阀，若电站的机组台数较少，则几台进水阀通常合用一套油压装置。油压装置以前一般采用继电器方式来实现自动控制，现在则多用计算机来完成自动监控。

一、对计算机监控系统的要求

（1）保持油压稳定：监控系统应能自动保持油压稳定在一定的范围内，以保证油压装置储存有一定的能源。

（2）油泵工作轮换：监控系统应能使油压装置的两台油泵自动切换，或人工切换，使油泵轮换工作。

（3）监控系统独立工作：监控系统对油泵的控制是独立进行的，即根据压油槽中的油压来自动控制油泵运行，与使用压力油的设备是否运行无关。

（4）故障或事故时进行报警和相应动作：当油压装置出现故障或事故时，监控系统应能发出报警，并进行相应的动作，如当油压装置油压下降过多时，监控系统应能启动备用油泵；又如当调速器油压装置的油压下降至事故低油压时，监控系统应发出报警信号，并向机组监控系统发出事故停机信号。

二、计算机监控系统接线原理

油压装置的计算机监控系统常采用 PLC 来实现，由于监控系统的开关量输入和输出点数较少，故可使用整体式 PLC，如开关量输入选用 16 点，开关量输出选用 8 点。PLC 的监控系统接线应根据油压装置的自动化要求而定，图 2-15 所示为某油压装置的 PLC 监控系统接线原理图。

三、监控功能

1. 两台油泵自动运行

将运行/试验选择开关 SAH 拧向运行方向，触点 1、2 接通（X1：1）。

（1）轮换启动工作油泵：将 1 号、2 号油泵的控制开关 SAC1、SAC2 置于自动位置，SAC1、SAC2 的触点 1、2 接通（X1：4、X1：6）。假设 PLC 监控系统初次上电时首先使用 1 号油泵。当油压装置的油压降低到工作油泵启动压力时，压力信号器 SP1 的常开触点闭合（X1：10），PLC 控制继电器 K1 的常开触点闭合（X2：1），接通 1 号油泵电动机接触器 KM1 回路，启动 1 号油泵，向压油槽供油。当压油槽中的油压达到停泵油压时，压力信号器 SP3 的常开触点闭合（X1：12），PLC 控制继电器 K1 复归，从而使 1 号油泵电动机接触器 KM1 复归，1 号油泵停止运行。当油压装置中的油压再次下降到 SP1 的常开触点闭合时，PLC 控制继电器 K2 的常开触点闭合（X2：2），接通 2 号油泵电动机接触器 KM2 回路，启动 2 号油泵。当压油槽中的油压达到停泵油压时，SP3 的常开触点闭合，PLC 控制 K2 复归，使接触器 KM2 复归，2 号油泵停止运行。当油压再一次降低时，PLC 又使 1 号油泵投入运行，如此重复，从而实现两台油泵的工作轮换，使两台油泵的运行时间基本相同，以防止某台油泵长期不运行而造成电动机受潮。

（2）启动备用油泵：当油压装置的油压降低后，已有一台油泵在工作，如 1 号油泵在运行，但由于某种原因，如管路漏油等，使油压装置的油压继续下降，当油压下降到备用油泵启动压力时，压力信号器 SP2 的常开触点闭合（X1：11），PLC 控制继电器 K2 的常开触点闭合，启动 2 号油泵，使两台油泵同时工作。若 2 号油泵已先在工作，则 PLC 把 1 号油泵作为备用油泵启动。当压油槽中的油压达到停泵油压时，SP3 的常开触点闭合，PLC 使 K1 和 K2 同时复归，使两台油泵停止运行。

2. 单台油泵自动运行

如有一台油泵出现故障时，将其控制开关置于停止位置，如 2 号油泵的控制开关 SAC2 置于停止位置，其触点 1、2 和 3、4 均不接通（X1：6、X1：7），此时若 1 号油泵的控制开关 SAC1 置于自动位置，则 1 号油泵处于单台自动运行状态。

当油压装置的油压降低到工作油泵启动压力时，SP1 的常开触点闭合，PLC 控制 K1 的常开触点闭合，启动 1 号油泵。当压油槽中的油压达到停泵油压时，SP3 的常开触点闭合，PLC 控制 K1 复归，使 1 号油泵停止运行。当油压装置的油压再次降低到工作油泵启动压力时，SP1 的常开触点闭合，PLC 使 1 号油泵再次启动，实现单台油泵的自动运行。

3. 油泵手动运行

将 1 号、2 号油泵的运行控制开关 SAC1、SAC2 拧向手动方向，触点 3、4 处于接通状态（X1：5、X1：7），此时两台油泵均处于手动运行方式。在手动运行方式时，可使 1

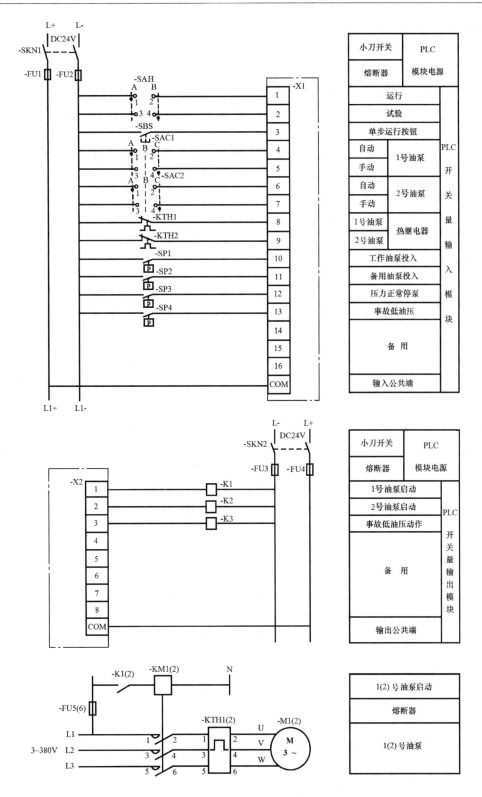

图 2-15　油压装置的 PLC 控制系统接线原理图

台油泵工作或 2 台油泵同时工作。当油压装置的油压达到停泵油压时，可将控制开关 SAC1、SAC2 拧向停止位置，从而停止油泵的工作。

4. 其他功能

（1）事故低油压：当调速器油压装置出现事故低油压情况时，事故低油压压力信号器 SP4 的常开触点闭合（X1：13），PLC 控制继电器 K3 动作（X2：3），发出事故低油压信号。

（2）电动机保护：油泵电动机的保护由热继电器 KTH1 和 KTH2 来实现。当油泵电动机过负荷时，热继电器动作，其常闭触点断开（X1：8、X1：9），PLC 控制 K1、K2 复归，使油泵停止运行。

（3）自动记录：监控系统可自动记录油泵运行小时及启停间隔，并可通过通信将数据送往上位机。

四、监控系统说明

（1）油压装置计算机监控系统与机组计算机监控系统：由于调速器油压装置的计算机监控系统所需开关量输入和输出点数较少，故当机组具有计算机监控系统时，可不设置独立的油压装置计算机监控系统，而直接由机组计算机监控系统实现调速器油压装置的监控功能，以简化监控系统结构。

（2）压油槽的自动补气：通过增加补气阀和排气阀的运行控制开关及压油槽油位过高和过低信号器，可实现对压油槽的自动补气控制，即当压油槽的油位过高且压力低于工作油泵启动油压时，PLC 控制补气阀打开和排气阀关闭，向压油槽补气，并发出压油槽油气比例失调故障信号；当压油槽的油位过低且压力高于停泵油压时，PLC 控制补气阀关闭和排气阀打开，排除压油槽的部分压缩空气，并复归压油槽油气比例失调故障信号。

（3）回油箱油位自动监控及越限报警：通过设置回油箱油位过高和过低信号器，可实现回油箱油位的自动监控，并进行越限报警。当回油箱油位过高时，PLC 控制回油阀关闭，并报警，而当回油箱油位过低时，PLC 控制回油阀打开，并报警。

（4）故障报警：备用油泵启动时可发出油压装置故障报警信号，出现事故低油压时可发出事故低油压报警信号。还可设置压油槽油压过高信号器 SL5，以实现油压过高故障报警。

（5）模拟量监控：可通过传感器采集油压和油位模拟信号，并实现相应的监控功能。

（6）压力整定值：对于额定压力为 4.0MPa 的油压装置，SP1 一般整定为 3.8MPa，SP2 一般整定为 3.6MPa，SP3 一般整定为 4.0MPa，SP4 一般整定为 3.4MPa，SP5 一般整定为 4.2MPa。

思 考 题 与 习 题

1. 水电站用油种类有哪些？

2. 透平油和绝缘油的主要作用是什么？

3. 油有哪些基本性质？它们对设备的运行有何影响？

4. 什么是黏度、动力黏度、运动黏度、绝对黏度、相对黏度、恩氏黏度？

5. 油的黏度与其所处的温度和所受的压力有什么关系？

6. 简述油劣化的概念、根本原因、影响因素及后果。

7. 油的净化方法有哪些？

8. 简述压力滤油机和真空滤油机的工作原理。

9. 简述油系统的任务和组成。

10. 在水力机组辅助设备中，系统图是什么含义？

11. 在油系统图中，四层干管、两层干管和无干管方式分别适合哪类电站？

12. 在设计油系统时，如何选择储油设备的各油槽？

13. 辅助设备布置的一般原则和具体要求是什么？

14. 改正图 2-16 所示油系统中的局部位置错误。

15. 简述油压装置的计算机监控系统功能。

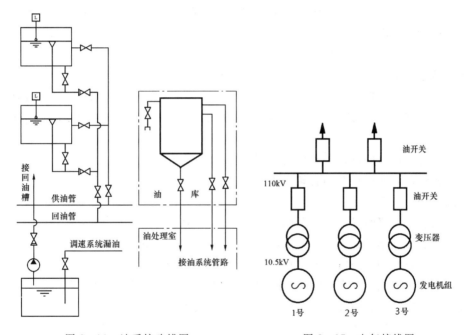

图 2-16　油系统改错图　　　　　　　图 2-17　电气接线图

16. 某电站初设选定：装机容量 $N=3\times4.5$ 万 kW，$n=250$r/min，混流式机组，调速系统油压装置为 YZ-1.6 型，每台一套，透平油均采用 HU-30；电气主接线如图 2-17 所示，变压器每台油重 13.1t，油开关每台油重 8.5t，绝缘油均采用 DB-25 变压器油，试计算电站透平油系统、绝缘油系统的用油量。

第三章 压缩空气系统

第一节 水电站压缩空气的用途

一、空气的使用特性

空气具有良好的弹性（可压缩性），是储存压能的良好介质。压缩空气使用方便，安全环保，易于储存和输送，所需设备简单经济。在水电站中，压缩空气广泛应用于机组的安装、检修和运行中。

二、水电站压缩空气的用气对象

水电站中压缩空气的用气对象主要有下列几种：

（1）油压装置的压油槽用气：作为水轮机调节、进水阀和液压控制元件的操作能源，额定压力以前常用 2.5MPa，现在多用 4.0MPa、6.3MPa 及以上。为了达到干燥目的，供气压力更高。

（2）机组停机时的制动装置用气：额定压力为 0.7MPa。

（3）机组作调相运行时向转轮室压水用气：额定压力一般为 0.7MPa，目前有少量大中型机组采用 4～6MPa。

（4）安装、检修时风动工具及吹污清扫用气：额定压力为 0.7MPa。

（5）水轮机导轴承检修密封围带用气：额定压力为 0.7MPa。

（6）蝶阀止水围带用气：额定压力比作用水压力大 0.2～0.4MPa。

（7）寒冷地区的水工闸门、拦污栅及调压井等的防冻吹冰用气：工作压力为 0.3～0.4MPa，为了防止供气管凝水结冰，供气压力一般为 0.7MPa。

（8）气垫式调压室用气：额定压力一般为 1～5MPa，用气量大。

（9）配电装置用气：作为操作能源，六氟化硫等断路器的额定压力一般为 2.5MPa 及以上，空气断路器已淘汰，为了达到干燥目的，供气压力通常在 10MPa 以上，随着大量新型断路器的应用，配电装置用气逐步减少。

（10）其他用气：发电机封闭母线微正压用气（0.7MPa）、灯泡式机组发电机舱密闭增压散热用气（0.7MPa）、高水头电站的水轮机强迫补气（0.7MPa）、小型电站的橡胶坝用气、可逆式机组水泵工况的压水启动用气等。

压缩空气系统常简称气系统。在水电站中，按照其最高压力，一般划分为高压、中压和低压 3 个压力范围：压力在 10～100MPa 为高压；压力在 1.6～10MPa 为中压；1.6MPa 以下为低压。配电装置一般布置在厂外，气压要求高，称为厂外高压气系统；油压装置设在厂内，气压要求较高，称为厂内中压气系统；气垫式调压室多布置在厂外，气压要求较高，称为厂外中压气系统；机组制动、调相压水、空气围带和风动工具及吹扫等都设在厂内，气压要求较低，称为厂内低压气系统；水工闸门、拦污栅及调压井等都在厂外，其防冻吹冰气压要求低，称为厂外低压气系统。

三、压缩空气系统的任务和组成

1. 气系统的任务

水电站气系统的任务就是随时满足用气设备对压缩空气的气量要求，并且保证压缩空气的质量（气压、干燥程度和清洁程度）。为此，必须正确地选择压缩空气设备，设计合理的气系统，并且实行自动控制。

2. 气系统的组成

水电站气系统一般由空气压缩装置、供气管网、用气设备和测量控制元件组成。

（1）空气压缩装置：包括空气压缩机（简称空压机）及其附属设备，水电站中常用活塞式空压机，其附属设备主要有储气罐、气水分离器和冷却器等。

（2）供气管网：由干管、支管和各种管件组成，把压缩空气按要求输送给用气设备，管道表面涂成白色。

（3）用气设备：油压装置压油槽、制动风闸、风动工具等。

（4）测量控制元件：包括各种自动化测量和控制元件，如温度信号器、压力信号器和电磁阀等，用以实现气系统的自动监控，保证压缩空气的气量和质量要求，确保设备安全运行。

第二节　空气压缩装置

一、空压机的类型

空压机种类很多，按照工作原理可分为两大类：容积型空压机与速度型空压机。

1. 容积型空压机

容积型空压机靠在气缸内做往复运动的活塞，使气体容积缩小而提高压力。按照结构形式不同，容积型空压机可分为往复式和回转式。

（1）往复式：将封闭在一个密闭空间内的空气逐次压缩，使空气体积缩小，从而提高空气压力，包括活塞式和膜式。

（2）回转式：通过一个或几个部件的旋转运动来完成空气的压缩，包括螺杆式、滑片式和转子式几种。

2. 速度型空压机

速度型空压机靠气体在高速旋转叶轮的作用下，获得巨大的动能，随后在扩压器中急剧降速，使气体的动能转变为压能。按照结构形式不同，速度型空压机可分为轴流式、离心式和混流式。

在水电站气系统中，活塞式空压机使用最为广泛，螺杆式、滑片式空压机也有一定应用。

二、活塞式空压机

（一）活塞式空压机的工作原理

活塞式空压机具有压力范围广、工作可靠、效率高、适应性强等特点，因而在水电站气系统中得到了广泛应用。

图 3-1 为活塞式空压机的工作原理图，其主要部件包括活塞、气缸、填料函、进气阀和排气阀。在图 3-1（a）中，当活塞从左止点（左死点）向右移动时，气缸左腔容积增大，压力降低，外部气体在内外压差作用下，克服进气阀的弹簧力进入气缸左侧，这个过程称为吸气过程，直到活塞到达右止点（右死点）为止；当活塞从右止点向左返行时，气缸左侧内的气体压力增大，进气阀自动关闭，已被吸入的空气在气缸内被活塞压缩而压力不断升高，这个过程称为压缩过程；当活塞继续左移直至气缸内的气压增高到超过排气管中的压力时，排气阀被顶开，压缩空气被排出，这个过程称为排气过程。至此，空气压缩机完成了从吸气、压缩到排气的一个工作循环。活塞继续运动，则上述工作循环将周而复始地进行，以完成压缩空气的任务。活塞从一个止点到另一个止点所移动的距离称为行程。在上述循环中，活塞在往返两个行程中只有一次吸气、压缩和排气过程，称为单作用式（单动式）空压机。在图 3-1（b）中，工作时活塞两侧交替担负吸气、压缩和排气任务，因此，在活塞往返的两个行程中，共进行两次吸气、压缩和排气过程，称为双作用式（复动式）空压机，这种空压机充分利用了气缸的容积。

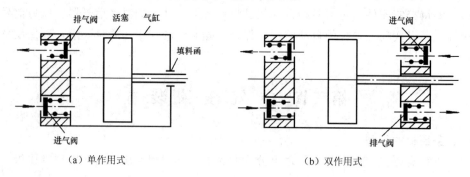

（a）单作用式　　　　　　　　　　（b）双作用式

图 3-1　活塞式空压机工作原理图

（二）活塞式空压机的组成

空压机主要由气缸、活塞、连杆、配气阀、填料函和曲轴箱等部件组成。

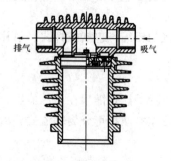

图 3-2　风冷式气缸

（1）气缸：气缸为一中空的圆筒，中间放置活塞，两端为气缸盖，上面装有配气阀。气缸内壁光滑，多用铸铁制造，中压气缸常用球墨铸铁，高压气缸一般用锻钢（内装铸铁缸套）。气缸按冷却方式分为风冷式与水冷式两种，风冷式在缸壁上制有许多向外伸出的散热片，以增加散热面积，如图 3-2 所示。大中型空压机通常采用水冷式，在气缸和气缸盖中，铸成环形空间，构成冷却水套。

（2）活塞：单动式活塞多为杯形，而复动式活塞一般为盘式。活塞用优质铸铁制成，在活塞上装设若干用铸铁制的分油环和密封环，使活塞与气缸紧密配合，以保证良好的密封。

（3）连杆：连杆用钢制成，既传递动力，又将曲轴的回转运动变为活塞的往复运动。连杆大头内镶有挂乌金的瓦片，与曲轴轴颈铰接，可拆开加减垫片来调整气缸的余隙容积。小头装有铜套，通过活塞销与活塞铰接。

（4）配气阀：配气阀有吸气阀和排气阀，用来间歇地使吸气管或排气管与气缸连通，以达到进排气目的。配气阀是带有弹簧的自动盘形阀，依靠气体的压力和弹簧力自行启闭阀片，有环状、网状、舌簧、碟形和直流等类型。环状进气阀如图 3-3 所示，环的数目根据阀的大小有一片或多片，阀片的压紧弹簧有两种：一种是每一环片用一只与阀片直径相同的弹簧，即大弹

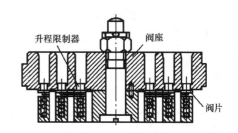

图 3-3 环状进气阀

簧；另一种是用多个与环片宽度相同的小圆柱形弹簧，即小弹簧。排气阀的结构与吸气阀基本相同，仅是阀座与升程限制器的位置互换而已。网状阀的阀片多为整块的工程塑料，在阀片不同半径的圆周上开许多长圆孔的气体通道，阀片上加缓冲片，以减轻阀片与升程限制器的冲击。

配气阀是空压机中重要且复杂的部件，其质量直接影响空压机的效率，因此在安装、检修和更换时，必须满足其技术要求。

配气阀的结构要求：重量轻、坚固，启闭及时，关闭严密，通道引起的余隙容积小，过流通路大，以利于迅速吸气和排气。

（5）填料函：装在穿放活塞杆的气缸盖上，以防止气体泄漏。现代空压机多采用自紧式密封装置，图 3-4 为中压空压机常见的平面填料函结构。填料的径向压紧力来自弹簧及泄漏气体的压力。在内径磨损后，连接处的缝隙能自动补偿。铸铁密封圈需用油进行冷却与润滑。在无油润滑空压机中，用填充聚四氟乙烯工程塑料作密封圈，常用如图 3-5 所示的结构，在密封圈两侧加装金属环，起导热作用及防止塑料冷流变形。

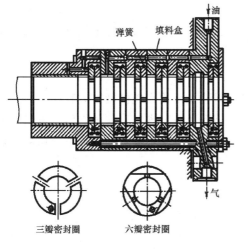

图 3-4 平面填料函结构

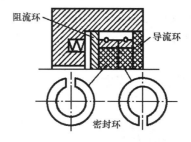

图 3-5 塑料填料函结构

（6）曲轴箱：即机座，用铸铁铸成，空压机的所有零部件都安装在机座上，由机座来承受整个结构的重量和活塞与曲轴连杆作往复运动时产生的负荷，机座下部作润滑油容器。

（三）活塞式空压机的工作过程

1. 气体基本状态参数

气体的状态一般用压力、温度和比容 3 个基本参数来描述，称为气体的基本状态参数。

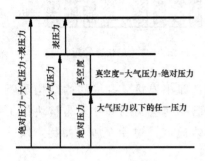

图 3-6 各种压力间的关系

（1）压力：单位面积上所受的力，一般用"P"表示。根据测量基准不同，分为表压力、真空度和绝对压力，它们之间的关系如图 3-6 所示。工程上常用的压力计量单位主要有：Pa、kgf/cm^2、kgf/m^2、mmHg、mH$_2$O 等。

在温度为 0℃时，各单位间的关系如下：

1 工 程 大 气 压 = 1kgf/cm^2 = 10mH$_2$O = 735.5mmHg≈10^{5}Pa

1 标准大气压＝1.033kgf/cm^2＝10.33mH$_2$O＝760mmHg＝1.012×10^{5}Pa

大气压力与当地的海拔高程和温度有关，如果忽略温度影响，则可按式（3-1）估算：

$$P_a = P_0\left(1 - \frac{H}{44300}\right)^{5.256} \quad (\text{Pa}) \qquad (3-1)$$

式中　P_0——温度为 0℃和海拔高程为 0m 时的大气压力，取 1.012×10^{5}Pa；

　　　H——海拔高程，m。

（2）温度：物体的受热程度，即分子的热运动强弱程度。常用摄氏温度（℃）和热力学温度（K，也称开氏温度）来计量，摄氏温度一般用"t"表示，热力学温度一般用"T"表示，其关系为 $T=t+273.15$。

（3）比容：单位重量气体所占的容积，一般用"v"表示，常用单位为 m^3/N，比容为重度 γ 的倒数，即 $v=1/\gamma$。

2. 理想气体的状态方程

气体在某状态下，压力、温度和比容之间的关系称为气体状态方程。

理想气体是指气体分子间没有吸引力、分子本身不占有容积的气体。虽然实际上不存在理想气体，但对于大多数气体，在压力不太高和温度不太低的情况下，均可按理想气体来处理。

理想气体的状态方程式为

$$\frac{Pv}{T}=R \quad \text{或} \quad \frac{PV}{T}=GR \qquad (3-2)$$

式中　P——压力，Pa；

　　　v——比容，m^3/N；

　　　V——GN 气体的容积，m^3；

　　　T——温度，K；

　　　R——气体常数，J/（N·K）。

气体常数 R 是指 1N 气体，在一定压力下，温度升高 1K 时所作膨胀功的数值，它与气体的物理性质有关，但对于每一种气体而言，R 为一定值，与压力和温度均无关。对于干燥空气，在标准状态下，即温度为 0℃、压力为一个标准大气压时，$R=29.27\text{J}/(\text{N·K})$。

3. 空压机的理论工作过程

为了便于研究空压机的工作过程，先假定：气缸没有余隙容积，并且密封良好，配气阀开、关及时；气体在吸气和排气过程中状态不变；气体被压缩时按不变的指数进行。符合上述条件的空压机工作过程称为理论工作过程，它由吸气、压缩和排气三个过程组成。

（1）吸气过程：在吸气过程中，空气保持吸入前的状态。

（2）压缩过程：在压缩过程中，根据空气与气缸壁换热情况不同，可分为等温过程、绝热过程和多变过程。

1）等温过程：发生在被压缩气体与外界有很自由的热量交换情况下。此时，气体在压缩过程中产生的热量全部传到气缸外面，故气体温度保持不变，其方程为

$$PV = 常数 \tag{3-3}$$

2）绝热过程：发生在被压缩气体与外界没有热量交换的情况下。此时，气缸不传热，活塞运动无摩擦，其方程为

$$PV^k = 常数 \tag{3-4}$$

式中 k——绝热指数。对于空气，$k=1.4$。

3）多变过程：发生在被压缩气体与外界有热量交换的情况下，有时吸热，有时放热，是一种普遍多样性的过程，其方程为

$$PV^n = 常数 \tag{3-5}$$

式中 n——多变指数，一般情况下 $1<n<k$，冷却较差时 $n>k$。

（3）排气过程：在排气过程中，气体状态保持压缩终了时的状态。

根据压缩过程中散热情况不同，空压机理论工作过程可分为等温循环、绝热循环和多变循环。其中，等温循环功耗最少，最为有利，但是要求对空压机进行非常好的冷却；绝热循环功耗最大，最为不利，它一般发生在压缩进行得很快使气体热量来不及向周围散发的情况下；多变循环的功耗介于等温循环和绝热循环之间，为实际空压机一般循环方式。

4. 空压机的实际工作过程

空压机的实际工作过程与理论工作过程是有差别的，这是因为：气缸中存在余隙容积，故排气时有剩余压缩空气未被排出，它在吸气时会重新膨胀，使实际吸入的气体量减少；在压缩与排气过程有漏气现象；吸气时，外界气体要克服吸气阀的弹簧力才能进入气缸，排气时，压缩空气也要克服排气阀的弹簧力才能排出，因此，吸气过程中气缸内部压力低于大气压力，排气过程中气缸内部压力高于排气管压力，使实际吸气量和排气量均比理论过程要小；压缩空气时，气缸要发热，使吸入空气的温度升高，体积增大；空气中含有水分，吸气时水蒸气也进入气缸，经压缩并冷却后，大部分凝结成水排除掉。所有这些因素均使空压机实际排气量比理论值小，其比值称为排气系数 λ，用于表征上述因素的影响情况，它是判定空压机质量的第一参数，其值在 $0.60\sim0.90$ 之间。

（四）活塞式空压机的压缩极限和多级压缩

1. 压缩极限

对于实际空压机，由于余隙容积的存在，当压缩比 ε（排气压力 P_2 比吸气压力 P_1）增大到某个极限时，存留在余隙容积中的空气将在气缸中作压缩—膨胀—压缩的循环，空压机将没有吸气和排气过程。同时，温度也使压缩比受到限制，考虑到空压机润滑油的分解温度和闪点，空压机气缸中的气体温度一般不能高于 $160\sim180℃$。综合上述影响，空压机在单级压缩时，其压缩比 ε 一般不超过 5。当 ε>5 时，需采用多级压缩方式。

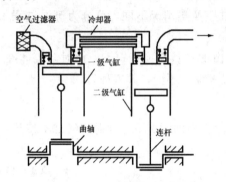

图 3-7 二级压缩原理图

2. 多级压缩

单级压缩由于压缩比受到限制，压力不可能太高，为了获得较高压力，可采用多级压缩方式，即将几级气缸串联起来工作，使空气受到连续的多次压缩，也就是空气经前一级气缸压缩后排出的压缩空气又进入下一级气缸进一步压缩，这种空压机有二级、三级直至多级气缸的连续压缩，称为二级、三级或多级空压机。如图 3-7 所示为二级空压机的工作原理图。

空气经一级压缩后，排气温度很高，故在多级空压机中，一级排气必须经过中间冷却器冷却后才能进入下一级气缸，以减少下一级压缩所需的功耗。根据冷却器的冷却介质不同，有风冷式和水冷式两种，风冷式冷却效果较差，一般只用于小型空压机。

多级空压机根据气缸中心线排列，可分为立式（Z 型）、卧式（P 型）、角式（V 型、W 型、L 型）等布置型式，其中，角式空压机结构紧凑，动力平衡性较好，应用广泛。移动式空压机均为角式结构，多为 V 型和 W 型，排气量多在 $12m^3/min$ 以下；固定式空压机普遍采用角式结构；立式和卧式已基本被淘汰。图 3-8 为 L 型空压机结构图，一级和二级气缸为双作用水冷式铸铁气缸，由缸体和缸盖组成，带有冷却水套，气阀配置在缸盖上。

在多级压缩中，为使功耗最小，应使各级的压缩比相同，并满足如下关系：

$$\varepsilon_1 = \varepsilon_2 = \cdots = \varepsilon_z = \sqrt[z]{\varepsilon} \qquad (3-6)$$

即 Z 级压缩时，每级的压缩比等于

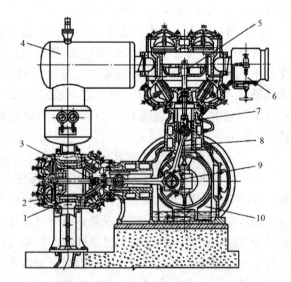

图 3-8 L 型空压机结构图

1—气缸；2—气阀；3—填料函；4—中间冷却器；
5—活塞；6—减荷阀；7—十字头；8—连杆；
9—曲轴；10—机身

总压缩比 ε 的 Z 次方根。

多级压缩节省了压缩功，降低了排气温度，减小了余隙容积的影响，且随着级数的增加，压缩功将进一步减小，排气温度进一步降低，余隙容积的影响进一步减小。但是级数增加会导致结构复杂和制造费用增大，所以多级空压机的级数一般不超过 5~6 级。

（五）空压机的选型参数

（1）排气量：单位时间内空压机最后一级排出的气体容积，换算到第一级吸气状态（压力、温度、湿度）下的数值，即单位时间内通过空压机的自由空气体积，单位为 m^3/min，其大小取决于第一级压缩气缸的尺寸和排气系数，表征空压机生产率的高低。

制造厂标定的排气量是空压机在 1 个标准大气压、温度为 0℃时工作的排气量，当空压机在其他状况下工作时，实际排气量会有所变化，一般略去温度的影响，仅根据海拔变化进行修正。因此，在空压机选型时，要将空压机计算的实际排气量按式（3-7）修正后，再参照产品目录选择空压机排气量：

$$[Q_K] = K_\nabla Q_K \ (m^3/min) \tag{3-7}$$

式中　$[Q_K]$——制造厂标定排气量，m^3/min；

　　　Q_K——计算的实际排气量，m^3/min；

　　　K_∇——海拔高程对空压机生产率影响的修正系数，见表 3-1。

表 3-1　　　　　　　　　　海拔高程修正系数 K_∇

海拔高程/m	0	305	610	914	1219	1524	1829	2134	2438	2743	3048	3658	4572
系数 K_∇	1.0	1.03	1.07	1.10	1.14	1.17	1.20	1.23	1.26	1.29	1.32	1.37	1.43

（2）排气压力：从空压机最终排出的气体压力，即空压机的额定压力，单位为 MPa。排气压力不仅与空压机本身的结构有关，而且与排气系统中的气体压力有关。在空压机启动时，为减小启动功率，一般将卸荷阀打开，此时排气管接通大气，排气压力（表压力）为 0。当排气管连通储气罐时，排气压力与储气罐的压力相当。当排气系统的压力高于额定压力值时，如空压机继续工作，会出现超负荷状态，为防止空压机因超负荷而损坏，需在空压机排气管或附属设备上装设安全阀，以起到保护作用。

另外，还有转速（r/min）、功率（kW）和效率（％）等参数。活塞式空压机的效率较低，一般仅 40％~70％，而且排气压力越高，效率越低。

在选择空压机时，主要根据用气设备所要求的排气量和排气压力，在产品目录中选择空压机型号。

（六）空压机的附属设备

空压机的附属设备主要有空气过滤器、储气罐、油水分离器、冷却器等。

1. 空气过滤器

空气过滤器简称滤清器，其作用是过滤空气，防止空气中的灰尘和杂质进入空气压缩机。当空气中含有的尘埃和杂质进入空压机气缸后，会在高温作用下，与润滑油混合而逐渐碳化，在活塞、气缸壁和进出气阀上形成积碳，使气阀关闭不严、活塞环失去弹性，减少排气量，降低空压机效率，增加活塞和气缸的磨损，缩短部件寿命，从而影响空压机的正常工作。因此，空压机上均装有滤清器，以过滤空气中含有的尘埃和杂质。

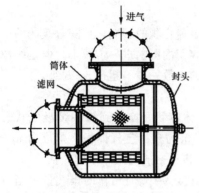

图 3-9 金属滤网滤清器

滤清器一般有干式和油浴式两种形式。干式滤清器常用的过滤材料主要有纤维织物和金属滤网两种,过滤器直接装在吸气管上。图 3-9 为金属滤网滤清器,其滤芯由多层波纹状铁丝做成筒形,表面涂一层黏性油,当空气通过时,灰尘和杂质黏附在滤网上。当滤网附着物过多时,可拆下金属滤网,清洗后重新上油,装回后即可继续使用。油浴式滤清器由滤芯和油池组成,进入滤清器中的气体经气流折返,较大颗粒的灰尘落入油池,较小颗粒的灰尘由滤芯阻隔。油浴式滤清器常用于大容量空压机或空压站的集中过滤。

2. 储气罐

储气罐的作用有:作为压力调节器,缓和活塞式空压机由于断续压缩而产生的压力波动;作为气能储存器,当用气设备耗气量小于空压机供气量时积蓄气能,而当耗气量大于供气量时放出气能,以协调空压机生产率与用户用气量的关系;由于压缩空气进入储气罐后温度逐渐降低,并且运动方向也在改变,从而将空气中的水分和油分加以分离和汇集,并由罐底排污阀定期排污;可通过储气罐上装设的压力信号器来控制空压机开启和关闭。

一般中、小型活塞式空压机均随机附有储气罐,但其容积较小,在电站一般需另设储气罐。储气罐是非标准容器,用碳素钢板焊接而成,其结构如图 3-10 所示。储气罐需装设置压力表(或压力信号器)、安全阀和排污阀等。

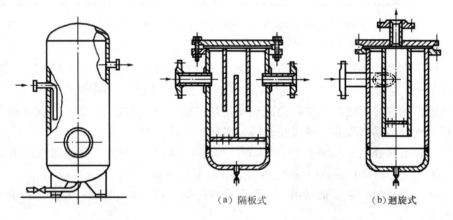

(a) 隔板式   (b) 迴旋式

图 3-10 储气罐结构图   图 3-11 气水分离器剖面图

3. 气水分离器(又称油水分离器)

空压机气缸中排出的压缩气体,由于温度较高,含有一定数量的水蒸气和油分子。气水分离器的功能是分离压缩空气中的水分和油分,使压缩空气得到初步净化,以减小对管道和用气设备的污染与腐蚀。

气水分离器有多种结构型式,其作用原理都是使进入的压缩空气气流速度(方向和大小)发生改变,并依靠气流的惯性,分离出密度较大的水滴和油滴。图 3-11 是隔板式(使气流产生撞击并折回)和迴旋式(使气流产生离心旋转)气水分离器的剖面图。分离器底部装设的截止阀（手动操作）或电磁阀（自动操作）是作为排污兼作空压机启动卸荷之用。

4. 冷却器

空压机的冷却包括气缸冷却、级间冷却和机后冷却。气缸冷却可以保持气缸壁面上不会析出冷凝水而破坏润滑，级间冷却用以减小压缩功耗，机后冷却用以降低空压机最终的排气温度。级间冷却和机后冷却一般采用冷却器方式。

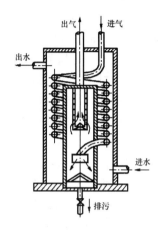

图 3-12 蛇管式冷却器

移动式空压机都采用风冷式，固定式空压机当排气量小于 $10m^3/min$ 或压力小于 $3\sim5MPa$ 时，多采用风冷式冷却器，即把冷却器做成蛇管或散热器式，并用轴流式风扇垂直于管子的方向吹风冷却；当排气量较大或压力较高时，多采用水冷式冷却器，主要有套管式、蛇管式和管壳式等，冷却后的气体与进口冷却水的温差一般在 $5\sim10℃$，为避免水垢的产生，冷却后的水温应不超过 $40℃$。图 3-12 所示为蛇管式冷却器，压缩空气流经蛇管时，被管外的冷却水冷却。冷却器中心部分的结构是为了排除气流中的水滴，冷却器在运行中应定期打开底部的排污阀排污。

冷却系统的配置可以串联、并联或混联。图 3-13 为两级压缩机的串联冷却系统，冷却水先进入中间冷却器后再进入气缸的水套。

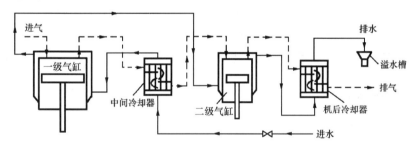

图 3-13 两级空压机的串联冷却系统

三、螺杆式空压机

螺杆式空压机是通过工作容积的逐渐减少对气体进行压缩的。

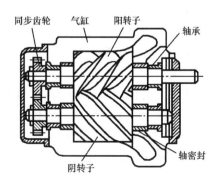

图 3-14 螺杆式空压机结构图

1. 螺杆式空压机的结构

螺杆式空压机的结构如图 3-14 所示，其结构主要包括同步齿轮、气缸、阳转子、阴转子、轴密封、轴承等部件。机壳内置两个转子：阳螺杆和阴螺杆，两者齿数不等，以一定的传动比相互啮合运行。小型螺杆式空压机的缸体做成整体式，较大型的则制成水平剖分面结构，吸气口通常开在机体下方，排气口开在上方。

螺杆式空压机有喷油式和干式两种：喷油式一般由阳转子直接驱动阴转子，结构简单，喷油道有利于密封和冷却气体；干式要保证啮合过程中不接触，因而在转子的一端设置同步齿轮，主动转子通过同步齿轮带动从动转子。

2. 螺杆式空压机的工作原理

（1）吸气过程：螺杆式空压机无进气阀与排气阀，进气靠调节阀调节。当转子转动时，主副转子的齿沟空间在转至进气端壁开口时，其空间最大，此时转子的齿沟空间与进气口自由空气相通。因在排气时齿沟内的空气被全部排出，排气结束时齿沟处于真空状态，当转到进气口时，外界空气被吸入，沿轴向流入主副转子的齿沟内。当空气充满整个齿沟时，转子进气侧端面转离机壳进气口，完成吸气过程。

（2）封闭及输送过程：在吸气结束后，主副转子齿峰与机壳封闭，齿沟内空气被封闭。两转子继续转动，齿峰与齿沟在吸气端啮合，啮合面逐渐向排气端移动。

（3）压缩及喷油过程：在输送过程中，啮合面与排气口间的齿沟空间渐渐减小，齿沟内空气逐渐被压缩，压力提高。同时，润滑油因压力差而喷入压缩室内与空气混合。

（4）排气过程：当转子的啮合端面转到机壳排气口时，空气压力最高，空气开始排出，直至齿峰与齿沟的啮合面即将移过排气端面时，两转子啮合面与机壳排气口的齿沟空间为0，完成排气过程。与此同时，转子啮合面与机壳进气口之间的齿沟长度达到最长，又开始进行吸气过程。

3. 螺杆式空压机的特点

螺杆式空压机结构较简单，体积小，重量轻，易损件少；可靠性高，动力平衡性好，效率高，能强制输气；排气量不受排气压力影响，压缩比不受转速和空气密度影响；但运行时会产生很强的高频噪声，转子加工精度要求高，加工设备复杂，价格贵。近年来由于转子型线的不断改进，性能不断提高，排气压力一般小于 4.5MPa，最高可达 9.0MPa，排气量通常在 200m³/min 以下，应用日益广泛。

四、滑片式空压机

1. 滑片式空压机的结构

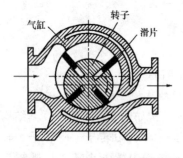

图 3-15 滑片式空压机结构图

滑片式空压机主要由气缸、转子及滑片三部分组成，如图 3-15 所示。转子偏心配置在气缸内，在转子上开有若干径向槽，槽内放置可沿径向滑动的滑片，滑片用金属（铸铁、钢）或非金属（酚醛树脂夹布压板、石墨、聚乙醛亚胺等）制作。由于偏心，转子与缸壁之间形成一个月牙形空间，当转子旋转时滑片受离心力的作用甩出，紧贴在缸壁上，把月牙形空间分隔成若干扇形单元容积。转子旋转一周，单元容积从吸气口转向排气口，容积由最小逐渐变大，再由最大逐渐变小。当单元容积与吸气口相通时，空气经过滤器由吸气口进入单元容积，单元容积由最小变为最大；转子继续旋转，单元容积再由最大逐渐变小，空气被压缩。当单元容积转至排气口时，压缩过程结束，排气开始。排气终止后，单元容积达到最小值，随着转子旋转，单元容积又开始剩气膨胀、吸气、压缩、排气过程，周而复始不断循环。

滑片式压缩机有喷油型与无油型两类：喷油型采用酚醛树脂纤维层压板或合金铸铁滑

片，气缸中喷油润滑（兼作冷却和密封），可减少摩擦，降低温度，增大压缩比，但需增加一套油循环系统（油泵、滤油器、油冷却器、油气分离器等）；无油型滑片采用石墨和有机合成材料等自润滑材料，可使气体不含油，但压缩比不能过高。

2. 滑片式空压机的特点

滑片式空压机结构简单，体积小，重量轻，噪声小；操作、维修和保养方便，运行平稳，可靠性高，可长时间连续运行，容积效率高；但滑片机械磨损较大，滑片寿命取决于材质、加工精度及运行条件。主要用于小容量或移动式空压机，压力一般在 1.0MPa 以下，排气量通常不超过 20m³/min。

第三节　机组制动供气

一、机组制动概述

1. 机组自由制动

机组在运转时，因为转动部分具有很大的转动惯量 J，所以具有很大的动能 E，即 $E=J\omega^2/2$，其中 ω 为机组转动角速度。当机组与电网解列，导叶关闭之后，机组的动能仅消耗在克服转子与空气的摩擦力矩、轴承的摩擦力矩和转轮与水或空气的摩擦力矩上，在这些摩擦力矩的共同作用下，机组转速逐渐下降，经过一段时间后停止下来，这一过程称为自由制动。在自由制动过程中，各种摩擦力矩和

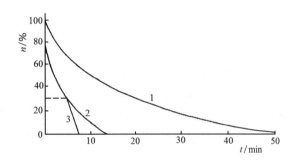

图 3-16　机组停机时的转速变化曲线
1—转轮处于空气中；2—转轮淹在水中；
3—强迫制动（虚线为制动开始时刻）

转速 n 之间存在如下一些近似关系：转子与空气的摩擦力矩 $\propto n^2$；轴承摩擦力矩 $\propto n^{0.5}$；转轮与水的摩擦力矩 $\propto n^2$。可见，当机组转速较高时，制动力矩较大，机组转速下降较快，而当机组转速较低时，制动力矩较小，机组转速下降也较慢，导致机组在低速运转时间较长。根据机组转动惯量、转速的不同，自由制动时间长短不一，一般在 $10\sim30$min 之间，对于大型低转速机组甚至可长达 1h 左右。同时，转轮在空气中的自由制动时间要比在水中的自由制动时间长得多，如图 3-16 的曲线 1 和 2 所示。如果水轮机导叶漏水严重，可能导致机组长时间转动而不能停机。

2. 机组强迫制动

机组的推力轴承承受着轴向荷载，只有当机组具有一定的转速时，才能形成要求的油膜厚度，使轴承获得良好的润滑，径向滑动轴承也是如此。在机组停机过程中，轴向水推力随导叶的关闭而消失，但对立式机组，转动部件的重量很大，当转速降低之后，油膜厚度也迅速减小，对于采用巴氏合金作为轴瓦材料的轴承，当转速降到某个值时就会出现半干摩擦，甚至出现干摩擦，致使轴瓦磨损，严重时会出现烧瓦事故。此时如果冷却水供应正常，则轴承油温可能由于轴向推力和总摩擦功耗减小而下降，但是轴瓦的局部可能出现

因磨损而升温的现象。所以，对于采用巴氏合金作为轴瓦材料的轴承，在机组停机过程中，当转速降低到一定程度时需进行强迫制动，以缩短机组的停机时间，避免机组在低转速下长时间转动，从而保护轴承，如图 3-16 的曲线 3 所示。而且，在较低转速时进行强迫制动，由于机组的动能已比较小，故所需的制动力矩也不大。对于大多数机组，采用强迫制动后，停机时间一般不超过 2～4min，只有某些转动惯量较大的大型机组，停机时间可能长达 7～10min。根据设计规程规定，容量大于 250kVA 的立式机组都应设置强迫制动装置。

3. 弹性金属塑料瓦

随着轴瓦材料的发展，出现了新型的高性能轴瓦材料，即弹性金属塑料瓦，它是用四氟化乙烯塑料作为摩擦面（厚度仅为 0.5～1.0mm），用热压工艺压在铜丝垫上，铜丝垫下面为钢质瓦体。用弹性金属塑料瓦代替传统的巴氏合金，可使轴承工作性能大为改善。

弹性金属塑料瓦具有如下主要特点：

（1）具有很高的耐磨、抗裂和抗擦伤特性，启动摩擦系数小（0.05～0.08，巴氏合金为 0.15～0.20），使启动、停机十分容易，且不受停机时间间隔的限制。

（2）可塑性好，耐腐蚀，吸水性小，绝缘性能好，具有很高的可靠性，可长期工作在 -180～+250℃。

（3）可减小因制动造成发电机定子的污染，轴瓦在安装、检修时不需进行研刮、挑花等加工，简化了工艺，缩短了工期。

（4）能显著降低轴瓦摩擦面的局部接触应力，使瓦面的载荷分布均匀，轴瓦的摩擦工作面允许比压高，运行寿命长。

（5）轴承的油温可降低 5～20℃，在冷却水中断的情况下，可短时运行，有利于故障的处理。

由于上述特点，对于采用弹性金属塑料瓦的机组，停机过程中可在转速很低时才投入强迫制动，甚至可不进行强迫制动。同时，在机组长期停机后再次开机时，也可不进行顶转子操作，这可大大简化机组的制动装置。

二、机组强迫制动的类型和原理

根据工作原理不同，机组强迫制动主要有机械制动、电气制动、混合制动和反向射流制动四类。

1. 机械制动

机械制动是水轮发电机组常用的一种制动方式。在机组停机过程中，当转速降低到额定转速的 30%～40% 时，投入机械制动装置，在压缩空气的作用下，通过制动风闸上的耐磨制动瓦与机组转动部件产生摩擦力矩来实现制动。

在立式机组中，制动风闸通常固定在发电机的下机架上或水轮机顶盖的轴承支架上，其数量在 4～36 个之间，机组容量较大时数量较多，制动风闸的结构如图 3-17 所

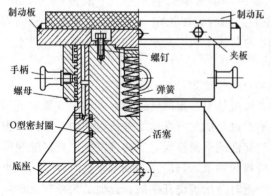

图 3-17　制动风闸结构图

左侧标注（从上到下）：制动板、手柄、螺母、O型密封圈、底座

右侧标注（从上到下）：制动瓦、螺钉、夹板、弹簧、活塞

示。制动风闸由气缸、活塞、制动瓦、弹簧等组成，制动瓦一般采用石棉橡胶制作。工作时，把压缩空气通入制动风闸下腔，升起制动瓦，使制动瓦与发电机转子下的制动环（抗磨板）产生摩擦力矩来实现制动。制动结束后排出压缩空气，活塞和制动瓦在弹簧作用下回复到原来的位置，当结构较大时，也可把压缩空气通入气缸上部，将活塞压回原来的位置。在卧式机组中，制动风闸装在飞轮下缘两侧，数量一般为 2 个，制动时，制动风闸夹住飞轮的轮缘以实现制动。

机械制动装置除用于制动外，还兼作油压千斤顶用以顶起发电机转子。立式机组长时间停机以后，推力轴承的油膜可能被破坏，在开机前用高压油泵把油加压到 8～12MPa，并通入制动风闸下腔，升起制动瓦，使机组的转动部件抬高 8～12mm，停留 1～2min，重新形成油膜，再把压力油排出使转子降低到工作位置后即可开机。规程规定：安装或大修后第一次停机 24h 以上、第二次停机 36h 以上、第三次停机 48h 以上、以后停机 72h 以上均需要顶起转子。有时为了检修需要也要顶起转子。对未设置顶转子装置的小型机组，启动前常采用手动盘车方式，以使轴承形成油膜后才开机。

在机组的机械制动装置系统中，制动用气是从厂内低压气系统中通过专用的储气罐和供气干管供给，工作压力为 0.5～0.7MPa。接通机组的管路及控制元件集中布置在制动盘内。图 3-18 所示为一个常用的机组机械制动装置系统原理图。

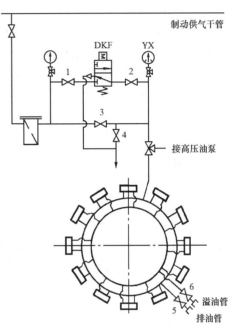

图 3-18　机械制动装置系统原理图

（1）制动操作：自动和手动操作。

1）自动操作：机组在停机过程中，当转速降低到规定值（通常为额定转速的 35%）时，由转速信号器 ZSX 控制的电磁空气阀 DKF 自动打开，压缩空气进入制动风闸对机组进行制动。制动延续时间由时间继电器整定，经过一定时限后，机组停止转动，电磁空气阀 DKF 复归，制动风闸与大气相通，压缩空气排出，制动过程结束。

对于具有高压油顶起装置（油压减载装置）的机组，停机时应同时启动高压油顶起装置，一般当机组转速下降到额定转速的 10% 时，再投入制动风闸对机组进行制动，以减轻制动瓦的磨损和缩短机械制动时间，当机组全停后，再解除制动和切除高压油顶起装置。自动操作也由 PLC 来实现。

2）手动操作：当自动化元件失灵或检修时，可手动操作阀门 3 来实现制动，制动完毕时由阀门 4 排气。

排气管最好引到厂外或地下室，以免排气时在主机室内产生噪声、排出油污和吹起灰尘。压力信号器 YX 用于监视制动风闸的状态，其常闭点与自动开机回路串联，当制动风闸处于无压状态（即落下）时才具备开机条件。

（2）顶转子操作：采用手动操作。切换三通阀使制动环管接通高压油泵，把油打入制动风闸，使转子抬起规定高度。开机前放出制动风闸中的油，打开阀门 5 把油排至回油箱，制动风闸和环管中的残油可用压缩空气吹扫。

（3）机械制动的特点。

1）运行可靠，使用方便，通用性强，耗能较少，制动柔和，具有制动和顶转子双重功能。

2）制动瓦磨损较快，特别是随着机组单机容量不断增大，转动惯量随之增大，制动时大量转子动能要消耗在制动瓦的磨损上，使制动瓦磨损迅速，更换频繁。

3）制动中产生的粉尘随循环风进入转子磁轭及定子铁芯的通风道，减小通风道的过风断面面积，影响发电机的冷却效果，导致定子温升增高，粉尘与油雾结合四处飞落，污染定子绕组，妨碍散热，降低绝缘水平，增加检修工作量。

4）制动过程中制动环表面温度会急剧升高，产生热变形，甚至出现龟裂现象。

2. 电气制动

（1）电气制动类型。

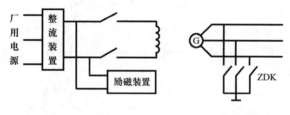

图 3-19　发电机定子三相短路制动接线原理图

1）发电机定子三相短路制动：发电机定子三相短路制动的接线原理如图 3-19 所示。当机组与电网解列后，导叶关闭，发电机灭磁，机组在摩擦力矩的共同作用下，转速迅速下降，当转速下降到额定转速的 40%～60% 时，合上发电机定子三相绕组出线端的制动短路开关 ZDK（或串联附加电阻后短路），把厂用电源整流后给转子绕组提供励磁电流，则横轴电枢反应磁通与励磁绕组中的电流相互作用，在定子绕组中会通过三相对称的短路电流，产生铜损耗，使转子的剩余动能以热量形式进行消耗，并产生与转子旋转方向相反的电气制动力矩，在该力矩和其他摩擦力矩的共同作用下实现机组停机，从而保证推力轴承的安全。

在电气制动过程中，如给转子绕组加恒定励磁电流，则随着转速的降低，定子绕组上的短路电流幅值会保持恒定，但频率会逐渐减小，电气制动力矩会逐渐增大（近似反比转速：电气制动力矩 $\propto n^{-1}$），当转速降低到某个值后电气制动力矩又随转速下降而减小。由于电气制动力矩数值可观，因此在转速较低时，电气制动力矩对机组的制动停机起主要作用。加大定子短路电流可获得较大的电气制动力矩，或在定子回路上串联附加电阻也可获得较大的电气制动力矩，并使最大电气制动力矩对应的转速移向高转速区，但当电阻增加到一定数值后，在低转速区电气制动力矩会下降。

一般采用接线简单的定子三相绕组直接短路方式，制动投入转速一般为额定转速的 40%～60%，定子短路电流值根据发电机的温升和要求的制动时间而定，通常取定子额定电流的 1.0～1.1 倍；对于定子三相绕组串联附加电阻短路方式，在附加电阻值合理时效果良好，但接线复杂，投资大占地多，如无特殊要求，一般不采用。

2）变压器高压侧三相短路制动：如果发电机采用单元接线方式，则可在变压器高压侧实施三相短路来进行制动，其接线原理如图 3－20 所示。这种制动方式相当于在发电机定子三相绕组外接了一个附加电阻。由于变压器的感应电势和电抗均正比于频率，

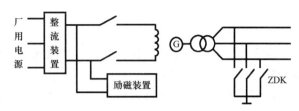

图 3－20　变压器高压侧三相短路制动接线原理图

故变压器的短路电流和损耗基本上不随频率变化，这种短路制动的损耗既包括发电机定子绕组的铜损耗，也包括变压器的铜损耗。在单元接线方式中，发电机和变压器的容量一般是匹配的，即发电机和变压器的等效电阻大致相同，因而在相同的短路电流下可使电气制动力矩成倍增加，制动时间缩短。

由于变压器高压侧断路器两边的隔离开关一般都配备有接地短路开关，并能自动操作，可以兼作短路制动之用，这样既简化了接线，也节省了投资。

变压器高压侧三相短路制动具有接线简单、操作方便、短路电流小等特点。

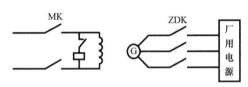

图 3－21　反接制动接线原理图

3）反接制动：反接制动接线原理如图 3－21 所示。当机组与电网解列后，发电机灭磁，将励磁绕组通过灭磁电阻或直接短接，在定子绕组中通以负序低电压的三相交流电，负序电流在定子侧形成了一个与转子旋转方向相反的旋转磁场，这一磁场与转子有相对运动，会在励磁绕组、阻尼绕组、转子本体和磁极铁芯上产生相应频率的感应电势。由于励磁绕组和阻尼绕组是闭合的，感应电势在绕组内形成电流并产生铜损耗，同时在转子铁芯上产生磁滞涡流损耗。转子损耗形成与转子转动方向相反的电气制动力矩。

反接制动力矩随转速的降低迅速升高，这对机组低速下的制动十分有利。在定子电流相同的条件下，反接制动力矩要比发电机定子三相短路制动的力矩大得多。

（2）电气制动的应用：对于有发电机母线或采用发电机-三绕组变压器单元接线的大容量发电机，适合采用发电机定子三相短路制动方式；当电气主接线采用发电机-双绕组变压器单元接线时，可采用变压器高压侧三相短路制动方式，它比发电机定子三相短路制动产生更大的制动力矩，且可以利用接地隔离开关兼作短路开关；对中小型机组，可采用反接制动方式，制动效果好于发电机定子三相短路制动，且接线简单、经济、实用。

（3）电气制动的特点。

1）有足够的可靠性，无磨损和污染，维护工作量小，没有噪音和振动。

2）电气制动力矩近似反比于机组转速，即转速降低时制动力矩反而增大。

3）制动投入转速不受限制，能有效改善水轮发电机的运行条件及满足可逆式机组运行工况迅速切换的要求，对于高速、大容量机组和承担峰荷频繁启停的机组有明显的优越性，尤其适用于可逆式机组。

4）电气制动会使绕组温度升高 2～4℃，对绕组绝缘寿命影响不大。

5）当电气制动装置发生内部故障时，如失去电源或控制元件损坏等，仍需机械制动

作为备用。

3. 混合制动

混合制动是联合采用机械制动和电气制动的制动方式。由于机械制动和电气制动在制动特性上存在差异，在采用一种制动方式不能满足要求时，将两种制动方式进行组合。一般情况下，在机组转速下降到额定转速的 40%～60% 时先投入电气制动，在机组转速下降到额定转速的 5%～20% 时再投入机械制动，小值用于推力轴承润滑性能较好的情况。

混合制动方式缩短了停机时间，减轻了机械制动的磨损，延长了机械制动的使用寿命，但增加了停机操作的复杂性，适用于可逆式机组或转动惯量较大的机组。

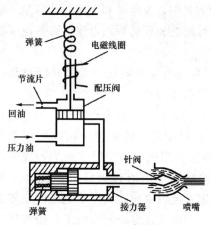

图 3-22　冲击式水轮机制动
喷嘴控制系统

4. 反向射流制动

冲击式机组的制动一般采用制动喷嘴使反向射流冲到转轮的水斗背面上，以产生制动力矩来实现机组停机。冲击式水轮机制动喷嘴控制系统如图 3-22 所示，当机组主工作针阀关闭后，电磁线圈接通，使配压阀的活塞上移，压力油进入接力器工作腔，使活塞左移，针阀开启，射流作用在水斗背面上，使转轮制动。当机组停止时，电磁线圈断开，弹簧使配压阀活塞下移，接力器工作腔接通回油，针阀在弹簧的作用下使喷嘴关闭。针阀的移动速度可利用节流片来调整。通过合理选择电磁线圈断开时的机组转速和针阀关闭的全行程时间，使转轮完全停止转动时，射流也刚好停止。

三、机械制动的设备选择计算

1. 机械制动耗气量计算

机械制功耗气量取决于发电机所需的制动力矩，由制造厂提供。设计时可按如下方法计算：

（1）按机组制动耗气流量计算总耗气量：

$$Q_z = \frac{0.06 q_z t_z P_z}{P_a} \quad (\text{m}^3) \tag{3-8}$$

式中　q_z——制动过程耗气流量，L/s，由制造厂提供，或查相关手册；

　　　t_z——制动时间，min，一般为 2min；

　　　P_z——制动气压，一般取 0.7MPa；

　　　P_a——大气压力，对海拔高程在 900m 以下可取 0.1MPa。

（2）按充气容积计算总耗气量：

$$Q_z = \frac{K_l P_z (V_z + V_d)}{P_a} \quad (\text{m}^3) \tag{3-9}$$

式中　K_l——漏气系数，可取 $K_l = 1.6 \sim 1.8$；

　　　V_z——制动风闸活塞行程容积，m³；

　　　P_z——制动气压，一般取 0.7MPa；

其余符号意义同式（3-8）。

这种计算方法较合理，因为制动过程并非持续耗气过程，制动耗气量主要取决于制动风闸及所连接管道的容积。

（3）在初步设计时，可按式（3-10）估算：

$$Q_z = \frac{KN}{1000} \quad (\text{m}^3) \tag{3-10}$$

式中　K——经验系数，取 $0.03 \sim 0.05$，小机组取小值；

　　　N——发电机额定出力，kW。

2. 储气罐容积计算

储气罐是机组制动的气源，储气罐容积必须保证制动用气后罐内气压保持在最低制动气压以上。储气罐容积按式（3-11）计算：

$$V_g = \frac{Q_z Z P_a}{\Delta P_z} \quad (\text{m}^3) \tag{3-11}$$

式中　Q_z——1 台机组制动一次的耗气量，m^3；

　　　Z——同时制动的机组台数，与电气主接线方式有关，一般只考虑一台；

　　　ΔP_z——制动前后允许储气罐压力降，一般取 $0.1 \sim 0.2$MPa；

　　　P_a——大气压力，对海拔高程在 900m 以下可取 0.1MPa。

中小型电站一般只设一个储气罐，多机组大型电站常设两个储气罐，每个容积为 $V_g/2$。

储气罐的容积系列有：0.5m^3，1.0m^3，1.5m^3，2m^3，3m^3，4m^3，5m^3，6m^3，8m^3，10m^3，12m^3，15m^3，20m^3，25m^3，30m^3 等。

3. 空压机生产率计算

空压机生产率按在规定时间内恢复储气罐压力的要求来确定，即

$$Q_K = \frac{Q_z Z}{\Delta T} \quad (\text{m}^3/\text{min}) \tag{3-12}$$

式中　ΔT——储气罐恢复压力所需的时间，一般取 $10 \sim 15$min；

　　　其余符号意义同式（3-11）。

对于专供机组制动用气的空压机，应选用两台，一台工作，一台备用。在综合气系统中，需综合考虑来确定空压机台数。宜选用冷却效果较好的水冷式空压机。

4. 供气管道选择

通常按经验选取：干管 DN20～DN100，环管 DN15～DN32，支管 DN15。管材采用镀锌钢管，但三通阀至制动风闸的管道必须采用耐高压的无缝钢管或铜管，其管件也必须采用相应的高压管件，以满足顶转子操作时的高压要求。

第四节　机组调相压水供气

一、调相压水概述

1. 机组调相运行

为了提高电力系统的功率因数和保持电压水平，有时可利用水轮发电机组做同期调相运行，这时发电机做同步电动机运行，向系统输出无功功率，以补偿输电线路和异步电动

机的感性或容性电流。

水电站是否承担调相任务，取决于电力系统的要求和该电站的具体条件，需由多方面论证确定。如电站距负荷中心较近，系统又缺乏无功功率，而该电站的年利用小时数又不高，则利用机组在不发电期间作同期调相运行较为合理。随着大功率电容器的出现、机组单机容量的扩大、水电站在电力系统中越来越多地承担基荷以及机组年利用小时数的大幅提高，利用水轮发电机组作调相运行的电站有所减少。

2. 机组调相运行特点

（1）比装设专门的同期调相机经济，不需额外增加一次性投资。

（2）运行切换灵活，由调相运行转为发电运行只需 10～20s，最多不超过 1min，作为电力系统的事故备用很灵活。

（3）为维持机组转速恒定，需要消耗电能比其他静电容器大。

3. 机组调相运行方式

（1）抽水调相方式：关闭进水闸门（阀门）与尾水的闸门，用水泵抽空尾水管中的积水，使转轮在空气中旋转。该方式关闭闸门（阀门）和抽水均需较长的时间，运行操作复杂，而且转为发电运行时的充水时间也较长。

（2）水轮机与发电机解离调相方式：将水轮机转轮与发电机解离，使水轮机转轮不参与调相运行。该方式拆卸和安装工作量较大，短期内不能转为发电运行。

上述两种调相运行方式均只适用于季节性发电的电站或机组，如以灌溉为主的电站，在不发电的季节作调相运行。

（3）水轮机空载调相方式：将导叶开度调至空载开度，使水轮机空转，带动发电机作调相运行。该方式水轮机效率极低，耗水量大，极不经济，且水轮机运行工况恶劣，易造成空蚀与振动。

（4）机组调相压水方式：关闭水轮机导叶，利用压缩空气强制压低转轮室水位，使转轮在空气中旋转，与发电机一起作调相运行，从电网中吸收电能（有功功率），向系统输出无功功率。该方式操作简便，转换迅速，电量消耗少，是目前最广泛的机组调相运行方式。

如果机组调相运行时转轮淹没在水中，则消耗的有功功率比转轮在空气中运行要大得多，一般大 5～10 倍，甚至更多。大量水电站调相运行数据显示：满发时转轮在水中旋转所消耗的有功功率约为额定功率的 15%，而转轮在空气中旋转有功功率损耗约为额定功率的 4%，如某水电站机组额定出力为 45MW，当转轮完全浸入水中作调相运行时的有功功耗为 8MW，而当转轮完全脱水运行时的有功功耗仅为 1.4～1.6MW。此外，转轮在水中作调相运行还会产生不同程度的空蚀和振动。可见调相压水可以大大减少电力系统的有功损耗，经济效益巨大。

二、给气压水的作用过程和影响因素

在机组转为调相运行的给气压水过程中，并不是只要把压缩空气充到转轮室内就总能把水压到转轮以下。根据试验观察，在给气压水初期，由于转轮在水中旋转，导致了三种回流：其一为旋转回流，旋转方向与机组相同，位置在转轮室和尾水管的直锥管段；其二为竖向回流，位置在尾水管的垂直部分；其三为水平回流，位置在尾水管的垂直部分和水平部分，如图3-23所示。

压缩空气进入转轮室后，先被水流冲裂成气泡，并由旋转回流和竖向回流将其带至尾水管底部，接着一部分气泡随竖向回流的中心水流又回升上去，另一部分气泡则随水平回流携带而逸至下游，这部分由水平回流携带出去的空气流量称为携气流量，其逸气的多少直接关系到调相给气压水的成败。如起始给气流量较大，远超过携气流量的极限值，则转轮室很快出现气水分界面，转轮搅动水流的作用立即减弱，由于继续供气，水

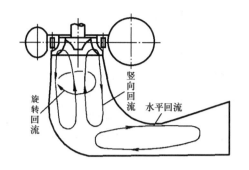

图3-23 调相运行时尾水管
中的回流状态

面很快就被压下，其空气利用率很高（$\eta \approx 1$）；如起始给气流量较小，则转轮室内将较晚出现气水分界面，导致供气时间较长，供气量较大，逸气也较多，空气利用率较小（$\eta < 1$）；如给气流量很小，在供气过程中，始终不超过相应时刻携气流量的极限值，则转轮室始终不能出现气水分界面，即给气全部逸失，压水不会成功，空气利用率为零（$\eta = 0$）。因此，为保证压水成功，压水过程应在0.5～2min内供给足够的气量，使水迅速脱离转轮而至规定的下限水位。

影响给气压水效果的因素主要有：给气压力，给气管径，储气罐容积，转轮的型号、尺寸和转速，给气位置，下游水位，尾水管高度，导叶漏水量等。

（1）给气压力和给气管径：给气压力和给气管径直接影响起始给气流量。给气压力大时给气流量也大，压水效果好，而管径小时阻力大，可能导致给气流量不足，故供气支管直径不得小于DN80。

（2）储气罐容积：当起始给气流量足够大时，储气罐容积对压水的成败并无影响。而当起始给气流量较小时，则要求有足够容量的储气罐，以满足持续给气要求。

（3）给气位置：对于混流式机组，给气位置主要有以下几处：

1）顶盖边缘：空气从导叶与叶片之间进入转轮室，由于该处水流速度最小，故给气效果最好，但开孔较困难。

2）顶盖上：空气从转轮上冠的减压孔进入转轮室，给气效果一般，实际应用较多，一般设置多个进气孔。

3）尾水管进口管壁：该处水流速度最大，给气容易被冲散带走，给气效果最差。

（4）转速：机组转速越高，尾水管中的回流越强烈，逸气越大，压水效果越差。

（5）导叶漏水：导叶漏水具有旋转动能，会促使水平回流连续不断，因而继续逸气。另外，漏水会把一部分空气卷入水中形成气泡，气泡的多少和冲入水中的深度取决于漏水量的大小和水流速度，如果漏水量大到把气泡冲到尾水管底部，就会有一部分气泡随水平回流逸向下游，所以导叶漏水量大时压水效果差。

此外，转轮的型号和尺寸、下游水位及尾水管高度对调相压水也有影响，但对于已知电站，这些都是常数。

三、设备选择计算

1. 充气容积的计算

充气容积主要包括转轮室的空间和尾水管的充气容积。其中尾水管的充气容积取决于压水深度 h_2，可按如下方法来确定：混流式水轮机的压水深度应在转轮下环底面以下 $(0.4\sim0.6)D_1$，但不小于1.2m，转轮直径小、转速高的机组取大值；转桨式水轮机的压水深度应在叶片中心线以下 $(0.3\sim0.5)D_1$，但不小于1m，转轮直径小、转速高的机组取大值；可逆式机组的压水深度应在转轮下 $(0.7\sim1.0)D_3$。

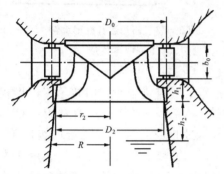

图 3-24 混流式水轮机充气容积示意图

以混流式机组为例，各部分的充气容积如图 3-24所示，其计算式如下：

导叶部分：

$$V_1=\frac{\pi}{4}D_0^2 b_0 \quad (\mathrm{m}^3) \tag{3-13}$$

底环部分：

$$V_2=\frac{\pi}{4}D_2^2 h_1 \quad (\mathrm{m}^3) \tag{3-14}$$

尾水管锥管部分：

$$V_3=\frac{\pi}{3}h_2(R^2+r_2^2+r_2R) \quad (\mathrm{m}^3) \tag{3-15}$$

转轮所占容积：

$$V_4=\frac{G}{\gamma_{钢}} \quad (\mathrm{m}^3) \tag{3-16}$$

式中　　$\gamma_{钢}$——钢的重度，$\gamma_{钢}=7.8\mathrm{t/m}^3$；

　　　　G——转轮的质量，t。

总充气容积：

$$V=V_1+V_2+V_3-V_4 \quad (\mathrm{m}^3) \tag{3-17}$$

2. 转轮室充气压力

转轮中充气压力必须平衡尾水管内外的水压差，即

$$P=(\nabla_{尾水}-\nabla_{下限})\times10^4+P_a \quad (\mathrm{Pa}) \tag{3-18}$$

式中　　$\nabla_{尾水}$——下游尾水位，m；

　　　　$\nabla_{下限}$——压水至下限水位，m；

　　　　P_a——当地大气压力，Pa。

3. 储气罐容积计算

储气罐容积必须满足首次压水过程中对总耗气量的要求，包括对转轮室的充气和压水过程中漏气的补偿。可按压缩空气的有效利用系数计算：

$$V_g=\frac{K_t PV}{\eta(P_1-P_2)} \quad (\mathrm{m}^3) \tag{3-19}$$

式中　　K_t——储气罐内压缩空气的绝对温度与转轮室水的绝对温度的比值；

　　　　P——转轮室充气压力，Pa；

　　　　V——总充气容积，m^3；

P_1——储气罐初始压力，取额定压力，Pa；

P_2——储气罐供气后的终了压力，Pa，一般按 $P_2=P+(1\sim3)\times10^5$，一般机组取
小值，可逆式机组取大值；

η——压水过程空气有效利用系数，根据已运行机组的实测值，对于混流式机组，
水头高于 90m 取 $\eta=0.6\sim0.8$，水头低于 90m 取 $\eta=0.8\sim0.9$；对于轴流式
机组，取 $\eta=0.7\sim0.9$，水头高时取小值。

4. 空压机生产率计算

空压机生产率应满足在一定时间内恢复储气罐压力，同时补充已作调相运行机组的漏
气量。可按式（3-20）计算：

$$Q_k=\frac{K_tPV}{\eta TP_a}+q_lZ \quad (m^3/min) \tag{3-20}$$

其中

$$q_l=0.023D_1^2\sqrt{\frac{P_a+\gamma\Delta H}{10^5}} \quad (m^3/min) \tag{3-21}$$

式中　T——给气压水后使储气罐恢复压力的时间，一般取 $T=15\sim45min$，机组台数较
多或调相较频繁的电站取小值，储气罐容积较大时可延长至 60min，可逆式
机组可取 $60\sim120min$；

Z——同时作调相运行的机组台数；

q_l——每台调相运行机组在压水后的漏气量，m^3/min；

D_1——转轮标称直径，m；

P_a——当地大气压力，Pa；

γ——水的重度，$\gamma\approx10^4N/m^3$；

ΔH——下游尾水位与转轮室下限水位之差，即（$\nabla_{尾水}-\nabla_{下限}$），m；

其余符号意义见式（3-19）。

专供调相用的空压机一般不少于两台，每台生产率取计算值的 70%，额定绝对压力
为 0.8MPa。

5. 管道选择计算

按经验选取：干管在 DN80～DN200 之间选取。接入转轮室的支管在 DN80～DN150
之间选取，或按经验公式计算：

$$d=30\sqrt{\frac{V_g}{t}} \quad (mm) \tag{3-22}$$

式中　V_g——储气罐容积，m^3；

t——充气过程延续时间，其快慢对充气效果影响很大，根据经验可取 $t=$
$0.5\sim2min$。

四、调相压水供气系统图

图 3-25 所示为一个典型的调相压水供气系统，由两台空压机（1KY 和 2KY）、两个
储气罐（1QG 和 2QG）、管道系统和控制测量元件组成。调相压水后，两台空压机同时工
作向储气罐补气，当储气罐压力恢复后即转为一台工作、一台备用，并定期切换。系统是

自动控制的，以前常用继电器完成其自动控制功能，现在则一般采用计算机（如PLC）来实现自动控制。

　　压力信号器1～3YX用来控制空压机的启动、停止及压力过高或过低时发出信号。温度信号器1～2WX用于监视空压机的排气温度，当温度过高时发出信号并停机。电磁阀1～2DCF用于控制冷却水，当空压机启动时打开，停机时关闭。电磁阀3～4DCF当空压机停机时打开，使气水分离器自动排污，当空压机启动时延时关闭，实现无负荷启动。

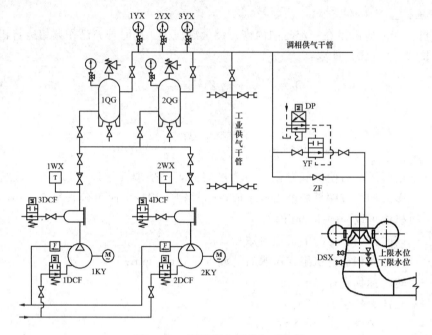

图3-25　调相压水压供气系统图

　　机组转为调相运行时，装设在转轮室下方尾水管壁上的电极式水位信号器DSX就投入工作状态。这时分别装在上、下限水位处的两对电极均淹没在水中，由于水的导电性使中间继电器通电励磁，电磁配压阀DP的操作回路闭合，控制液压阀YF开启，压缩空气进入转轮室把水压下。当水位压至下限水位以后，两对电极均已脱水，电磁阀关闭，停止供气。运行中由于漏气及导叶漏水等原因，水位可能回升，一直升至上限水位时又重新供气，再次把水面压至下限水位以下。手动闸阀ZF在调相过程中一直开启，向转轮室补气，可根据转轮室漏气量的大小调整其开度，避免液压阀YF频繁操作。

　　工业供气管的活接头可用于风动工具或安装检修时的吹扫用气。

第五节　风动工具、空气围带和防冻吹冰供气

一、风动工具及其他工业用气

1. 供气对象及用气地点

　　机组检修时经常使用清洁、安全的风动工具，如风铲、风钻、风锤、风砂轮、风砂枪等，如用风铲铲除被空蚀破坏的海绵状金属，用风砂轮磨光补焊后的表面，用风锤打掉钢

管壁上的锈块，用风砂枪清除钢管壁上的附着物。风动工具体积小、重量轻、使用方便，比电动工具安全。此外，压缩空气也可用于设备安装检修时的除尘和吹污；清理运行设备的堵塞，如水系统中的拦污栅、过滤器、管道等部位的吹扫；集水井清泥时搅拌泥水，以便用污水泵排出；吹扫运行电气设备上的尘埃等。

风动工具及其他工业用气的工作压力均为 0.5～0.7MPa，用气地点主要有主机室、安装场、转轮室、机修间、水泵室及闸门室等。从干管引出支管，并在支管末端设置截止阀和软管接头。吹扫用气的用气量约 1～3m³/min。

2. 设备选择计算

风动工具及其他工业用气一般不单独设置，而常用其他低压气系统（如调相用气或制动用气）来兼任。如需独立设置时，则可按下面方法来进行设备选择计算：

（1）空压机选择计算。空压机的容量主要根据风动工具的用气量来确定。由于风动工具的用气是持续的，故空压机的生产率应满足同时工作的风动工具耗气量之和，即

$$Q_k = K_l \sum q_i Z_i \quad (\text{m}^3/\text{min}) \tag{3-23}$$

式中 q_i——某个风动工具的耗气量，m^3/min；

$\quad\quad Z_i$——同时工作的风动工具台数；

$\quad\quad K_l$——漏气系数，一般取 $K_l = 1.2～1.4$。

对机组台数多、用气量大的电站，一般设置一台专用空压机，并配有自动卸荷阀。而对机组容量较小、台数不多的电站，只需设置一台小型移动式空压机即可。

（2）储气罐容积计算。风动工具及吹扫用气的储气罐，只起缓和空压机压力波动的作用，一般由调相或制动储气罐来兼任，如要设置专用储气罐时，可用经验公式来计算：

$$V_g = \frac{10^5 Q_k}{P_k + 10^5} \quad (\text{m}^3) \tag{3-24}$$

式中 P_k——空压机的额定工作压力，Pa。

或者按式（3-25）计算：

$$Q_k \leqslant 6\text{m}^3/\text{min}, V_g = 0.2Q_k; Q_k = 6～30\text{m}^3/\text{min}, V_g = 0.15Q_k \tag{3-25}$$

（3）管径选择。管材一般采用镀锌钢管，管径按经验在 DN15～DN50 范围内选取，应与风动工具的接头相适应。或按式（3-26）计算：

$$d = 20\sqrt{Q} \quad (\text{mm}) \tag{3-26}$$

式中 Q——管道中的流量，m^3/min。

当由其他低压气系统来兼任时，检修、维护用气可从相应的干管中直接引出。

二、空气围带用气

（1）水轮机导轴承检修密封围带用气：手动操作，充气压力一般为 0.7MPa，耗气量很小，不专门设置，可从其他低压气系统（如调相用气或制动用气）的干管中直接引出。

（2）蝶阀止水围带用气：由蝶阀操作系统自动控制，充气压力应比阀门承受的作用水头高 0.2～0.4MPa，耗气量很小，一般不专门设置，可根据电站的具体情况，从主厂房内的各级供气系统直接引取，或经减压后引取。当阀门室离主厂房较远时，可在阀门室专

设一个小储气罐或一台小容量空压机。

三、防冻吹冰用气

1. 供气对象和供气要求

对于高寒地区的水电站，在冰冻期间，为防止冰压力对水工建筑物、拦污栅和闸门等造成危害，常采用压缩空气除冰防冻，即从一定水深喷出压缩空气，形成一股强烈上升的水流，把温度较高的深层水带到表面，使表层水温提高，同时使水面在一定范围内产生波动，也不易于结冰。

水电站的防冻吹冰对象主要有：进水口闸门、拦污栅、溢流坝闸门、调压井、尾水闸门和水工建筑物等。由于坝后式和引水式的机组进水口设在水面以下较深处，一般不结冰，故只在冬季不常运行和进水口较浅的河床式电站，才需设置防冻吹冰系统。溢流坝闸门的防冻吹冰，一般只考虑冬季需要提起闸门时才设置。调压井只有较长时间不运行时才会结冰，应根据情况而定。尾水管的防冻吹冰，一般只考虑机组在冬季检修机会较多的电站。我国寒冷地区的大部分电站的水工建筑物均未设置防冻吹冰系统。

在防冻吹冰系统中，喷嘴设置在冬季运行水位以下 $5\sim10\mathrm{m}$，其出口的压力一般为 $0.15\mathrm{MPa}$ 左右，喷嘴之间的距离可取 $2\sim3\mathrm{m}$。为防止压缩空气流过露天管道时因温度下降而析水结冰，导致管道或喷嘴堵塞，要求压缩空气达到一定的干燥度，可采用二级供气的热力干燥措施，故空压机和高压储气罐的压力一般采用 $0.7\mathrm{MPa}$，经过减压阀减压后，使工作储气罐的压力约为 $0.35\mathrm{MPa}$。

2. 设备选择计算

(1) 耗气量计算。防冻吹冰系统的压缩空气消耗量按式 (3-27) 计算：

$$Q_b = Z_b q_b \quad (\mathrm{m^3/min}) \tag{3-27}$$

式中　Z_b——喷嘴数；

　　　q_b——每个喷嘴的耗气量，与喷嘴型式有关，可取 $q_b = 0.1\sim0.15\mathrm{m^3/min}$。

(2) 工作压力确定。防冻吹冰系统所需工作压力（工作储气罐压力）应大于喷嘴外所受的水压力和管网及喷嘴的压力损失，一般采用 $0.3\sim0.35\mathrm{MPa}$。

(3) 空压机生产率计算。防冻吹冰系统的空压机生产率按所需总用气量计算：

$$Q_k = \frac{K_l P_z Q_b}{P_a} \quad (\mathrm{m^3/min}) \tag{3-28}$$

式中　Q_b——总耗气量，$\mathrm{m^3/min}$；

　　　P_z——空压机工作压力，MPa，一般取 $0.7\mathrm{MPa}$；

　　　P_a——当地大气压力，MPa，对海拔高程在 $900\mathrm{m}$ 以下可取 $0.1\mathrm{MPa}$；

　　　K_l——管网漏损系数，一般取 $K_l = 1.1\sim1.3$。

防冻吹冰用气常用间断供气方式，空压机可不备用，但不应少于两台，以保证一台发生故障时仍能部分供气。

防冻吹冰系统的连续工作时间按当地气温等具体条件来确定。

(4) 储气罐容积计算。在防冻吹冰系统中，储气罐的作用主要是稳压、散热、降温和析水，其容积可按式 (3-24) 或式 (3-25) 计算。

（5）管道和喷嘴选择。管道按经验选取：干管为 DN80～DN150，支管可选 DN25，均选用镀锌钢管。喷嘴通常有法兰型、管塞型和特种型，用铜或不锈钢制造，以防生锈。

3. 防冻吹冰供气系统图

防冻吹冰供气系统因用气设备在厂外，所以一般均为单独设置。图 3-26 所示为一个典型的防冻吹冰供气系统图，由两台空压机（1KY 和 2KY）、一个高压储气罐（1QG）、一个工作压力储气罐（2QG）、管网、喷嘴和控制元件等组成。系统可由继电器或计算机（如 PLC）实现自动控制功能。

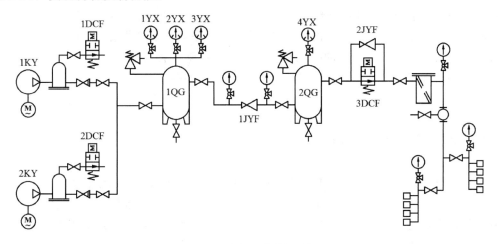

图 3-26　防冻吹冰供气系统图

空压机排出的压缩空气经气水分离器、止回阀后进入高压储气罐 1QG，由于温度的降低，在高压储气罐内会有水分析出。高压储气罐的压缩空气再经减压阀 1JYF 减压后进入工作压力储气罐 2QG，其压力从 0.7MPa 降到 0.35MPa，其相对湿度将由 100% 降到 50% 左右。然后，干燥后的压缩空气经电磁阀 3DCF（或减压阀 2JYF）进入供气干管及各支管中。减压阀 2JYF 是在 3DCF 关闭停止全压供气时，仍继续向管道供应 0.05～0.1MPa 的压缩空气，使管道仍保持充气状态，防止水进入喷嘴和管道而造成结冰堵塞。

为避免供气管道因压缩空气温度降低而析出水分，储气罐应设置在室外，使其与供气管道所在地点的环境温度相同，并避免日晒。储气罐应经常排水，为防止排水管与排水阀冻结，应加装电热防冻装置。管道布置须有 0.5% 的坡度，并在端部设置集水器和放水阀

压力信号器 1YX、2YX 用于控制空压机的启动和停止；3YX、4YX 用于高压和工作储气罐的压力过高或过低报警；电磁阀 1DCF、2DCF 用来控制自动卸荷和排污，空压机停机时打开，启动时延时关闭；3DCF 用于控制给气吹冰，由时间继电器或 PLC 控制。

当防冻吹冰用户距厂房很近时，也可考虑与厂内低压气系统联合。自厂内低压储气罐引出主供气管，经减压后直接向喷嘴供气，可以不另设工作压力储气罐，但设备容量应能满足冬季运行时厂内用户与防冻吹冰同时供气的需要。

第六节 油压装置供气

一、油压装置供气的目的

油压装置的压油槽是一个储存压能的储能器,作为机组调节系统或其他操作系统的操作能源,用于推动导水机构、转轮桨叶、水轮机进水阀、调压阀及电磁液压阀等设备。

因为油的压缩性极小,而空气却具有良好的弹性,故压油槽由透平油和压缩空气共同组成,其中透平油占容积的 30%～40%,其余 60%～70% 为压缩空气,利用油和空气来保证和维持调节系统所需要的工作压力。当压油槽因调节动作而造成油的容积减少时,空气膨胀,及时补充压能,以维持较稳定的压力。运行中,压油槽所消耗的油利用油泵自动从回油箱抽油补充,压缩空气的损耗很少,一部分溶解于油中,另一部分从不严密处漏失,所消耗的压缩空气可借助储气罐、油气泵、补气阀等来补充,以维持一定的油气比例。如果油气比例失调,则及时进行油面调整,即在额定工作压力下,若油位过高则补入部分压缩空气,油位过低则排掉部分压缩空气。

二、油压装置供气的技术要求

1. 压缩空气的气压要求

进入油压装置的压缩空气,其压力值应不低于调节系统或液压操作系统的额定工作压力。我国生产的油压装置,额定压力常用 2.5MPa 或 4.0MPa。随着机组容量的增加和制造水平的提高,为缩小接力器和油压装置的尺寸,改进水轮机结构和厂房布置条件,额定压力有提高的趋势,目前已经出现 7.0～20MPa 的油压装置。

2. 压缩空气的干燥要求

随着环境温度的降低,可能会从压缩空气中析出水分,水分将促使油劣化,并腐蚀管道、配压阀和接力器等部件,严重影响调节系统性能。冬季还可能发生水分冻结,导致管道堵塞,使止回阀、减压阀等无法正常工作。因此,要求进入压油槽中的压缩空气必须是干燥的,在最大日温差下,压缩空气的相对湿度不得超过 80%,这就要求对压缩空气采取干燥措施。常用的空气干燥方法有物理法、化学法、降温法和热力法等。

(1)物理法:利用某些多孔性干燥剂(如硅胶、活性氧化铝)的吸附性能来吸收空气中的水分,从而使空气的干燥度得到提高。工作中干燥剂的化学性能不变,且经烘干还原后还可重复使用。该方法常用于仪表和油容器的空气呼吸器中,如储油槽和变压器的空气呼吸器。但在电站的压缩空气系统中,因用气量大,干燥剂用量多,烘干还原工作量大,故一般不采用物理法。

(2)化学法:利用善于从空气中吸收水分生成化合物的某些物质作干燥剂,如氯化钙、氯化镁、苛性钠和苛性钾等。由于化学法所需装置和运行维护均较复杂,成本也高,故在电站中一般不采用。

(3)降温法:利用湿空气性质的一种干燥方法,有多种方式,一般是在空压机与储气罐之间设置水冷却器,使压缩空气温度降低而析出水分,此时压缩空气的相对湿度为100%,然后再进入储气罐,随着温度的回升,压缩空气的干燥度得到提高。对于已投入运行的电站,如果空压机额定压力偏低,无法保证压缩空气的干燥要求时,采用降温法是一项有效的补救措施。

（4）热力法：利用在等温下压缩空气膨胀后其相对湿度降低的原理，先将空气压缩到某一高压，然后经减压阀降低到设备所需工作压力的方法来实现，故又称降压法。由于热力法简单经济，且运行维护方便，所以是电站目前广泛采用的一种空气干燥法。

热力法包括两个过程：首先使空气经空压机压缩后，再通过冷却器及高压储气罐充分冷却，由于空气的体积大大缩小了，当相对湿度达到饱和状态后（相对湿度 $\varphi=100\%$），便有水分析出，将这些水分排除。然后再使处于饱和状态的压缩空气经减压阀减压到设备工作压力，再向设备供气。压缩空气由于减压而体积膨胀，其相对湿度得到降低。压缩空气的相对湿度可由式（3-29）近似确定：

$$\varphi \approx \frac{P_y}{P_k} \times 100\% \qquad (3-29)$$

式中　P_y——用气设备的额定工作压力，Pa；

　　　P_k——高压储气罐的压力，Pa。

3. 压缩空气的清洁要求

如果压缩空气中混有尘埃、油垢和机械杂质等，对空压机的生产率、调节系统各个元件的正常运行均有影响，有可能使阀件动作不灵或密封不良，造成意外事故。因此，必须采取过滤措施来提高压缩空气的纯净度。

三、油压装置的供气方式

在油压装置的供气系统中，有一级压力供气和二级压力供气两种方式。

（1）一级压力供气：空压机的排气压力（或储气罐压力）与压油槽的额定工作压力相等或稍大。过去设计的水电站多采用一级压力供气方式，该方式由于压缩空气处于饱和状态，即 $\varphi=100\%$，当环境温度下降时，便会析出水分，因此，压缩空气的干燥度较差。

（2）二级压力供气：根据热力干燥原理，空压机排气压力为压油槽工作压力的 1.2～2.0 倍以上，压缩空气由高压储气罐经减压阀将压力降低到压油槽的工作压力后，再向压油槽供气。该供气方式对提高空气干燥度效果较好。空压机的排气压力应根据保证电站最大日温差条件下其空气的相对湿度不高于80%来选定。

空压机压力与压油槽工作压力之比 Z 越大，则减压后压缩空气的相对湿度便越小。当 $Z=2$ 时，相对湿度 $\varphi \approx 50\%$，保证不达到饱和状态的预想温差 $\Delta t=8～12℃$；当 $Z=3$ 时，$\varphi \approx 33.3\%$，$\Delta t=12～15℃$。国内有些地区日温差很大，达 20～25℃，为达到干燥度要求，需采用 $Z=5～6$。

新设计的大、中型电站多采用二级压力供气方式，而且目前一、二级压力均有提高的趋势，小型电站有时为节省投资也可采用一级压力供气方式。

四、设备选择计算

1. 空压机生产率计算

空压机的总生产率根据压油槽容积和充气时间按式（3-30）计算：

$$Q_k = \frac{(P_y - P_a)V_y K_v K_l}{60TP_a} \quad (\text{m}^3/\text{min}) \qquad (3-30)$$

式中　V_y——压油槽容积，m³；

P_y——压油槽额定绝对压力，Pa；

T——充气时间，一般取 2～4h，中小型机组取下限；

K_l——漏气系数，取 $K_l=1.2$～1.4；

K_v——压油槽中空气所占容积的比例系数，$K_v=0.6$～0.7；

P_a——大气压力，Pa。

空压机一般选 2 台，1 台工作 1 台备用，在安装或检修后充气时，2 台同时工作，故每台生产率为 $Q_k/2$。装机容量较小的中小型电站，为节省投资也可只设置 1 台空压机。为保证压缩空气清洁，应配置空气过滤器、冷却器、气水分离器等。

空压机排气压力应大于压油槽额定压力，由供气方式而定，可参考表 3-2 选取。

表 3-2　　　　　各种型号油压装置（$P_y=2.5MPa$）设备选择参考表

油压装置型号	压油槽空气容积/m³	空压机型号	空压机台数	充气时间/h	储气罐容积/m³
YZ-1	0.65		1～2	0.8	
YZ-1.6	1.0	CZ-20/30	1～2	1.25	1～1.5
YZ-2.5	1.6		2	1	
YZ-4	2.6			0.55	
YZ-6	4.1			0.85	
YZ-8	5.2			1.08	
YZ-10	6.5	V-1/40	2	1.35	1.5～3.0
YZ-12.5	8.0			1.65	
YZ-16	10.0			2.08	
YZ-20	13.0			2.7	

2. 储气罐容积计算

储气罐容积可按压油槽内油面上升 150～250mm 所需的补气量来确定：

$$V_E = \frac{P_y \Delta V_y}{P_1 - P_y} \quad (m^3) \tag{3-31}$$

式中　P_y——压油槽额定压力，Pa；

P_1——储气罐额定压力，Pa；

ΔV_y——油面上升后需要补气的容积，m³，$\Delta V_y=0.785D^2\Delta h$；

D——压油槽内径，m；

Δh——油面上升高度，取 $\Delta h=0.15$～0.25m。

根据厂房布置条件，确定储气罐的数量。中、小型水电站只设一个高压储气罐。

也可参考表 3-2 选取储气罐的容积，并根据布置条件确定数量。

3. 管道选择

供气管道一般按经验选取。对于干管，当压油槽容积 $V_y \leqslant 12.5m^3$ 时，选用 DN32×2.5 的无缝钢管；当压油槽容积 $V_y \geqslant 16m^3$ 时，选用 DN44.5×2.5 的无缝钢管。对于支管，根据压油槽的接头尺寸确定。

五、油压装置供气系统图

图 3-27 是一个典型的油压装置供气系统图，采用二级压力供气方式，正常运行时，两台空压机 1KY、2KY 一用一备，压油槽额定压力为 2.5MPa，空压机和储气罐压力为 4.0MPa，经减压阀 JYF 减压后，压缩空气的相对湿度约为 62.5%（$\varphi \approx 2.5/4.0$），压力信号器 1YX 和 2YX 用于控制空压机的启动和停机，3YX 用于储气罐压力过高或过低的报警，温度信号器 1WX 和 2WX 用于监视空压机的排气温度，温度过高时停止空压机并报警，气水分离器排污管上的电磁排污阀除用于排污外，还兼作空压机启动时的卸荷阀，电磁阀 DCF 由浮子信号器 FX 和压力信号器通过中间继电器或 PLC 控制，以实现压油槽的自动补气。

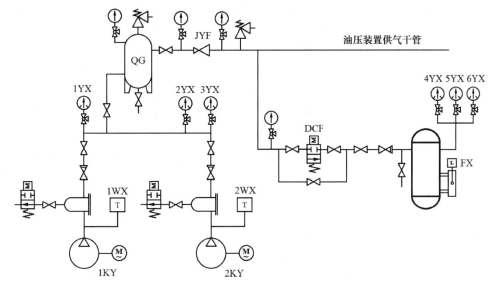

图 3-27　油压装置供气系统图

油压装置压油槽的补气间隔时间取决于管路元件的安装质量，一般为 1~7 天。对于单机容量较大、机组台数多的电站，一般采用自动补气方式，由装设在压油槽上的油位信号器，通过中间继电器或 PLC 来控制压缩空气管路上的电磁阀，实现向压油槽的补气；中小型电站则普遍采用手动补气方式，以简化系统；而小型电站多采用 YT 型调速器，它设有补气阀加中间油罐的补气方式，采用一级压力供气方式，所补进的压缩空气未经油水分离，故油中常混有较多水分，运行中需定期化验，当油中的含水量超过规定值时，要及时进行油的处理或更换新油。

第七节　水电站综合气系统

一、综合气系统的设计原则

1. 综合气系统设置原则

在电站中，各个用气对象可自成一个独立的气系统，但由于每个单一的气系统都是整个电站气系统的有机组成部分，因此，不仅工作压力相同的用户可组成综合气系统，而且工作压力不同的用户也可组成综合气系统。

综合气系统与单一气系统相比，经济上比较合理，可减小空气压缩装置的总容量，节省投资；技术上比较可靠，设备可互为备用，提高气源的可靠性；设备布置集中，便于运行和维护。因此，在设计电站气系统时，应优先考虑建立综合气系统的可能性和合理性。

（1）由于机组制动用气、调相压水用气、风动工具及其他工业用气的工作压力相同，且都集中布置在厂房内，故通常将这些用户组成综合气系统，即厂内低压气系统。如把油压装置气系统也联在一起，即组成厂内综合气系统，这样可利用油压装置气系统经减压后作为低压气系统的备用，以取消低压气系统的备用空压机。空气压缩装置一般布置在电站安装场下面或水轮机层的空闲房间内，这样可接近用气设备，缩短气管长度，并降低噪声对运行人员的影响。容量在 50 万 kW 以上和机组台数在 6 台以上的电站，可考虑分组设置专用的空气压缩装置，并将设备分别布置在相应的机组段内。

（2）配电装置气系统通常单独设置，目前一般由生产厂家进行设计和完成设备配套。

（3）气垫式调压室用气量大，压力要求较高，常用大容量空压机，通常在调压室附近设置独立的气系统，运行中耗气量较大，一般不采用储气罐补气方式，而设置 $2\sim3\text{m}^3$ 的稳压罐。

（4）供防冻吹冰用气的气系统通常也单独设置，其设备可布置在闸门室或坝顶的专用平房内。当其用户离厂房较近时（200m 以内），也可考虑与厂内低压气系统联合，但其设备容量应满足冬季运行时各用户同时供气的需要。

2. 空气压缩装置的选择原则

设计电站综合气系统时，空气压缩装置应按以下原则选择：

（1）满足各用户对气量、气压、干燥度和清洁度等要求。

（2）每一类用户应设有各自的储气罐，其容积按单一系统的要求计算。但风动工具和空气围带用气一般不单独设置储气罐，风动工具可从调相储气罐或制动储气罐引取，空气围带用气可根据需要的工作压力从低压气系统或其他气系统减压得到。

（3）供压油槽和断路器的空压机容量常按单一系统要求计算。

（4）供调相压水、机组制动、风动工具和防冻吹冰用气的低压系统，其空压机容量按正常运行用气和检修用气之和的最大同时用气量确定。空压机和储气罐的数量选择应便于布置。

（5）在选择空压机时，应考虑当地海拔高度对空压机生产率的影响。

（6）在一个压缩空气系统中，至少应设两台空压机，一台工作，一台备用。机组调相压水用气和检修用气系统可不设备用空压机。

在检修空气压缩装置的个别元件时，应不中断电站主要的生产过程，但空压机台数及生产率都应只是保证所有用户供气需要的最小值。过多的储气罐、管道接头和配件都会增加压缩空气的漏损量，从而增加空压机的容量或连续运行的时间。

对多机组的大型电站，制动储气罐最好为两个，以便于清扫。同时，常在制动储气罐和其他储气罐之间加装止回阀，只允许其他储气罐中的压缩空气流向制动储气罐，以保证制动供气的可靠性。

3. 设计时应遵循的技术安全要求

在设计电站气系统时，应遵循下列主要技术安全要求：

（1）由空压机直接供气的储气罐，其压力应与空压机额定压力相等。若储气罐应在较小压力下工作时，则应在储气罐与空压机之间装设减压阀。

（2）如高压和低压管道之间有连接管时，则在管道上应安装减压阀，在减压阀后面装设安全阀和压力表。若需用低压空压机向高压干管输送压缩空气时，在连接管上应装设止回阀。

（3）在每台空压机和储气罐上均应装设电接点压力表、安全阀和排污阀等监视保护元件。在空压机上还应装设温度信号器、气水分离器等元件。

4. 空气压缩装置的自动化操作要求

如果空气压缩装置所服务的对象需要经常性消耗一定量的压缩空气时，则其运行必须实现自动化，如机组制动、调相压水、断路器和防冻吹冰等用气的空气压缩装置一般均需自动控制，可采用继电器方式或计算机（如 PLC）方式来完成自动控制功能，其自动化元件应保证下列操作要求：

（1）当储气罐的压力降到工作压力的下限值时，工作空压机应自动投入运行，当压力达到上限值后应自动停止。

（2）当储气罐的压力下降到允许值时，备用空压机应自动投入运行，当压力达到上限值后应自动停止。

（3）用来排泄气水分离器水分和空压机卸荷用的电磁阀，应在空压机启动时自动延时关闭，在空压机停机后自动开启。

（4）若装有电磁控制的泄放阀时，其自动操作时应保持储气罐或配气管路中的压力为规定值。

（5）当储气罐或配气管中的压力超过规定的最高或最低压力值时，应发出报警信号。

（6）当空压机中间级压力超过正常压力、排气管中空气温度过高或冷却系统发生故障时，空压机应自动紧急停机。

（7）在自动运行的水冷式空压机的冷却进水管道上应装设自动阀门，在排水管道上应装设示流信号器。

风冷式空压机不需要供给冷却水，可简化自动控制系统，但冷却效果较差，运行故障较多，自带风扇功率消耗较大，在设计时可根据当地气温和空压机容量等情况来选择空压机的冷却方式。

二、典型的综合气系统

图 3-28 为某水电站卧式机组厂内低压综合气系统图。该系统设有两台低压空压机，供给机组制动用气、进水阀空气围带密封用气和风动工具与吹扫用气。两台空压机一台工作，另一台备用，由电接点压力表自动控制。

图 3-29 是将油压装置、机组制动、调相压水和风动工具用气综合在一起的系统图。两台低压空压机为 1 和 2，调相储气罐为 5，用气量较多，设置 2 个，风动工具及其他工业用气由调相储气罐 5 兼任，但用气应首先满足机组调相用气的需要，由干管 8 经支管引至向各机组水轮机室及风动工具。制动储气罐为 6，其进气管上设置了止回阀，以提高制

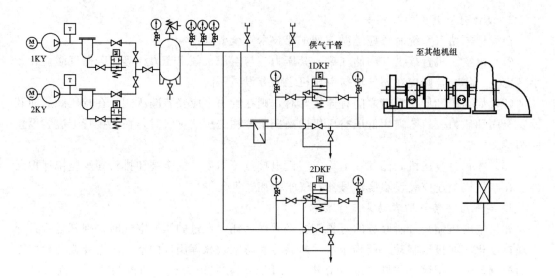

图 3-28 某水电站卧式机组厂内低压综合系统图

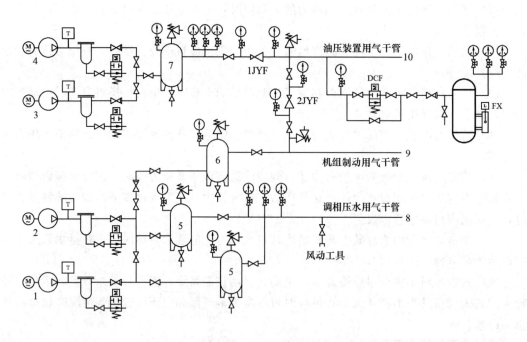

图 3-29 油压装置、机组制动、调相压水和风动工具用气的综合系统图

动气源的可靠性，由干管 9 引至各机组制动柜。两台高压空压机为 3 和 4，高压储气罐为 7，经 1JYF 减压后由干管 10 引至各机组压油槽进行补气，并经 2JYF 减压后作为机组制动的备用气源。

图 3-30 为配电装置、油压装置、调相压水和风动工具用气综合在一起的系统图。低压空压机 1 和 2 用于调相压水和风动工具用气，调相压水用气由储气罐 6 接出，通过干管 9 引向各机组转轮室。风动工具及其他工业用气通过储气罐 5 由干管 8 引出。高压空压机

3 和 4 用于配电装置和油压装置供气，向压油槽充气时暂与储气罐 7 断开，接通干管 10 向压油槽充气。机组制动用气则从压油槽引出，并经减压后引至机组制动柜。配电装置供气配有高压储气罐 7 和工作储气罐 11，之间装有减压阀，采用环形双母管供气方式，以提高供气可靠性，并便于运行维护和检修，在平直主管上每隔 40~50m 设置一个 U 形伸缩接头，以适应温度变形，在空压机与高压储气罐之间装设冷却器，在管道的最低位置处设有集水器和排水阀。为减少温差，高压储气罐布置在昼无日晒、四周通风的地方，使其环境温度不高于配气网和断路器的温度。

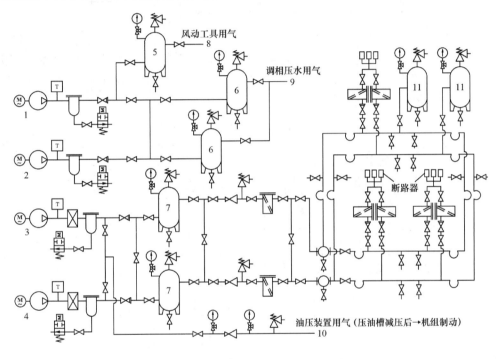

图 3-30　配电装置、油压装置、调相压水和风动工具用气综合系统图

图 3-31 为某电站的气系统图，该电站装有两台轴流式机组，每台机组均可作调相运行。因此，低压气系统采用两台空压机，正常运行时一台工作，一台备用，由压力信号器自动控制。供气对象包括机组制动、调相压水、蝶阀围带、风动工具和吹扫用气。调相用气量较大，由 2 个储气罐并联供气，蝶阀围带用气很少，直接从机组制动供气干管引出，而风动工具及吹扫用气则从调相供气干管引出。为保证制动供气的可靠性，设有单独的制动储气罐，并从调相供气干管引气作为机组制动的备用气源，而且在制动储气罐与调相储气罐的进气管路上装有止回阀，以保证制动储气罐经常处于额定工作压力状态下。高压气系统设有两台高压空压机，一用一备，由压力信号器自动控制，供气对象包括机组调节系统的油压装置和蝶阀操作的油压装置用气，两台蝶阀合用一台 YZ-4 油压装置。为保证压缩空气的干燥度，采用二级压力供气，运行中各压油槽采用自动补气方式。

在气系统中，控制空压机和报警的电接点压力表作用及常用压力整定值见表 3-3。

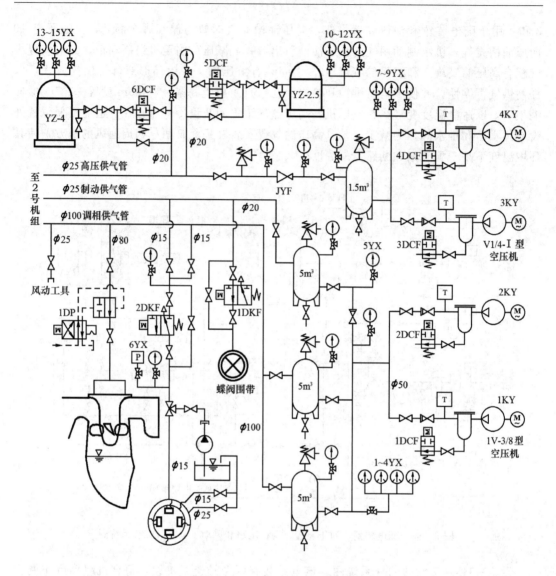

图 3-31 某电站厂内气系统

表 3-3　　　　　　　　　　　电接点压力表的作用及压力整定值

压力表序号	电接点压力表的作用		压力整定值/MPa			
			低压气系统		高压气系统	
	三只压力表方式	四只压力表方式	三只表	四只表	三只表	四只表
1	工作空压机启停	工作空压机启动	0.55~0.70	0.55	3.85~4.00	3.85
2	备用空压机启停	工作、备用空压机停止	0.50~0.70	0.70	3.80~4.00	4.00
3	压力过低、过高报警	备用空压机启动	0.45~0.75	0.50	3.75~4.05	3.80
4		压力过低、过高报警		0.45~0.75		3.75~4.05

第八节 压缩空气系统的设计计算实例

1. 设计基本资料

(1) 电站主要参数。

电站水头：$H_{max}=26.5m$，$H_{pj}=22.2m$，$H_{min}=15.5m$，$H_r=26.5m$；

装机容量：$N=4\times8800=35200kW$。

(2) 水轮机和发电机技术资料。

机型：$ZZ460-LH-300$；$TSL425/79-32$；

额定出力：$N_r=9215kW$；$P_r=8800kW$；

安装高程：$\nabla_y=29.3m$；

额定转速：$n_r=187.5r/min$。

(3) 调速器与油压装置型号。

调速器型号：$JST-80$；油压装置型号：$YZ-2.5$。

(4) 其他资料。配电装置采用油断路器，主接线为扩大单元接线。电站靠近电力系统负荷中心，系统要求每台机组均能作调相方式运行。

电站各压缩空气用户参数见表3-4。

表3-4 压缩空气用户主要参数表

用 户 名 称	额定压力/MPa	用 气 量	备 注
YZ-2.5	2.5	1.6m³	
机组制动	0.7	4.0L/s	连续制动时间为2min
调相压水	0.7		
风动工具	0.7		包括吹扫用气

2. 供气方式

电站压缩空气用户均布置在主厂房内，从供气可靠、经济合理和运行维护方便考虑，采用综合气系统向各个用户供气。

对于油压装置的压油槽供气，为提高其干燥度，空压机后设置气水分离器和储气罐，采用二级压力供气方式，储气罐的高压空气经减压后供给压油槽。

低压用户合用空压机，储气罐按各用户的要求来设置。机组制动和调相分别设置储气罐。风动工具和吹扫用气不设置储气罐，由调相储气罐引出。

3. 设备选择计算

(1) 高压气系统。

1) 空压机选择。空压机的总生产率根据压油槽容积和充气时间计算，取 $T=3h$，$K_l=1.3$，则得

$$Q_k=\frac{(P_y-P_a)V_yK_vK_l}{60TP_a}=\frac{(26-1)\times10^3\times1.6\times1.3}{60\times3\times10^3}=0.289 \quad (m^3/min)$$

根据二级压力供气方式和现有空压机的品种规格，选甪V1/40-Ⅰ型空压机两台，一

台工作，一台备用，其生产率为 $1m^3/min$，工作压力为 $4.0MPa$。

2）储气罐选择。根据本电站油压装置型号和供气方式，参考表 $3-2$，选用容积 $V=1.5m^3$ 的储气罐一只，额定工作压力为 $4.0MPa$。

3）管路选择。接经验选取，干管选用 $DN32×2.5$ 的无缝钢管，支管按压油槽进气管接头尺寸选用 $DN20$ 的无缝钢管。

（2）低压气系统。

1）制动储气罐选择。因本电站主接线采用扩大单元接线，应考虑当母线发生故障时，有两台机组同时停机制动，制动储气罐满足其供气要求。根据厂家资料，制动过程耗气流量 $q_z=4(L/s)$，制动时间 $t_z=2min$，取制动前后储气罐允许压力降 $\Delta P_z=2×10^5Pa$，则

$$V_g=\frac{0.06q_zt_zP_zZ}{\Delta P_z}=\frac{0.06×4×2×(7+1)×10^5×2}{2×10^5}=3.84 \quad (m^3)$$

故选用容积 $V=4m^3$ 的储气罐一只，额定工作压力与低压气系统空压机工作压力相同。

2）调相储气罐选择。按压水过程空气有效利用系数公式计算：

$$V_E=\frac{K_tPV}{\eta(P_1-P_2)} \quad (m^3)$$

温度系数：

$$K_t=\frac{T_0+t_气}{T_0+t_水}=\frac{273+15}{273+5}=1.04$$

在计算转轮室内绝对压力 P 时，$\nabla_{尾水}$ 取三台机满发时的尾水位，$\nabla_{下限}$ 取低于桨叶下缘 $1.5m$ 的高程（$26.5m$），即

$$P=10^4(\nabla_{尾水}-\nabla_{下限})+P_a=10^4(29.3-26.5)+10^5=1.28×10^5 \quad (Pa)$$

压缩空气有效利用系数，对转桨式机组，取 $\eta=0.8$。

储气罐额定绝对压力：

$$P_1=(7+1)×10^5=8×10^5 \quad (Pa)$$

储气罐放气后的绝对压力下限：

$$P_2=P+0.72×10^5=1.28×10^5+0.72×10^5=2×10^5 \quad (Pa)$$

如图 $3-32$ 所示，调相压水总充气容积为

$$V=V_1+V_2+V_3-V_4$$

导叶所包围的容积：

$$V_1=\frac{\pi}{4}D_0^2b_0=\frac{\pi}{4}×3.5^2×1.15=11.06 \quad (m^3)$$

转轮室容积：

$$V_2=\frac{\pi}{4}D_1^2h_1=\frac{\pi}{4}×3^2×1.22=8.62 \quad (m^3)$$

尾水管上部充气容积：

$$V_3=\frac{\pi}{3}h_2(R^2+r^2+Rr)=\frac{\pi}{3}×1.19×(1.62^2+1.47^2+1.62×1.47)=8.93 \quad (m^3)$$

转轮容积：

$$V_4 = \frac{G}{\gamma_{\text{钢}}} = \frac{14.4}{7.8} = 1.85 \quad (\text{m}^3)$$

则

$$V = 11.06 + 8.62 + 8.93 - 1.85 = 26.76 \quad (\text{m}^3)$$

故

$$V_E = \frac{1.04 \times 1.28 \times 10^5 \times 26.76}{0.8 \times (8 \times 10^5 - 2 \times 10^5)} = 7.42 (\text{m}^3)$$

根据以上计算，选用容积 $V = 4\text{m}^3$ 的调相储气罐两只，额定工作压力与低压气系统空压机的工作压力相同。

3）低压空压机的选择。在低压气系统中，机组制动用气由其单独的储气罐来保证，耗气量较小。调相压水耗气量较大，故应按恢复调相储气罐压力所需要的时间要求来选择空压机的生产率，同时为了保证风动工具能连续稳定地进行工作，还必须以风动工具的连续工作要求进行校核。

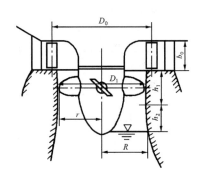

图 3-32　调相压水充气
容积示意图

海拔高程对空压机生产率影响的修正系数 K_v 取 1.0，给气压水后使储气罐恢复压力的时间 T 取 30min，需要同时补气的调相机组台数 Z 取 4，每台调相运行的机组在压水后的漏气量按下式计算：

$$q_l = 0.023 D_1^2 \sqrt{\frac{P + \gamma \Delta H}{10^5}} = 0.023 \times 3^2 \sqrt{\frac{10^5 + 10^4 \times 2.8}{10^5}} = 0.234 \quad (\text{m}^3/\text{min})$$

所以：

$$Q_k = K_v \left(\frac{K_t PV}{\eta T P_a} + q_l Z \right) = 1 \times \left(\frac{1.04 \times 1.28 \times 10^5 \times 26.76}{0.8 \times 30 \times 10^5} + 0.234 \times 4 \right) = 2.42 \quad (\text{m}^3/\text{min})$$

查空压机产品目录或相关设计手册，选用 1V-3/8 型风冷式空压机两台，正常情况下一台工作，一台备用，调相压水后两台同时启动，以恢复储气罐的工作压力，压力恢复后由一台补气。所选空压机的生产率为 $3\text{m}^3/\text{min}$，额定绝对压力为 0.8MPa。

按风动工具连续工作的要求校核空压机的生产率。本电站机组检修时，考虑两台 S-60 型风砂轮和两台 ZQ-6 型风钻同时工作，总耗气量为

$$Q_K = K_l \sum q_i Z_i = 1.2 \times 2 \times (0.7 + 0.35) = 2.52 \quad (\text{m}^3/\text{min})$$

风动工具总耗气量小于 1V-3/8 型空压机的生产率，故所选空压机满足要求。

4）管道选择。制动供气管道：按经验选取，干管选用 DN25 的钢管，支管选用 DN15 的钢管，三通阀以后的管道采用耐高压无缝钢管。

调相供气管道：干管按经验公式计算：

$$d = 30 \sqrt{\frac{V_E}{t}} = 30 \sqrt{\frac{8}{1}} = 84.9 \quad (\text{mm})$$

干管取标准管径 DN100 的钢管，支管取 DN80 的钢管。

风动工具及吹扫供气管道：均采用 DN25 的钢管。

气系统主要设备列入表 3-5 中。

表3-5 气系统主要设备明细表

序号	设备名称	型号	规格	单位	数量	备注
1	高压空压机	1V/40-I	排气量 $Q_k=1m^3/min$ 额定压力 $P_k=4.0MPa$	台	2	电动机功率 22kW
2	低压空出机	1V-3/8	排气量 $Q_k=3m^3/min$ 额定压力 $P_k=0.8MPa$	台	2	电动机功率 22kW
3	高压储气罐	1.5m³	额定压力 $P_k=0.8MPa$	只	1	
4	制动储气罐	4m³	额定压力 $P_k=0.8MPa$	只	1	
5	调相储气罐	4m³	额定压力 $P_k=0.8MPa$	只	2	

4. 绘制压缩空气系统图

根据供气方式和设备情况，绘制气系统如图3-33所示。压油槽充气、机组制动和调相压水均设有单独供气干管，风动工具及其他工业用气由调相干管引出。为了保证制动供气可靠，除制动储气罐进气管上装设止回阀外，还从调相干管引气作为备用。

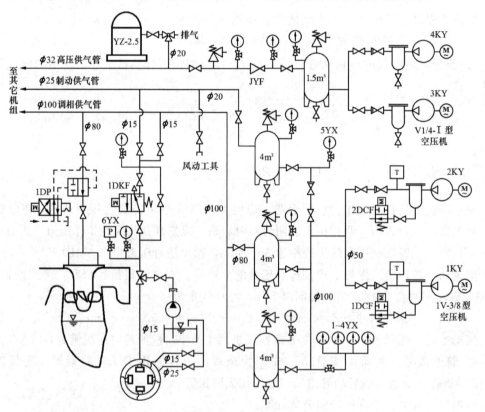

图3-33 某电站厂内气系统图

低压气系统全部自动化，采用继电器控制方式，装有下列自动化元件：压力信号器 1YX～9YX，温度信号器 1WX、2WX，电磁阀 1DCF、2DCF，电磁空气阀 1DKF～4DKF，电磁配压阀 1DP～4DP 等。高压气系统因本电站容量不大，机组台数不多，故不考虑自动化，以简化自动控制系统。压油槽检修后充气和运行补气，均采用手动操作。

第九节　压缩空气系统的计算机监控

在水电站中，压缩空气系统一般由两台空压机、一个（或多个）储气罐及相关管路组成，在储气罐上设有压力信号器，根据压力情况控制空压机启停和报警。不管是高压气系统，还是低压气系统，其自动化监控系统基本相同。

一、对计算机监控系统的要求

（1）保持气压稳定：监控系统应自动保持储气罐中的气压稳定在一定范围内。

（2）空压机工作轮换：监控系统应能使两台空压机自动切换或通过人工切换，以实现空压机的轮换工作。

（3）监控系统独立工作：监控系统的控制是独立进行的，它根据储气罐中的气压来自动控制空压机的运行，与使用压缩空气的设备是否运行无关。

（4）储气罐压力异常报警：当储气罐出现压力过高或过低等异常情况时，监控系统应能发出报警信号。

二、计算机监控系统的接线原理

压缩空气系统的计算机监控一般采用 PLC 来实现，由于监控系统的开关量输入输出点数较少，故可采用整体式 PLC，如开关量输入点数选 16 点，输出点数选 8 点。

监控系统接线应根据压缩空气系统的自动化要求而定，图 3-34 所示为某电站压缩空气系统的 PLC 监控接线原理图。

三、监控功能

1. 两台空压机自动运行

将运行/试验选择开关 SAH 拧向运行方向，触点 1、2 接通（X1：1）。

（1）轮换启动工作空压机：将 1 号、2 号空压机的控制开关 SAC1、SAC2 置于自动位置，SAC1、SAC2 的触点 1、2 接通（X1：4、X1：6）。假设 PLC 监控系统初次上电时首先使用 1 号空压机。当储气罐的压力降低到工作空压机启动压力时，压力信号器 SP1 的常开触点闭合（X1：10），PLC 控制继电器 K1 的常开触点闭合（X2：1），接通 1 号空压机电动机接触器 KM1 回路，启动 1 号空压机。当储气罐的压力达到停空压机压力时，压力信号器 SP3 的常开触点闭合（X1：12），PLC 控制继电器 K1 复归，从而使 1 号空压机电动机接触器 KM1 复归，1 号空压机停止运行。当储气罐的压力再次下降到 SP1 的常开触点闭合时，PLC 控制继电器 K2 的常开触点闭合（X2：2），启动 2 号空压机。当储气罐压力达到停空压机压力时，SP3 的常开触点闭合，PLC 控制 K2 复归，2 号空压机停止运行。当压力再一次降低时，PLC 又使 1 号空压机投入运行，如此重复，从而实现两台空压机的工作轮换，使两台空压机的运行时间基本相同，以防止某台空压机长期不运行而造成电动机受潮。

（2）启动备用空压机：当储气罐压力降低后，已有一台空压机在工作，如 1 号空压机在运行，但由于某种原因，储气罐的压力继续下降，当压力下降到备用空压机启动压力时，压力信号器 SP2 的常开触点闭合（X1：11），PLC 控制继电器 K2 的常开触点闭合，启动 2 号空压机，使两台空压机同时工作。若 2 号空压机已先在工作，则 PLC 把 1 号空

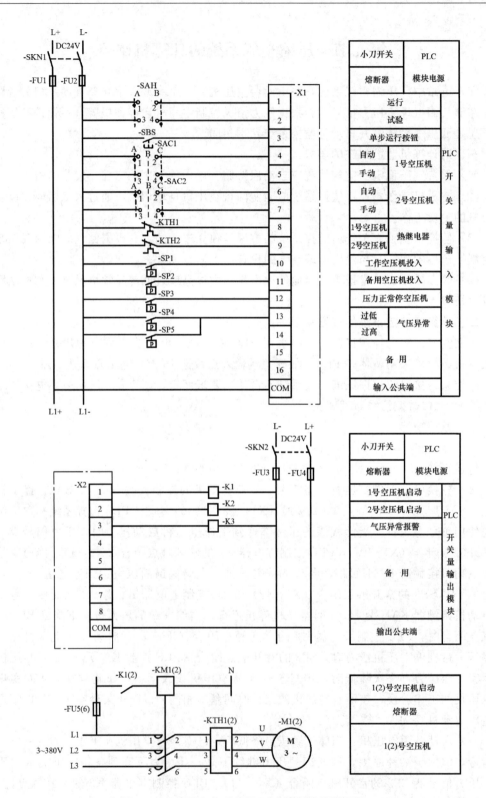

图 3 - 34 压缩空气系统的 PLC 控制接线原理图

压机作为备用空压机启动。当储气罐的压力达到停空压机压力时，SP3 的常开触点闭合，PLC 使 K1 和 K2 同时复归，使两台空压机停止运行。

2. 单台空压机自动运行

如有一台空压机出现故障时，将其控制开关置于停止位置，如 2 号空压机的控制开关 SAC2 置于停止位置，此时若 1 号空压机的控制开关 SAC1 置于自动位置，则 1 号空压机处于单台自动运行状态，由 SP1 控制其启动，由 SP3 控制其停止。

3. 手动运行

将 1 号、2 号空压机的运行控制开关 SAC1、SAC2 拧向手动方向，触点 3、4 处于接通状态（X1：5、X1：7），此时两台空压机处于手动运行方式。在手动运行方式时，可使 1 台空压机工作或 2 台空压机同时工作。当储气罐的压力达到停空压机压力时，可将控制开关 SAC1、SAC2 拧向停止位置，从而停止空压机的工作。

4. 储气罐压力异常报警

当储气罐中压力过低时，压力信号器 SP4 的常开触点闭合（X1：13），而当压力过高时，压力信号器 SP5 的常开触点闭合（X1：13），只要压力过低或压力过高信号器动作，PLC 控制继电器 K3 动作（X2：3），发出气压异常报警信号。

5. 空压机电动机的保护

空压机电动机的保护由热继电器 KTH1 和 KTH2 来完成，当空压机电动机过负荷时，热继电器动作，其常闭触点断开（X1：8、X1：9），PLC 控制继电器 K1、K2 复归，空压机电动机接触器 KM1 和 KM2 回路断开，使空压机停止工作。

四、监控系统说明

（1）自动排污：可增加自动排污功能，即当空压机停止运行后自动打开排污阀，而在空压机启动后延时关闭排污阀；也可增加空压机在运行中的周期性排污功能。

（2）油温的监控：可增加油温的监控功能，即只有当空压机的润滑油温度在规定范围内时，空压机才具备启动条件，而当润滑油温度过低时，自动投入电加热器进行加热，待油温正常后再开启。同时，在空压机运行过程中，当润滑油温度过高或过低时，自动停止空压机，并进行报警。

（3）油压的越限报警：可增加油压的越限报警功能，即空压机在运行过程中，当润滑油压力过高或过低时，发出报警信号。

（4）模拟量监控：可通过压力传感器采集储气罐压力模拟信号，并实现相应的监控功能。

思 考 题 与 习 题

1. 水电站使用压缩空气的对象有哪些？
2. 简述水电站压缩空气系统的种类、组成和任务。
3. 简述活塞式、螺杆式和滑片式空压机的主要组成部分。
4. 简述活塞式、螺杆式和滑片式空压机的工作原理和主要特点。
5. 气体的状态主要由哪 3 个参数来描述？它们的具体含义是什么？
6. 简述空压机理论循环的吸气、压缩和排气过程。

7．说明空压机等温循环、绝热循环、多变循环的功耗情况。

8．空压机的实际工作过程与理论工作过程有何差异？

9．什么叫多级压缩？为什么用多级压缩？它有何优点？

10．如何确定多级压缩最有利的压缩比？

11．空压机有哪两个选型参数？

12．简述空压机的主要附属设备及其作用。

13．储气罐容积 $V=6m^3$，额定压力（表压）$P_1=0.7MPa$，如工作后的剩余压力（表压）$P_2=0.45MPa$，要求储气罐的充气时间（由 P_2 充气至 P_1）不大于 10min，求所需空压机的生产率？

14．$3m^3$ 储气罐要求在 5min 内由 0.3MPa 充气至 0.7MPa，求所需空压机的平均供气量是多少？

15．简述机组制动的类型、原理及特点。

16．什么时候需要对机组进行顶转子操作？如何进行顶转子操作？

17．简述机组调相的目的、方式和特点。

18．调相压水有哪些影响因素？

19．电站风动工具和其他工业用气的主要用户有哪些？

20．简述空气围带用气和防冻吹冰用气的对象和压力要求。

21．油压装置压油槽中透平油和压缩空气各占多少？各有什么作用？对压缩空气有何要求？

22．空气的干燥方法有哪几种？电站常用哪一种干燥方法？

23．试述热力法干燥法的工作原理。

24．某电站油压装置压油槽内空气体积为 $4m^3$，要求在 50min 内将其充气至 2.4MPa（表压），求空压机平均供气量为多少？

25．水电站综合气系统有哪些优越性？

26．水电站高压气系统和低压气系统一般包括哪些部分的用气？

27．在综合气系统中，空气压缩装置的选择应考虑哪些原则？

28．设计气系统时应遵守哪些主要技术安全要求？

29．实行自动控制的压缩空气系统应保证哪些自动化操作？

30．压缩空气系统的计算机监控功能有哪些？

第四章 技术供水系统

第一节 技术供水的对象及其作用

水电站的供水包括技术供水、消防供水和生活供水。中、小型水电站常以技术供水为主，兼顾消防及生活供水，组成统一的供水系统。

技术供水的主要作用是对运行的主机及辅助设备进行冷却和润滑，如发电机、轴承、水冷式变压器和空压机等。有时亦可作为操作能源，如射流泵、高水头电站的进水阀操作等。消防供水是为厂房、发电机、变压器及油库等提供消防用水，以便发生火灾时进行灭火。生活供水是水电站生产区域的生活、清洁用水。

水电站技术供水对象（用水设备）随电站规模和机组型式而不同，主要有如下几种。

一、发电机空气冷却器

发电机在运行过程中要产生电磁损耗和机械损耗，如定子绕组损耗、涡流及高次谐波附加损耗、铁损耗、励磁损耗、通风损耗和轴承摩擦机械损耗等，这些损耗最终都转化成热量，如不及时散发出去，会使温度升高，不但会降低发电机的出力和效率，而且还会因局部过热破坏线圈的绝缘，影响使用寿命，甚至引起发电机事故。因此，对处于运行中的发电机，必须加以冷却。发电机允许的温度上升值随绝缘等级而不同，一般为 $70 \sim 80℃$，需由一定的冷却措施来保证。

水轮发电机多采用空气作为冷却介质，用流动的空气对定子、转子绕组以及定子铁芯表面进行冷却，带走发电机产生的热量。空气流动的方式称为通风方式，分为开敞式（川流式）、管道式和密闭式。

（1）开敞式通风：利用发电机周围环境空气自流冷却，该方式结构简单，安装方便，但发电机温度受环境温度影响，防尘、防潮能力差，散热量有限，只适用于额定容量1000kVA 及以下的小型水轮发电机。

（2）管道式通风：冷却空气一般取自温度较低的水轮机室，靠发电机风道高差的风压作用将热空气经风道排至厂外，该方式散热能力在相同条件下比开敞式略有提高，为防止灰尘进入发电机内，可在进风口设置滤尘器。

（3）密闭式通风：将发电机周围的一定空间密封起来构成风道，在发电机四周装设空气冷却器，发电机运行时，转子上的风扇或通风机强迫空气在密闭范围内循环流动，冷空气通过转子线圈、定子通风沟时吸热升温，热空气穿过冷却器时散热降温，冷却后重新进入发电机内，其空气冷却途径如图 4-1 所示。该方式利用空气冷却器进行换热，冷风稳定，温度低，不受环境温度影响，冷却空气清洁、干燥，有利于发电机绝缘寿命，通风系统风阻损失小，结构简单，安全可靠，安装维护方便，因此广泛应用于大中型水轮发电机。

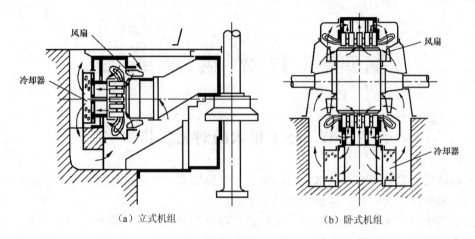

（a）立式机组　　　　　　　　　（b）卧式机组

图 4-1　发电机内空气冷却途径

水轮发电机的空气冷却器是水管式热交换器，由多根黄铜水管和两端的水箱组成，在黄铜管上装有铜片或绕有铜丝，以增加散热效果，冷却水由一端进入冷却器，吸收热空气的热量后从另一端排出。冷却器的安装位置和数量随机组结构和容量而不同，立式机组安装在定子外壳的风道内，卧式机组则安装在发电机下面的机坑里。

空气冷却器的冷却效果对发电机的功率和效率有很大影响，当进风温度较低时，发电机效率较高，功率较大；反之，效率显著下降，见表 4-1。空气的工作温度一般为 30～60℃。

表 4-1　　　　　　　　　　　进风口空气温度对发电机出力的影响

进风口空气温度/℃	15	20	30	35	40	45	50
发电机功率相对变化/%	+10	+7.5～+10	+2.5～+5	0	-5～-7.5	-15.5	-22.5～-25

水轮发电机也可采用双水内冷和蒸发冷却方式。蒸发冷却系统主要由绕组线棒、冷凝器、管路、安全保护和监测装置组成。

二、机组轴承油冷却器

水轮发电机组的轴承一般都浸没在油槽中，用透平油来润滑和冷却。运行时由摩擦产生的热量开始积聚在轴承内，然后传入油中，如不及时把这部分热量排出，将使轴瓦和油的温度不断上升，温度过高不仅会加速油的劣化，而且还会缩短轴瓦的寿命，严重时可能造成烧瓦事故，影响机组的安全运行。为此，需要采取冷却措施来控制轴承的工作温度，保证机组安全运行。轴承的工作温度一般为 40～50℃，最高为 60～70℃，一旦出现轴承温度过高，必须停机进行检修。

轴承内油的冷却方式主要分为内部冷却和外部冷却两类。

（1）内部冷却：内部冷却又有体外冷却和体内冷却两种。

1）体外冷却：冷却器设置在轴承的油槽中，油循环主要依靠轴承转动部件的旋转使油在轴承与冷却器之间流动，进行热交换，冷却水不断从冷却器的冷却管内流过，吸收并带走油内的热量，使轴承不致过热。体外冷却结构简单，应用广泛，图 4-2 所示为推力轴承的油冷却，图 4-3 所示为水轮机稀油润滑筒式导轴承。

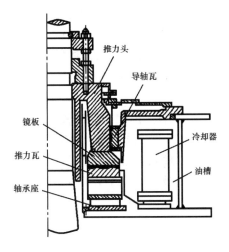

图 4-2 推力轴承的油冷却

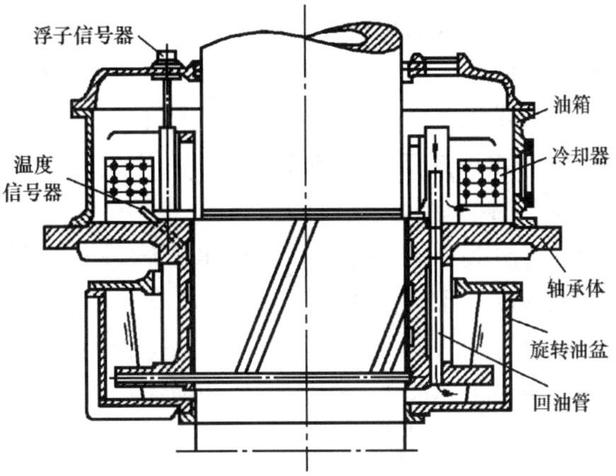

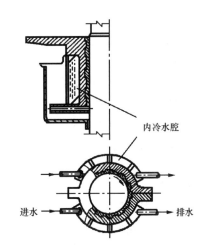

图 4-3 水轮机稀油润滑筒式导轴承

2）体内冷却：在轴承体外壁上设置冷却水腔或水套，冷却水流过时，直接带走轴承体的热量，其结构如图 4-4 所示。体内冷却结构紧凑，冷却效果较好，但制造质量要求较高，对冷却水水质要求较高，主要用于容量较大的机组。

（2）外部冷却：利用油泵将轴承油槽中的油抽出，使油流过设置在外面的冷却器，把热量传给冷却器外边的流动冷却水，从而实现油的冷却，并把冷却后的油又送入轴承油槽中。外部冷却效果较好，可简化油槽结构，油槽内油路畅通，冷却器易于检修和维护，但油的循环为强迫循环方式，需要油泵等额外设备，并要消耗动力，故成本和运行费用较高，主要用于大型机组或卧式机组。

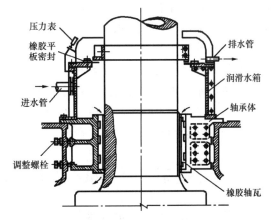

图 4-4 水导轴承的体内冷却器

三、水轮机导轴承的水润滑

当水轮机导轴承采用硬质橡胶轴瓦时，6～12 块橡胶轴瓦均布在轴颈周围，可单独更换和调整间隙，用水作润滑和冷却，其结构见图 4-5，润滑水箱设在轴承上部，橡胶轴瓦内表面开有纵向槽，运行时一定压力的水从橡胶轴瓦与轴颈之间流过，形成润滑水膜并将轴承摩擦产生的热量带走，润滑水从摩擦表面底部流出后，经水轮机转轮上冠减压孔排出。轴瓦背面的螺栓用来调整轴瓦和轴颈的间隙，轴颈一般包焊不锈钢轴衬，以防止主轴锈蚀。橡胶轴瓦结构简

图 4-5 水润滑的水导轴承

单，工作可靠，安装检修方便；橡胶轴瓦具有一定的吸振作用，轴瓦离转轮较近，运行稳定性得到一定程度的提高；但运行中轴瓦易产生磨损，间隙易随温度变化，寿命较短，刚性不如油润滑轴承，时间稍长振摆加大；对润滑水的要求很高，水中含有泥沙时易磨损轴颈和轴瓦，并要求供水必须十分可靠，不允许出现中断，目前主要用于大中型水轮机。

四、水冷式变压器的冷却

变压器的冷却方式有油浸自冷式、风冷式和水冷式，容量较大的变压器常采用水冷式，水冷式又分为内部水冷式和外部水冷式。内部水冷式是将冷却器装设在变压器的绝缘油箱内，通入冷却水，使油得到冷却；外部水冷式即强迫油循环水冷式，用油泵把变压器油箱中的油抽出，送入外面的冷却器，用水进行冷却后再送回油箱。外部水冷式能缩小变压器的体积，并提高散热能力，但需要一套油循环系统，并要消耗动力，成本和运行费用较高。

五、水冷式空压机的冷却

空气被压缩时，内能增加，温度升高，并把热量传给气缸。为保证空压机正常运行，避免润滑油分解和碳化，必须进行冷却，以降低压缩空气的温度，提高生产能力，降低压缩功耗。空压机的冷却方式有水冷式和风冷式，大容量的空压机多采用水冷式。水冷式是在气缸和气缸盖周围包以冷却水套，通入冷却水，将热量带走。同时，还有机后冷却和多级空压机的级间冷却。

六、油压装置的水冷却

在油泵压油和油高速流动时，由于摩擦会产生热量，使油温升高，特别是当主接力器或主配压阀漏油量较大时，油泵启动频繁，使回油箱的油温上升。油温升高后，黏度减小，不仅对液压操作不利，促使油劣化，而且会使漏油增多，造成恶性循环。因此，对于大型及某些中型油压装置，常在回油箱内设置冷却水管，对油进行冷却。对于通流式的特小型调速器，因没有压油槽，油泵连续运行，故在回油箱中设置冷却器，以保持油温正常。油压装置采用水冷却，会因冷却水管的管壁结露而促使油劣化。

七、水压操作设备

有的高水头电站采用高压水操作进水阀和其他液压阀，可以节省油压装置或使油系统简化，方便运行并降低费用。引入接力器的高压水必须清洁，防止配压阀和活塞严重磨损和阻塞，并需要注意工作部件的防锈蚀。高压水流还可用来推动射流泵，用于水电站的供排水系统或离心泵启动充水。

八、其他供水对象

对于水质较差的电站，水轮机主轴的密封润滑用水；深井泵导轴承（橡胶轴瓦）启动前的润滑用水；可逆式机组止漏环密封润滑用水；双水内冷式发电机定子绕组和磁极线圈空心导线的冷却用水；水冷式变频器冷却用水；水压围带密封闸门用水；空调设备冷却、空气降温、洗尘用水等。

第二节 用水设备对技术供水的基本要求

电站的技术供水应满足各用水设备的基本要求，主要包括水量、水压、水温和水质。总体要求为：水量充足，水压合适，水质良好，水温适宜。

一、水量

为了保证机组冷却、润滑要求，必须有足够的水量，否则起不到冷却和润滑效果，但水量过多造成浪费。在初步设计阶段，可根据本章第六节的内容进行估算，以满足技术供水的水量要求。对于大中型水电站，技术供水的水量分配比例大致为：发电机空气冷却器约占 70%；推力轴承与导轴承油冷却器约占 18%；水润滑的水轮机导轴承约占 5%；水冷式变压器约占 6%；其余用水设备约占 1%。可见，发电机的用水对电站技术供水系统的规模起着决定性作用。对于小型水电站，发电机通常不设空气冷却器，技术供水的水量大为减少。

二、水压

供给用水设备的水必须保持一定的压力，压力过低不能维持要求的流量，压力过高则可能损坏冷却器或设备。

1. 发电机空气冷却器和轴承冷却器

冷却器入口水压的上限由其强度条件决定，工作水压上限以前一般为 0.2MPa，现在通常为 0.3~0.5MPa。入口水压的下限取决于冷却器及排水管路的水力损失，必须保证通过所需要的流量。冷却器的水力损失一般为 0.04~0.075MPa（即约为 4~7.5mH$_2$O），要保证冷却器工作时不出现真空。

2. 水润滑的橡胶轴承

对橡胶轴瓦的轴承，水既是润滑剂又是冷却介质。入口水压的高低主要由润滑条件决定，应保证在轴颈与轴瓦之间形成足够的水膜厚度，中小型机组橡胶轴承的进口水压一般为 0.15~0.2MPa，水压过高可能破坏润滑水箱。

3. 水冷式变压器

如果水冷式变压器发生水管或冷却器破裂，将会使油水混合，导致危险，故对内部水冷式变压器的冷却水水压控制较严，一般要求进口水压不得超过 0.05~0.08MPa。对于外部水冷式，油压必须大于水压 0.07~0.15MPa，这样可保证即使出现管子破裂，也只允许油进入水中，而水不能进入油中。当水压较高时，应采取减压措施，并设置安全阀。

4. 水冷式空压机

空压机冷却水套强度较高，入口水压可以稍高一些，但一般不超过 0.3MPa，其下限由水力损失大小决定，一般不低于 0.05MPa。

三、水温

冷却器热量交换的多少不仅与通过的冷却水量有关，还受冷却水温的影响。水温与多种因素有关，如水源、取水深度、当地气温等，设计时一般按夏季经常出现的最高温度考虑。冷却器进口水温以前一般按 25℃进行设计，现在通常按 28℃设计，当水温高于设计值时，需专门设计特殊的冷却器，并加大其尺寸，使有色金属的消耗量增加，且给布置造成困难。冷却器与冷却水温的关系见表 4-2。

由表 4-2 可见水温对冷却器的影响很大，冷却水温升高 3℃，冷却器高度增加 50%。同时，当水温超过设计温度时，会使冷却效果变差，发电机出力降低，无法发足额定出力。因此，正确选择水温非常重要，进水温度最高不应超过 30℃。

表 4-2 冷却器高度与进水温度的关系

进水温度/℃	25	26	27	28
冷却器有效高度/m	1.6	1.8	2.05	2.4
相对高度/%	100	113	128	150

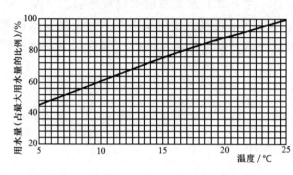

图 4-6 水温低于 25℃ 时供水量的折减系数

如果水温常年低于 25℃，则可根据图 4-6 来进行折算，适当减少供水量。

冷却水温度也不宜过低，它会使冷却器水管外部凝结水珠。一般要求冷却器进口水温不低于 4℃。同时，进出口水的温差也不能太大，一般保持在 2~4℃，以避免沿管长方向因温度变化过大产生温度应力而造成管道裂缝。

四、水质

水电站的技术供水常用地表水，有时也会采用地下水。地表水一般含有较多的泥沙、悬浮物和有机物，但矿物质较少，水的硬度较低；地下水由于地层的渗透过滤，通常不含悬浮物和有机物，但一般含有较多的矿物质，水的硬度较高。

技术供水的水质要求主要是限制水内的机械杂质、水生物和有机物以及化学杂质的含量，保证技术供水清洁、硬度适中、不含腐蚀性物质，避免对设备造成腐蚀、结垢和堵塞。

1. 机械杂质

(1) 悬浮物：河流中常见的树枝、木屑、杂草、塑料垃圾等如果进入技术供水系统，会堵塞取水口、管道和设备，使技术供水流量减小甚至中断，影响导热，因此，技术供水中尽量不含悬浮物。

(2) 泥沙：水中的泥沙会在管道中沉积，增大水力损失，妨碍冷却器的热量交换，影响冷却效果。当泥沙进入橡胶轴承，则影响更严重，会加速轴颈与轴瓦的磨损，缩短轴承寿命。因此，对技术供水的泥沙含量必须加以限制。

一般要求：冷却用水含沙量宜小于 $5kg/m^3$，泥沙粒径宜小于 0.15mm，其中泥沙粒径大于 0.025mm 的不应超过含沙量的 5%；润滑用水含沙量不大于 $0.1kg/m^3$，泥沙粒径不大于 0.025mm；对主轴密封润滑水，含沙量不宜超过 $0.05kg/m^3$；对多泥沙河流，要特别注意防止水草与泥沙混合而堵塞管道，在冷却器内流速不低于 1.5m/s 时，总含沙量不大于 $20kg/m^3$。

2. 水生物、有机物和油分

(1) 水生物：在我国南方，气温和水温均较高，河流中生长着许多蚌类和贝类水生物，如果这些水生物进入技术供水管道，就可能附着在管壁上形成"淡水壳菜"。壳菜的生长繁殖会加大水力损失，减小过流能力，影响冷却器换热，甚至堵塞管道。因此，要求技术供水尽量不含水生物。

（2）有机物：有机物进入技术供水系统会腐烂变质，腐蚀管道，滋生水草，促使微生物繁殖，进而堵塞管道。因此，要求技术供水尽量不含有机物。

（3）油分：如果油分进入技术供水管道，会黏附在冷却器管壁上，阻碍传热，影响冷却器正常运行，而且还会腐蚀管道，使橡胶轴瓦加速老化。因此，技术供水应不含油分。

3. 化学杂质

（1）硬度：当水经过岩层时会溶入各种化学杂质，主要是各种盐类，它在水中的含量以"硬度"来表示，硬度的 $1°$（德国度）相当于 $1L$ 水中含有 $10mgCaO$ 或 $7.14mgMgO$。硬度又分为暂时硬度、永久硬度和总硬度三种。由酸式碳酸盐类构成的硬度称为暂时硬度，它们在水加热煮沸过程中会分解析出钙镁的碳酸盐而沉淀出来，水中硬度即行消失；由硫酸盐或氯化物构成的硬度称为永久硬度，它们在水加热煮沸过程中也会产生少量析出物；总硬度为暂时硬度与永久硬度之和。

暂时硬度较大的水在较高温度下易形成水垢，增大水力损失，降低过水能力，影响传热。永久硬度大的水在高温下的析出物会腐蚀金属，且富有胶性，易引起阀门黏结，坚硬难除。

水的硬度随地区、河流、水源种类而不同。水的硬度可分为以下几种：

极软水：$0°\sim4°$

软水：$4°\sim8°$

中等硬水：$8°\sim16°$

硬水：$16°\sim30°$

水电站的技术供水要求使用软水，暂时硬度不超过 $8°\sim12°$。

（2）pH 值：氢离子浓度以 10 为底的对数的负值称 pH 值。即 $pH=-lg[H^+]$。根据 pH 值，可将水分为：$pH=7$ 为中性反应；$pH>7$ 为碱性反应；$pH<7$ 为酸性反应。

大多数天然水的 pH 值为 $7\sim8$，pH 值过大或过小都会腐蚀金属，产生沉淀物，堵塞管道。一般要求技术供水的 pH 值为 $6\sim8$，不含游离酸、硫化氢等有害物质。

（3）含铁量：水中的铁一般以 $Fe(HCO_3)_2$ 的形式存在，短时间内是透明的；但与空气、日光接触后，会逐渐被氧化成胶体状的氢氧化铁 $Fe(OH)_3 \cdot nH_2O$，有赤褐色析出物，在管路和冷却器中生成沉淀，使传热效率和过流能力降低。要求技术供水含铁量不大于 $0.1mg/L$。

第三节　技术供水的净化与处理

天然河水中含有多种杂质，特别是汛期杂质剧增，必须对它进行净化和处理。

一、水的净化

对水中所含悬浮物、泥沙等机械杂质的清除称为水的净化。主要有以下几种方法：

1. 清除污物

（1）拦污栅：为了拦阻较大的悬浮物，需在技术供水的取水口装设拦污栅，这是清除污物的第一道防线，特别在汛期淤堵杂草较多，应注意及时清除。

拦污栅主要有钢板钻孔式和栅栏式两类，其结构如图 4-7 所示。钢板钻孔式拦污效果较好，但水力损失较大，主要用于口径较小的取水口，如蜗壳或压力钢管取水；栅栏式常用平条型，栅条间距根据水中悬浮物的大小确定，一般为 15～40mm，拦污性能较差，但水力损失较小，便于清污，主要用于口径较大的取水口，如上游或下游取水。平条型又分顺水平条型与正交平条型两种，其中的顺水平条型拦污效果差，但水力损失

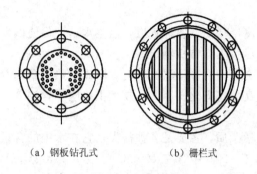

（a）钢板钻孔式　　（b）栅栏式

图 4-7　拦污栅

小，吹污条件较好，较为常用，特别适合于水头较低的电站。

拦污栅的断面大小要与管道相适应，过栅流速与供水管经济流速有关，可在 0.5～2m/s 范围内选用，不宜超过 3m/s，上限值用于蜗壳或压力钢管取水，机械强度应按拦污栅完全堵塞时的最大作用水头进行设计。

为便于清除拦污栅的堵塞，应在取水口后设置压缩空气吹扫接头，或用逆向水流冲洗。汛期运行时，应注意及时清污。

（2）滤水器：滤水器依靠滤网阻拦水流中的悬浮物，是清除悬浮物的主要设备，分为固定式和转动式，如图 4-8 所示。滤水器网孔尺寸视悬浮物的大小而定，一般采用孔径为 1～2mm 的防锈金属网或孔径 2～6mm 的钻孔不锈钢板，常在钻孔不锈钢板外面包一层 20 目的铜丝滤网，以过滤较小的杂物，过网流速一般为 0.1～0.25m/s，不宜大于 0.5m/s。滤水器的尺寸取决于过流量，滤网孔的有效过流面积至少应为进出水管面积的 2 倍，即有一半网孔被堵塞时，仍能保证必要的水量通过。

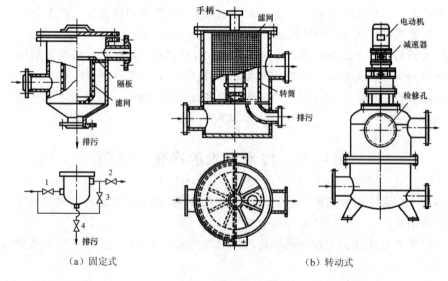

（a）固定式　　　　　　　　（b）转动式

图 4-8　滤水器

固定式滤水器如图 4-8 (a) 所示。水由进水口进入，穿过滤网后由出水口流出，污物被拦在滤网外边，采用定期反冲法进行清扫，即在滤水器进出口之间加旁通管或并联另一台滤水器，正常运行时，阀 3、阀 4 关闭，阀 1、阀 2 打开；反冲洗时，阀 1 关闭，阀 3、阀 4 打开，压力水从滤网内部反冲出来，将污物冲入排污管。固定式滤水器结构简单，但清污较难，对水中悬浮物较多的电站不宜采用。

转动式滤水器可在运行中冲洗，运行方便灵活，如图 4-8 (b) 所示。水从下部流入带滤网的转筒内部，由内向外穿过滤网，经转筒与滤水器外壳间的环形流道进入出水管。滤网固定在转筒上，转筒用钢板分隔成几个等格，使其中一格正对排污管口。当打开排污阀时，处在排污管上方的一格滤网进行反冲洗，水由外向内流过滤网，把污物带走，旋转转筒可使每一格滤网都得到冲洗。转动式滤水器有手动和电动两种，电动主要用于大型滤水器，可实现自动过滤、冲洗及故障报警功能，一般由电动机、行星摆线针轮减速器、滤水器、电动排污阀、差压变送器及控制柜组成，常用 PLC 控制。

滤水器清除水中一般悬浮物简单有效，但易被夹杂泥草等污物堵塞，且很难冲洗。

2. 清除泥沙

河水泥沙与流域的多种因素有关，差异相当大，有的常年混浊不清，有的雨季含沙量大，有的短时夹带泥沙。为保证技术供水的要求，必须针对实际情况采取相应的除沙措施。

(1) 沉淀池。沉淀池利用重力作用来分离比重较大的固体颗粒，具有结构简单、运行费用低、除沙效果好的特点，广泛应用在很多自流式供水的电站。

1) 平流式沉淀池：如图 4-9 (a) 所示，一般做成矩形，其长宽比不小于 4:1，长深比不小于 10:1，有效深度 3~4m，采用穿孔墙进水、溢流堰集水的结构。由于水在沉淀池中的流速很小，且有一定的停留时间，故水中颗粒和比重较大的物体如悬浮物、泥沙等在这段时间内下沉到池底，实现分离。设计时应根据流量和含沙量要求，参照已建成电站的经验确定具体尺寸。水在池内的停留时间一般为 1~3h，池内水平流速为 10~30mm/s。平流式沉淀池的优点为：可就地取材，施工方便，造价低；对水质适应性强，处理水量大，沉淀效果好，出水水质稳定，运行可靠；缺点是占地面积较大，人工排沙劳动强度大，机械排泥沙装置复杂，常设两池互为备用，交替排沙。

2) 斜板式沉淀池：当泥沙沉降速度一定时，沉淀效率与沉淀池的水平面积成正比，故平流式沉淀池占有较大的面积，电站常因受地形限制而无法采用。为此，在平流式沉淀池中加装若干斜板便成为斜板式沉淀池，如图 4-9 (b) 所示。斜板的增加，将水池分隔成若干个小通道，使水平面上的总投影面积大大增加，加快了泥沙的沉淀速度。斜板的倾角一般采用 60°，以使积泥能自动滑落池底。斜板式沉淀池与平流式沉淀池相比，流道湿周增大，水力半径减小，雷诺数 Re 大为降低，从而减弱了水的紊动，促进了泥沙沉淀。同时，由于沉淀距离减小，也缩短了沉淀时间，使沉淀效率大为提高，沉淀效率一般可比平流式沉淀池提高 3~5 倍。

3) 斜管式沉淀池：根据斜板式沉淀池的工作原理，将斜板改进成斜管便成为斜管式沉淀池，如图 4-9 (c) 所示。水由倾斜的管束流过，斜管断面常采用蜂窝六角形，也可采用正方形或矩形，其内径或边长为 25~40mm，斜管长 800~1000mm，倾角一般为

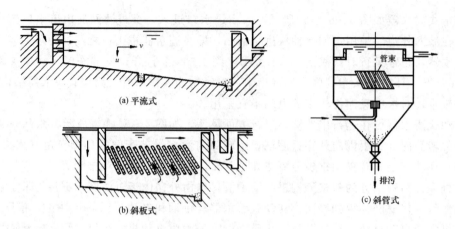

(a) 平流式

(b) 斜板式

(c) 斜管式

图 4-9　沉淀池

60°。斜管式沉淀池的湿周比斜板式沉淀池进一步增大，水力半径更小，雷诺数 Re 降低至 50 以下，沉淀效果更加显著，但投资大，水力损失大，斜管长时间运行后会出现结垢，一般常用于水头较高的电站。

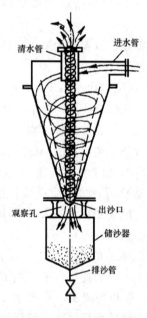

图 4-10　水力旋流器

（2）水力旋流器。水力旋流器是根据水和泥沙比重不同，利用离心力来分离水中泥沙的一种装置，用在电站技术供水系统中，具有除沙和减压双重功能。常用的圆锥形水力旋流器如图 4-10 所示，水流沿切线方向以 8～12m/s 流速流入旋流器后，在进出口水压差的作用下，产生较大的圆周速度，形成高速螺旋运动，并流向下端，泥沙在离心力作用下被甩向器壁，最后经出沙口落入储沙器内，清水则旋流到下部后又产生二次涡流向上运动，最后经清水管流出。储沙器连接排沙管，可定期排沙、冲洗。

水力旋流器结构简单，造价低，占地面积小，易于布置；含沙水流在旋流器内停留时间短，除沙效率高，可达 90% 以上，粒度大于 0.015mm 的泥沙基本上能清除；易于制造、安装和维护，可连续运行，便于自动控制。但水力损失大，壁面易磨损，杂草不易分离，除沙效果受含沙量和颗粒大小的影响，主要用于含沙量相对稳定，粒径在 0.003～0.15mm 的场合，有时也用于清除大颗粒泥沙。对于含沙量较大的高中水头电站，水力旋流器不仅是较理想的除沙设备，而且还起到了减压作用。

水力旋流器应满足耐压、耐磨和内表面光滑的要求，冲沙水量约为进水量的 1/3～1/4。

二、水的处理

清除水中化学杂质称为水的处理。由于化学杂质的清除比较困难，需要较多的设备，费用也较高，故中、小型水电站一般不考虑水的处理，只是在确定水源时，选用化学杂质符合要求的水源。大型水电站当水中化学杂质不满足运行要求时，需对技术供水进行处理。

1. 除垢

当水的暂时硬度较高时，冷却器内常有结垢现象，既影响了冷却效果，又缩短了设备使用寿命。水垢形成的过程为：水温升高到 $60 \sim 70℃$ 以上时，$Ca(HCO_3)_2$ 或 $Mg(HCO_3)_2$ 分解生成不易溶于水的 $CaCO_3$ 或 $MgCO_3$，在其过饱和液中析出沉淀，并吸附于流道表面，再经结晶过程而形成水垢。其化学反应方程式为

$$Ca(HCO_3)_2 \longrightarrow CaCO_3 \downarrow + H_2O + CO_2 \uparrow$$

$$Mg(HCO_3)_2 \longrightarrow MgCO_3 \downarrow + H_2O + CO_2 \uparrow$$

水垢结晶致密，比较坚硬，通常牢固地附着在换热表面上，使导热效率大为降低，需要定期清除，可采用人工或机械的方法来清除水垢。人工除垢是用特制的刮刀、铲刀及钢丝刷等专用工具来清除水垢，该方法除垢效率低、劳动强度大，除垢不彻底，可能损伤容器表面，目前已很少使用。机械除垢是用电动洗管器和风动除垢器来清除水垢，该方法受设备形状和管径限制，费时费力，效果也不好。

水电站常用的防结垢措施有以下几种：

（1）化学处理：用酸性或碱性溶液与水垢发生化学反应，从而溶解水垢。有酸洗和碱洗两种，酸洗除垢效率高，成本低，除垢较彻底，最为常用。当水垢是纯粹的碳酸盐时，可用缓蚀盐酸（盐酸溶液中配以一定浓度的缓蚀剂）、磷酸来清洗，既能去除水垢，又能防止设备腐蚀；当水垢较厚时，不宜采用较高浓度的酸来除垢，以防造成设备腐蚀，一般采用苏打或磷酸盐使水垢松动后，再用机械方法清除；当水垢为硫酸盐或硅酸盐时，只能采用苏打使水垢松动后，再用机械方法清除。

（2）物理处理：采用超声波处理和电磁处理方法，通过改变结垢的结晶和通流表面的吸附条件来防止水垢形成。

1）超声波处理：利用频率不低于 28kHz 的超声波在水里传播过程中所产生的效应来防垢和除垢。超声波在水中传播时，水产生受迫振动，使质点间产生相互作用，当超声波机械能使水中质点的位移、速度和加速度达到一定数值时，就会在水中产生一系列效应，其中的超声凝聚效应、超声空化效应、超声剪切应力效应具有防垢和除垢功能：超声凝聚效应会使水中的硬度盐和悬浮的微粒杂质相互碰撞和黏合，并凝聚成较大的颗粒絮状物，这些疏松的粉末状垢物分散在水中，很容易被流动水流带走，从而破坏垢物生成和其在器壁上的板结条件，不再沉积板结；超声波空化效应会使水中产生大量空穴和高压气泡，当其破裂时，在局部范围内会产生强大的压力波，形成了对金属换热界面的强烈冲刷作用，使垢物变小并悬浮于水中，随水流流走；超声波在垢层和器壁中的传播速度不同，产生速度差，在其界面形成剪切应力，导致垢物与界面的结合力降低，使垢层疲劳、裂纹、疏松、破碎而脱落。

2）电磁处理：当硬水通过电场或磁场时，其溶解盐类之间的静电引力会减弱，使盐类凝结的晶体状态改变，由具有黏结特性的斜六面体变成非结晶状的松散微粒，防止生成水垢或引起腐蚀。

当冷却水通过强磁场时，盐类结晶发生了变化，变成为非常薄的薄层，进而使离子的

排列与磁场的轴向一致，使沉淀的结晶不形成水垢，而是成为无定形的粉末，不再互相凝聚、黏附在管壁或物体表面，而随水流走，或采用简单的操作方法排除。水流横向切割在时间上或空间上可能变化的磁场，引起对水中盐类分子或离子的磁性力偶的磁滞效应，从而改变了盐类在水中的溶解性，同时使盐类分子相互之间的亲和性（结晶性）消失，比水分子与盐类分子之间的亲和性还弱，因而保持了防止形成大结晶的水分子外膜。磁化处理使盐类在受热面上直接结晶和坚硬沉积大大减少，起到防垢作用。

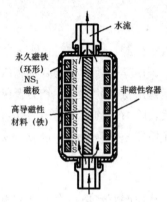

图 4-11 永磁式磁水器

磁水器分为永磁式和电磁式两种。永磁式如图 4-11 所示，永磁式不消耗能源，结构简单，操作维护方便，但磁场强度受到磁性材料和充磁技术限制，且随时间延长或水温提高有退磁现象；电磁式的磁场强度容易调节，可以达到很高的磁场强度，而且磁场强度不受时间和温度影响，稳定性好，但需要提供激磁电源。

静电水处理是通过高压或低压静电场的作用，改变水分子结构或水中的电子结构，使水中所含阳离子不致趋向器壁，更不致在器壁聚集，达到防垢和除垢目的。静电水处理设备分为两类：一类是利用高压静电场改变水分子结构；另一类是水流经低压静电场与电极接触，使水中的大量电子被激励。

2. 除盐

大型发电机极限容量的提高受到绕组温度的限制，为改善发电机导线的散热条件，可采用在空心导线内通入冷却水的方式，因为水的热容量是相同容积空气的 3500 倍，可对定子绕组和转子绕组进行有效冷却，使导线的电流密度大大提高，从而增大发电机的极限容量，这种发电机称为双水内冷发电机，其冷却水系统包括一次水和二次水两个部分。一次水是指通过定子、转子空心线棒内部的冷却水，其水质要求较高，需经严格的化学处理，因此成本也高，为提高经济性，必须循环使用。而一次水带出的热量，则由二次水通过热交换器进行热量交换后带走，可见二次水就是一般的技术供水，用于冷却一次水，不循环使用，如图 4-12 所示。

一次水水质的好坏直接影响到发电机的安全经济运行和线棒的寿命，如果水的导电率增大，泄漏电流增加，会导致发电机的效率降低，线棒的电腐蚀加剧，并可能造成线棒击穿；如果水的硬度较大，则易造成线棒内部因结垢而局部堵塞，很难处理。因此，根据相关规范，一次水的水质应符合：导电率小于 $5\mu\Omega/\text{cm}$，硬度小于 $10\mu g$ 当量/L，pH 值在 6～8 之间，且不含机械混合物。

为使一次水符合水质要求，当原水含盐量小于 0.5g/L 时，常采用离子交换法来除盐。即先用带有 H^+ 的阳离子交换树脂把原水中的 Ca^{2+}、Mg^{2+}、Na^+ 交换出来，并生成相应的酸，再用带有 OH^- 的阴离子交换树脂把带有酸性的水中合成不带离子的纯水，从而实现除盐。当树脂长期使用后，失去了本身的 H^+ 和 OH^- 离子，也就失去了继续交换的能力，此时，可用浓度为 30% 的 HCl（对阳离子树脂）和 30% 的 NaOH（对阴离子树脂）进行再生，且可再生 3000 次以上，寿命长达 5 年。

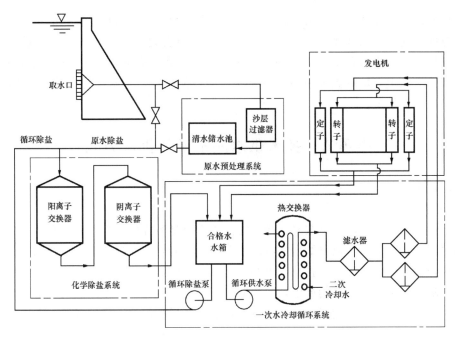

图 4-12 双水内冷发电机水处理流程图

一次水冷却循环系统中一般装有导电率计,当水质达不到规定要求时,需要经过化学除盐系统进行循环处理,直到满足要求。同时,当一次水漏水过多,水箱水位计发出信号时,应能自动补水。

三、水生物的防治

由于淡水壳菜繁殖速度很快,在管壁上附着紧密,质地坚硬,用机械方法很难清除,应着重于阻止它的生成,通常采取下列措施。

1. 改变管内水温

淡水壳菜属于软体群栖性动物,依靠本身分泌的足丝牢固地生长在水中固定的硬物上,形成重叠群体。由于淡水壳菜最适宜生活在水流平缓、流速不大、水温为 16～25℃的环境中,而当水温超过 32℃就很难生存。因此,可采用定期切换供、排水管路的方法来阻止淡水壳菜的生成,即通过阀门的定期切换,使供、排水管路互换使用,利用排水管道中水温较高的特点,使淡水壳菜逐步死亡和脱落。在可互换的管路上,安装的示流器或示流信号器应采用双向式。如果技术供水采用坝前取水,则可增加取水深度,降低供水水温,可有效抑制"壳菜"的生长繁殖。

2. 提高管内流速

提高管内流速可使"壳菜"不易在管内生长。一般来说,低水头电站由于库容小,受环境温度影响夏季水温较高,容易产生"壳菜"危害。如果技术供水采用水泵供水,提高供水流速可有效防止"壳菜"的生长。

3. 用药物毒杀

淡水壳菜的繁殖旺盛期为 9—11 月,其幼虫对药物毒杀的抵抗力远远小于成虫,是向技术供水系统投放毒药的最好时期。毒药可用氯气、氯水、次氯酸钠和五氯酚钠等,其中氯气效果较好，但投放装置复杂，成本较高，常用五氯酚钠，价格低廉，效果较好，一般先把五氯酚钠配制成浓度在 5～20ppm（1ppm 为百万分之一）的水溶液，再投放到技术供水中进行毒杀。当水温高于 20℃时，采用低浓度，反之采用高浓度，且要求在投药后，连续处理 24h 以上，能收到大于 90％的毒杀效果，但是必须注意投药对下游河道的污染，使水质满足有关规定。

第四节　技术供水的水源及供水方式

一、水源

1. 水源的选择原则

技术供水水源的选择非常重要，是决定供水系统是否经济合理、安全可靠的关键，如果供水水源选择不当，不仅可能增加电站投资，还可能导致以后长期运行和维护困难。

在选择技术供水水源时，在技术上必须考虑电站的型式、布置和水头，满足用水设备对水量、水压、水温和水质的要求，力求取水可靠、水量充足、水温适当、水压和水质符合要求，以保证机组安全运行，使整个供水系统设备操作简单，维护方便，在经济上投资和运行费用最省。

技术供水系统除主水源外，还应有可靠的备用水源，以防止供水中断而停机。对水轮机导轴承的润滑水和推力轴承的冷却水，要求备用水能自动投入，因为一旦供水中断，就有烧瓦的可能。

一般情况下，优先采用电站所在的河流（电站上游水库和下游尾水）作为技术供水的主水源和备用水源，只有当河水不满足要求时，才考虑其他水源（如地下水源）作为主水源或备用水源。

在选择水源时必须全面考虑，根据电站具体情况，进行详细的分析论证，从所有可能的水源方案中，选出技术先进、供水可靠、运行维护方便、经济合理的方案。

2. 供水水源

（1）上游取水。上游水库水量充足，除一些悬浮物外，平时泥沙不多，水质一般较好，也容易取得温度较低的底层水，有利于提高冷却效果，同时可利用水电站的自然落差，减少了提水设备，节省了投资和运行费用，是技术供水设计中优先考虑的水源类型。按取水位置的不同，上游取水分以下几种方式：

1）蜗壳或压力钢管取水：在每台机组的蜗壳或压力钢管侧壁设置取水口，可使各机组自成系统，取出该机组所需的水量，也可将各取水口用干管连接起来，组成并联供水系统，以提高供水可靠性。

蜗壳或压力钢管取水管道短，设备简单，投资低；占地面积小，便于设备集中布置；操作和维护管理方便，运行费用少，供水可靠。因此，蜗壳或压力钢管取水在水头适合的电站应用广泛，而且通常作为技术供水的主水源。

当机组装设有进水阀时，为便于检修，一般采用在进水阀后的蜗壳取水，也可采用在进水阀前的压力钢管取水，好处是进水阀关闭后水源仍不会中断。对于水质较差的电站，为便于布置水净化设备，可采用统一设置取水口的方式，一般从分岔前的总管上取水，在厂房外布置水净化设施，再由供水干管引至各机组，取水口数量不得少于两个，如电站有两根以上的引水总管，则应在每根总管上设置取水口，以提高供水的可靠性和灵活性。

对于金属蜗壳或压力钢管，取水口一般布置在蜗壳或钢管断面两侧上、下 45° 方向，如图 4-13 所示，避免布置在底部或顶部，因为布置在底部容易积存泥沙，而布置在顶部又易被悬浮物堵塞或引入空气；对于混凝土蜗壳，取水口一般布置在蜗壳侧面。

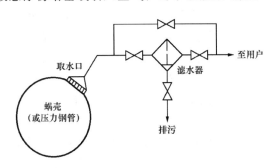

图 4-13 蜗壳和压力钢管取水　　　　图 4-14 水轮机顶盖取水

2）顶盖取水：对于中高水头的混流式水轮机，可利用转轮密封的漏水作为机组的技术供水，即从顶盖上适当的半径位置取水，如图 4-14 所示。

顶盖取水水源可靠，水量充足，供水方便；水压稳定，可在顶盖某一半径处获得需要的水压；转轮密封对漏水起了良好的减压和过滤作用，保证了水质清洁；操作控制简单，能随机组的启停自动投入和切除技术供水，能随机组出力的变化自动增减供水量；节省能量，设备简单，可取消滤水器，便于布置；有利于减轻推力轴承的负荷，效果良好；但当机组作调相压水运行时，需由其他水源来提供技术供水。

顶盖取水是我国 20 世纪 70 年代末提出的一种取水方式，在一些电站机组上改造试用成功后逐渐推广。目前，我国许多水电站包括一些大型水电站（如漫湾水电站）采用了这种取水方式。

3）坝前取水：坝前取水口的设置除考虑水温和水深的关系外，还要考虑含沙量和初期发电等要求，一般在电站坝前进水口附近不同高程、不同位置设置几个取水口，如图4-15所示，可根据水库水位变化和运行需要选择使用，在运行中也可作为备用互相切换。

坝前取水运行灵活方便，可随上游水位的变化选择不同的取水口，得到合适的水温和水质（含沙量）；当某个取水口堵塞或损坏时，不致影响供水；在机组及引水系统检修的情况下，供水仍不会中断，可靠性较高；当水质较差时，便于布置沉淀池等大型水处理设施；但引水管道长，投资大，对于前池离厂房较远的引水式电站尤为突出。因此，坝前取水多用于河床式、坝内式和坝后式电站，且因水源可靠，常用作备用水源。

坝前取水口高程设置在死水位以下，但要

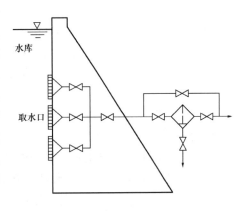

图 4-15 坝前取水

防止泥沙淤积而进入供水系统，取水口处一般均装设拦污栅、阀门和压缩空气吹扫接头，以便阻拦悬浮物、切换取水口和反吹拦污栅。

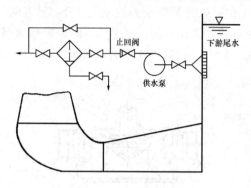

图 4-16 下游取水

（2）下游取水。当上游水库形成的水头过高或过低时，常用下游尾水作水源，通过水泵将水送至各用水设备，如图4-16所示。

下游取水要求每台水泵均设置单独的取水口，布置灵活，管道较短，但可靠性较差，会因水泵和厂用电故障而造成供水中断，且设备投资和运行费用均较高。

采用下游取水时，取水口不要设在机组冷却水排出口附近，以免水温过高而影响机组的冷却效果。同时，应注意机组尾水冲起的泥沙和引起的压力脉动以及下游水位的变化等情况对水泵运行的影响，并考虑电站安装或检修后，首次投入运行时机组启动的用水。对于地下厂房长尾水管的电站，取水口一般设在尾水管内或尾水管出口附近，常因水轮机补气而使水中含有气泡，气泡被带入冷却器中会影响冷却效果，故必须设置除气设施。

（3）地下水源。当河水不能满足水质要求时，可采用地下水作为技术供水水源。地下水源一般比较清洁，水质较好，不含水生物和有机物，且含沙量小，水温较低且恒定，特别适合水轮机和深井泵的导轴承润滑用水。但地下水有时硬度较大，水量有限，长期抽取可能导致地下水位下降或流量不足，所以在电站勘测时就要提出要求，以确定是否有满足条件的地下水源，并得到电站所在地区的地下水分布情况及水质、水量、水温、静水位和动水位等详细数据。

采用地下水源时，应设置足够大的水池，用来储备、稳流和澄清，且在水池上部和下部分别设置溢流和排污通道，水位一般采用自动控制。如地下水具有一定的压力，则可实现自流供水，既经济又实用。如果地下水水压不足，则需采用水泵抽水增压，以满足供水要求，此时投资和运行费用均较高。

（4）其他水源。当电站水质不好或利用电站水源不经济时，可在电站附近寻找其他水源，如瀑布、支流、小溪或大坝基础渗漏水等，如果水质、水温和水量满足用水要求，而且技术上可行，经济上合理，都可以作为技术供水的水源。

总之，各种水源都具有各自的特点，适用于一定的条件，必须根据电站的具体情况来选用，使水源在满足用水设备要求的同时，力求安全可靠、经济合理。

二、供水方式

水电站的供水方式由电站水头、水源类型、机组容量和结构型式等条件来决定。

1. 上游水源自流供水

（1）自流供水：自流供水是利用电站的自然落差将水输向用水设备，当电站平均水头在15~60m范围内，且水质、水温符合要求，或水质经简单净化能满足要求时，一般都采用自流供水方式。当水头接近上限时，可适当提高冷却器耐压等级和缩小供水管径。当水头低于15m时，自流供水将保证不了供水所需的压力。

自流供水设备简单，供水可靠，投资少，操作维护方便，运行费用低，是优先选用的理想供水方式，特别是水头在 20～40m 的电站，一般都采用自流供水方式。

当冷却器位置高于上游水位，但满足自流供水的条件时，可采用自流虹吸供水方式，是自流供水的一种特例。该方式在开始供水时，需用真空泵抽出管路系统中的空气，以形成虹吸，因此要注意水温和汽化的影响，确保真空度在允许范围内。

（2）自流减压供水：为确保冷却器进口压力符合要求，当电站水头高于 60m 时，采用自流供水必须设置可靠的减压装置，对多余的水压进行削减，这种方式称为自流减压供水。常用的减压装置有减压阀和固定减压装置，如图 4-17 所示。

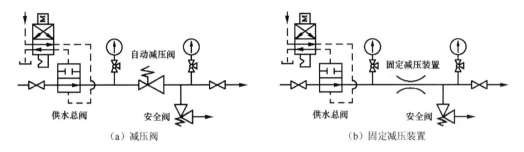

（a）减压阀　　　　　　　　　　（b）固定减压装置

图 4-17　自流减压供水

当减压不多时，可采用固定减压装置或闸阀减压；当减压较多时，一般采用减压阀减压。通常在减压装置前面设置压力表，后面设置压力表和安全阀，以监视水压情况，确保供水安全。自流减压供水的水头上限一般为 100～120m，但近几年随着减压阀的技术进步，减压比得到了很大的提高，目前自流减压供水的水头推荐上限已提高到 180m。当电站库容小、溢流概率大时，在较高水头采用自流减压供水有一定合理性，目前国内已运行的自流减压供水电站中，最高水头达 370m。但水头较高时，由于减压过多，增加了水能的损耗，这就需要把自流减压浪费的水能、装设水泵耗用的电能和设备费用以及运行维护等方面进行综合比较，以确定经济合理的供水方式。

（3）水轮机顶盖供水：对中、高水头的混流式机组，可采用从水轮机顶盖取水作为机组的技术供水，适用于水头大于 60m 的混流式水轮机。

2. 水泵供水

当电站水头高于 80m、用自流减压供水已不经济时，或当水头低于 12m 时，用自流供水已不能满足水压的最低要求，此时通常采用水泵供水方式，以保证所要求的水量和水压。从节约能源出发，高水头电站一般从下游抽水，而低水头电站根据实际情况，全面考虑，可从下游抽水，也可从上游抽水。从上游抽水时，可减少水泵扬程，运行比较经济。当采用地下水源时，如水压不足，也采用水泵供水方式。

水泵供水运行灵活，当水质较差时，便于布置水净化设备；对大型机组可采用独立的供水系统，既省去了机组间的联络管道，又便于机组自动控制；但供水可靠性较差，当水泵或厂用电故障时会中断供水；设备投资较大，运行费用较高。

3. 混合供水

当电站水头为 12～20m 时，采用单一供水方式已不能满足供水要求，此时可采用混合供水，即既有自流供水又有水泵供水，常用的方式有以下几种：

（1）自流供水与水泵供水交替使用：对于水头小于20m，且水头变化幅度较大的电站，当水头能满足水压要求时，采用自流供水方式，而当水头不能满足水压要求时，则采用水泵供水方式，切换水头由技术经济比较确定。这种供水方式通常是两种水源共用一套管道，因水泵使用的时间一般不多，故通常不设置备用水泵，这样可在不降低安全可靠性条件下，简化系统，减少设备投资。

（2）自流供水与水泵供水用于不同设备：对于水头为20m左右，且为立式机组的电站，可根据用水设备位置和要求的不同，采用分别供水的方式，即位置较低的设备采用自流供水，而位置较高的设备采用水泵供水。

（3）水泵-水塔供水：用水泵抽水至水塔，再由水塔向设备自流供水。这种方式兼有水泵供水和自流供水的特点，但增加了水塔的土建投资，适用于用水量不大的小型电站。水塔具有储水、沉淀和稳流的作用，并使水泵间歇运行，其容量按电站1h以上的用水量来确定。

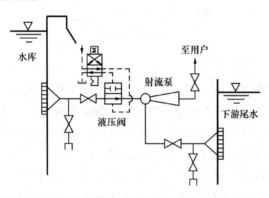

图4-18 射流泵供水

4. 射流泵供水

当水电站水头为80～170m时，可采用射流泵供水方式。由上游水库的高压水作为工作液流，在射流泵内形成射流，抽吸下游尾水，混合成一股压力居中的液流，作为机组的技术供水，如图4-18所示。上游压力水经射流泵后，压力降低，无需再进行减压，其多余的能量用来抽吸下游尾水，以增大供水量。

射流泵供水兼有自流和水泵供水的特点，设备简单，易于布置；无转动部件，不需外加电源，运行可靠，操作维护方便；设备费用和运行费用均较低，应用逐渐广泛；但效率低，振动大，噪声大，工作范围较窄。

5. 循环供水

对于部分多泥沙河流上的电站，由于水质很差，经处理得到的技术供水成本较高，所以常采用循环供水方式，即技术供水循环使用。循环供水系统由循环水泵、循环水池和尾水冷却器组成，使用后的技术供水经设在尾水中的冷却器降低水温后循环使用。循环供水节省了投资大、占地多的沉淀池等水处理设施，降低了技术供水的处理成本，简化了供水设备，提高了供水可靠性，减轻了供水设备的检修维护工作量，具有较好的经济效益，适用于多泥沙或多污物的水电站。

循环供水可作为工作水源或备用水源，清水期技术供水采用上游取水时，可对循环供水进行换水，水质较好时可不处理而直接使用。

循环供水在国外部分发达国家的中小型水电站中采用较早，近年来在我国也得到逐步应用，我国南方的部分水电站和黄河等多泥沙河流上新设计的水电站，技术供水基本上都采用了循环供水方式。

循环供水一般可分为密闭式和开敞式两种。

（1）密闭式供水：整个供水系统处于封闭的管道中，机组冷却水经管道进入尾水冷却器进行换热，降温后再用水泵抽到机组。密闭式供水无大循环水池，占地面积小；水基本上与大气隔绝，只要注入供水系统的水是经处理达到标准的清洁软水，在水中添加适当的稳定剂后，就能够长期安全运行；但调节容积不大，系统的充水排气、排水和换水均比较麻烦。

（2）开敞式供水：供水系统中有一个开敞的循环水池，并有一定容积，便于沉淀和排出泥沙、污物；当系统中水量耗损时不必随时加水，有一定的调节能力；便于充水排气、换水、补水操作及水质监视；但易落入脏物和滋生水生物，需定期换水，水处理任务较重。

6. 其他供水方式

（1）中间水池供水：对于高水头电站，如果技术供水水压、水质和水量不稳定，可采用中间水池供水方式。上游水源通过减压后引入中间水池，水质较差的电站可进行处理后再引入中间水池，再由中间水池以自流方式进行供水。中间水池兼有储存水量、稳定水压、调节流量和处理泥沙的作用，其容积应足够大，至少保证连续供水 10~15min，一般设有溢流管和排污管，并对中间水池的水位进行自动监控。

（2）当水头高于 180m 时，可装设小水轮机作为减压和能量回收方式，并利于小水轮机尾水以自流方式作为机组技术用水，小水轮机可作为厂用电源的补充。

（3）如电站附近有满足要求的溪沟，则可通过自流方式供给机组作技术用水。

三、设备配置方式

在选定水源和供水方式后，如何恰当地确定设备配置方式，主要取决于电站的单机容量和机组台数，一般有以下几种方式。

1. 集中供水

电站所有用水设备都由一个或几个共用的取水设备取水，再经共用的干管供给各用水设备。这种设备配置方式的特点为：便于集中布置；运行、维护比较方便。主要适用于机组台数不多的中、小型电站。采用中间水池供水或水泵-水塔供水时，常用集中供水方式。

2. 单元供水

电站没有共用的供水设备和管道，每台机组各自设置独立的取水口、设备和管道，自成体系，独立运行。这种设备配置方式的特点为：机组间互不干扰，运行灵活，可靠性高；容易实现自动化，便于运行和维护。主要适用于大型机组或电站仅装机一台的情况，特别是水泵供水的大中型电站。

3. 分组供水

当电站的机组台数较多时，如采用集中供水，则管道过长，可能造成供水不均匀；或管道直径过大，给布置带来困难，设备选择和布置也同样困难，供水可靠性低。如采用单元供水，则设备数量过多，投资大，且运行操作、管理维护不便。此时，可将机组分成若干组，每组构成一个完整的供水系统，但每组内的机组台数不宜过多。这种设备配置方式的特点为：既减少了设备，又方便了运行。

当采用水泵供水时，机组和变压器的供水设备一般宜分开设置。

第五节 技术供水系统图

一、技术供水系统的设计原则

（1）供水可靠，保证各用水设备对水量、水压、水温和水质的要求，在机组运行期间，不能中断供水。

（2）便于安装、维护和操作，系统应力求简单、明确，以避免误操作。

（3）布置合理，使安装、检修和运行互不干扰。

（4）具有适应电站水平的自动化元件和监测仪表，实现自动监控。

（5）节省投资和运行费用。

二、技术供水系统的基本设计要求

（1）技术供水系统应有可靠的备用水源，至少设置两路取水，在主供水中断时，备用水源自动投入。当从上游取水时，通常以本机组蜗壳或压力钢管引水作主供水，坝前取水作备用水；对单元供水系统，可设置联络总管，将各机组的主供水管连接起来互为备用；如采用水泵供水而又无其他备用水源时，备用泵应能自动启停。

（2）取水口应设置拦污栅和压缩空气吹扫接头，取水口后的第一个阀门宜用不锈钢阀门，取水管路上应设置滤水器，并在滤水器前后装设差压信号器或压力表。

（3）根据机组台数和电站的重要程度确定供水总管为单管、双管或环管，并有分段检修措施。双管和环管可靠性高，但管路复杂，占地较多。

（4）每台机组的供水总管上应装设能自动启闭的阀门（液压阀、电动阀或水力控制阀等）、手动旁路检修阀、压力信号器和温度表。

（5）采用水泵供水时，宜优先采用单元供水，并根据供水管路上的示流信号器和机组开停机信号自动启停水泵，水泵吸水管上应装设真空表或压力表，当吸水池水位高于水泵安装高程时，还需加设阀门，水泵出水管上应设置止回阀、阀门和压力表。

（6）机组各冷却器进出水管上应装设阀门和压力表，如出水管可能出现负压，则装压力真空表，以便调节水压和分配水量，排水管应设有示流信号器，根据需要还可装设温度表和流量计。

（7）在减压装置、顶盖取水或射流泵后应装设安全阀，以保证用水设备的安全，并在减压装置和射流泵前后管道上及顶盖取水管道上装设压力表或压力信号器。

（8）对于水导轴承润滑水、主轴密封润滑水以及推力轴承冷却水，要求供水十分可靠，一般由主水源和备用水源并列供水，在进水管路设置示流信号器和压力表，在主供水管路上设置止回阀，在备用供水管上设置自动阀门，当主供水故障时，由示流信号器自动投入备用水源。

（9）对于水冷式空压机，进水管上应装设压力表和能自动启闭的阀门，排水管上设置示流信号器。

（10）对于水冷式变压器，进水管上应装设能自动启闭的阀门、减压装置、安全阀和压力信号器，排水管上设置示流信号器。

（11）对多泥沙河流电站，可考虑水力旋流器、沉淀池和坝前斜管取水口等除沙方案，经技术经济分析后选取。

三、典型的技术供水系统图

技术供水系统由水源、供水设备、水处理设备、管道系统、测控元件和用水设备等组成，它随电站的具体条件、特点、机组型式和供水要求的不同而有多种型式，可从技术上先进、经济上合理、运行安全可靠、操作维护方便、自动化接线简单等方面来判断其优劣。在初步设计阶段，可拟定多个系统图方案，并进行分析和比较，以确定最佳的系统图；在施工设计阶段，可根据设备用水资料，核定供水设备容量，并对系统图进行适当修改。

1. 自流供水系统

图 4-19 所示为自流单元供水系统图。主水源取自蜗壳或压力钢管，取水口按两台机组的用水量考虑，以作为其他机组的备用。主水源经过滤后供机组冷却、润滑用水，止回阀用于引水管路故障时防止水倒流。坝前取水作为备用水源，全厂设置 2~3 个坝前取水口，在洪水季节取含沙量较少的表层水，夏季水温较高时则取深层水，以提高冷却效果。由于备用水源不受机组安装、停机、检修等的影响，故与机组开停状态无关的用水，如消防、生活用水以及水冷式空压机用水等，都由此水源供水。对于水润滑的水导轴承，则由两种水源经二次过滤（小网孔滤水器）和自动阀门并联供水，以达到水质要求和提高供水可靠性。两种水源之间设有联络管及阀门，而且每台机组均装有供水总阀（常用电磁液压阀或电动闸阀等），以实现开机前自动投入供水和停机后自动切断供水，其他阀门的开度都调节好，开停机时一般不再进行操作。

该系统布置简单，运行灵活可靠，设备安装、运行和维修方便，常用于水头适合、水质较好的电站。

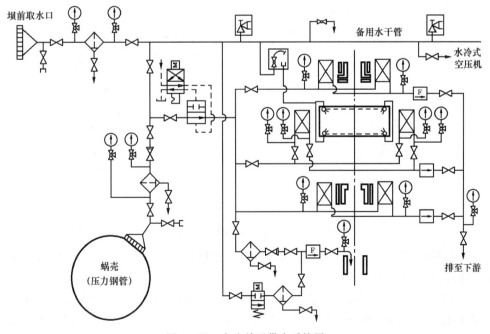

图 4-19 自流单元供水系统图

在系统图中，机组各轴承和发电机空气冷却器按其相对位置上下排列，立体感鲜明，这种立体表示法常用于中小型机组的技术供水系统图中。

2. 水泵供水系统

图4-20所示为水泵单元供水系统图。每台机组各有一套独立的供水系统，两台供水泵一用一备，或三台供水泵两台工作一台备用，工作泵随机组开停而自动启停。供排水各有两套管路，互为备用，可靠性高。水导轴承采用水润滑，其供水可靠性要求较高，不能中断，故除两路主水源供水外，还另用蜗壳取水作备用水源，并设有备用水源自动投入装置。管路中口径较大的阀门均采用电动闸阀，以改善操作条件。

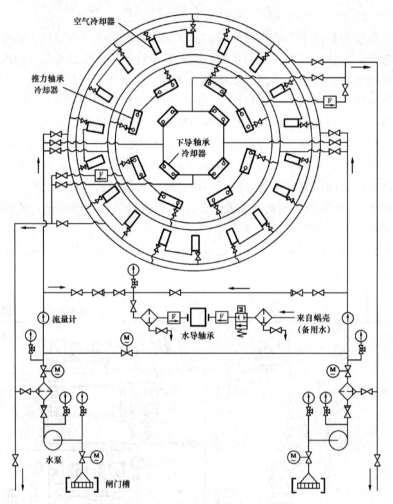

图4-20 水泵单元供水系统图

该系统管路可靠、水泵自动化接线简单，操作和维护方便，但水泵台数较多，投资较大，主要用于大型机组。

在系统图中，用若干同心圆表示机组各轴承冷却器和发电机空气冷却器的供排水管路，清晰地表示出各种冷却器的个数及其连接方式，这种同心圆表示法常用于大中型机组的技术供水系统图中。

3. 混合供水系统

图 4-21 为某水电站的混合供水系统图，该电站水头变化范围 13~22m，每台机组都配一套独立的供水设备，水源取自坝前。当水头适中时，采用自流供水；当水头过低时，启动水泵向机组供水。供水方式的改变，通过切换水泵回路和自流供水旁路上的电动阀门来实现。

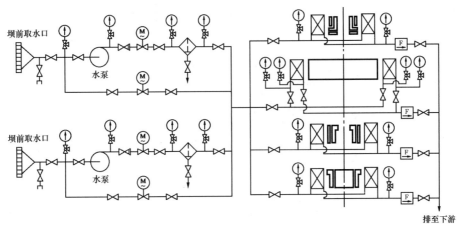

图 4-21 混合供水系统图

图 4-22 所示为某电站混合供水系统图，该电站水头范围 8~22m，平均水头 15.8m，空气冷却器用水与轴承用水分开设置。

空气冷却器采用单元供水方式，水头较高时由该机组蜗壳自流供水，进水总阀采用电动闸阀，随机组开停自动启闭，各机组供水管互连，组成备用干管。水头较低采用水泵供水，每台机组设置空气冷却器供水泵一台，自上游取水，因水泵使用时间不长，故不设置备用水泵。

各轴承冷却水采用水泵分组供水方式，两台机组为一组，每组设轴承供水泵两台，一用一备，并设置全厂轴承供水干管，实现相互备用，每台机组轴承冷却水总阀采用电磁液压阀，随机组开停自动启闭。

水导轴承采用水润滑，供水不能中断，且水质要求高，故设置专门的供水管路。正常情况下，由主水源蜗壳自流供水，由电磁阀自动控制，如果主水源故障，则示流信号器发出信号，自动打开备用水源的电磁阀，备用水源来自生活水池或轴承供水干管，如果备用水源也故障，则使机组紧急停机。

4. 循环供水系统

图 4-23 所示为某电站采用循环供水的系统图。该电站河流的水质较差，经过净化处理的清洁水循环使用，循环供水系统由循环水池、循环水泵和设在尾水中的冷却器组成。技术供水通过机组的各个冷却器后，带走机组运行中产生的热量，经回水总管排入循环水池；水泵从循环水池内抽水加压，送至布置在尾水中的尾水冷却器，利用河水进行冷却，降低水温后再送至机组各冷却器。

由于循环水采用了经过处理后的清洁水，可有效防止管道堵塞、结垢、腐蚀和水生物滋生。

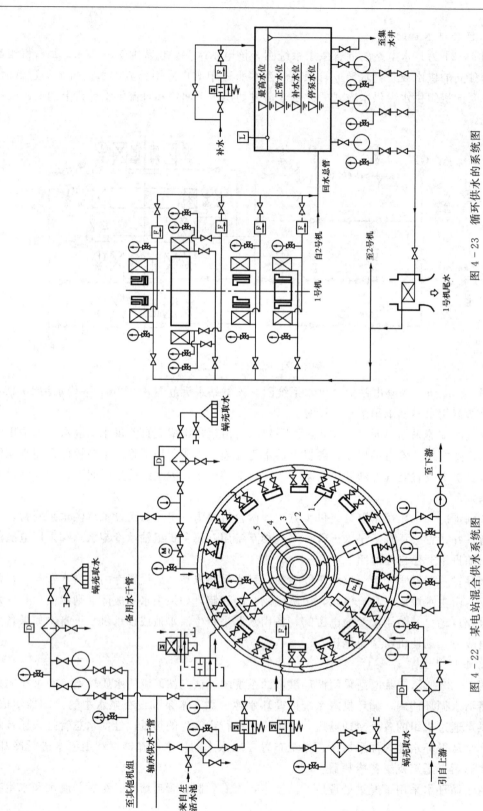

图 4－23 循环供水的系统图

图 4－22 某电站混合供水系统图

1—空气冷却器；2—下导轴承；3—推力轴承；4—上导轴承；5—水导轴承

第六节 设备用水量计算

设备用水量应以制造厂提供的资料为准。在初步设计阶段，可参考类似的电站和机组进行估算，或用经验公式、曲线和图表等进行估算。在技术设计阶段，则按厂家资料进行校核和修改。

一、机组轴承用水量

1. 推力轴承冷却器用水量

机组稳定运行时，轴承达到热平衡状态，全部摩擦损耗都转变成热量，并被冷却水带走，其冷却用水量为

$$Q_T = \frac{3600 P_t}{c \Delta t} \quad (\text{m}^3/\text{h}) \tag{4-1}$$

$$P_t = P_T f v \times 10^{-3} \quad (\text{kW}) \tag{4-2}$$

式中　c——水的比热，一般取 $c = 4.187 \times 10^3 \, \text{J/(kg·C)}$；

　　　Δt——冷却器进出口水温差，℃，$\Delta t = 2 \sim 4$℃；

　　　P_t——推力轴承损耗，kW，可按式（4-2）、式（2-7）或式（2-8）计算；

　　　P_T——推力轴承负荷，N，立式机组包括轴向水推力和转动部分的重量；

　　　f——推力轴承镜板与推力瓦的摩擦系数，小型机组：$f = 0.003 \sim 0.004$；大型机组：悬式 $f = 0.0011$；伞式 $f = 0.0009$；

　　　v——推力瓦表面平均圆周速度，m/s。

初步设计时，也可按式（4-3）估算：

$$Q_T = 0.75 n P_T \times 10^{-3} \quad (\text{m}^3/\text{h}) \tag{4-3}$$

式中　n——机组额定转速，r/min；

　　　P_T——推力轴承负荷，t。

推力轴承的损耗随水轮机工作水头而变化，因此，冷却器耗水量也随工作水头不同，水头低于最大水头时，其耗水量可按图 4-24 所示关系进行折减。

2. 发电机导轴承冷却器用水量

立式发电机导轴承的数量与发电机型式有关。对于推力轴承位于转子上方的悬式发电机，有一个或两个导轴承；对于推力轴承位于转子下方的伞式发电机，又分为无上导轴承的全伞式和有上导轴承的半伞式，但均有一个或两个导轴承。由于立式发电机导轴承的负荷较轻，

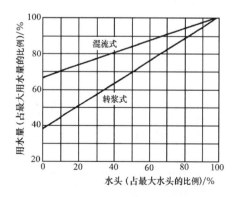

图 4-24　推力轴承油冷却器用水量
与水轮机水头的关系

其冷却器用水量不大，故一般按推力轴承用水量的 10%～20% 来计算。

初步估算时，发电机推力轴承和导轴承的冷却用水量也可根据发电机额定容量从图 4-25 的曲线上查取。

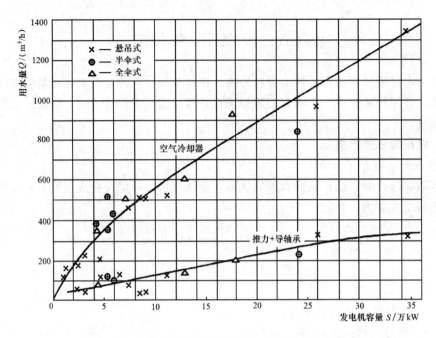

图 4-25 水轮发电机空气冷却器、轴承冷却水量曲线

3. 水轮机导轴承用水量

水轮机导轴承有两种润滑方式：稀油润滑和水润滑，其用水量计算如下：

(1) 稀油润滑水导轴承：需要的冷却用水量可按发电机推力轴承用水量的 10% ～ 20% 来估算，或按机组总用水量的 5% ～ 7% 估算。

(2) 水润滑水导轴承：橡胶轴瓦靠水润滑和冷却，工作温度应低于 65 ～ 70℃，否则容易老化，要求供水不能中断。当已知水轮机主轴直径时，其用水量可按式（4-4）或式（4-5）估算：

$$Q_S = 1.5q \quad (\text{L/s}) \tag{4-4}$$

$$Q_S = (1\sim2)Hd_P^3 \quad (\text{L/s}) \tag{4-5}$$

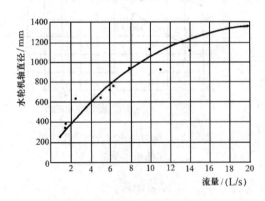

图 4-26 橡胶轴承润滑水量
与主轴直径关系

式中　q——与水轮机主轴直径 d_Z 有关的最小用水量，L/s，由图 4-26 的曲线查取；

　　　H——润滑水箱的入口水压，m，常取 15 ～ 20mH₂O；

　　　d_P——水轮机的轴颈直径，m。

润滑水宜采用大值，以防水轮机导轴承下部产生负压时，水量不能满足要求。

二、空气冷却器用水量

发电机运行中铁芯与线圈的允许最高温度与发电机的绝缘等级和型式有关。小型发电机一般采用 A 级绝缘，允许最高温度为 105℃，大型电机一般采用 B 级绝缘，允许最高温度为 130℃。为了限制发电机的内部温升，一般要求：经过空气冷却器后的空气温度不超过 35℃，空气吸收热量后的温度不高于 60℃。在确定发电机冷却用水量时，一般按进水温度为 25℃（现在通常按 30℃）、发电机带最大负荷连续运行所产生的最大热量来确定，计算公式为

$$Q_T = \frac{3600 \Delta N_D}{c \Delta t} \quad (\text{m}^3/\text{h}) \tag{4-6}$$

$$\Delta N_D = \frac{N(1-\eta)}{\eta} - \Delta N_Z \quad (\text{kW}) \tag{4-7}$$

式中　c——水的比热，一般取 $c=4.187\times10^3\text{J}/(\text{kg}\cdot\text{C})$；

Δt——冷却器进出口水温差，$\Delta t=2\sim4℃$，当发电机工作温度为 $60\sim80℃$ 时取小值，入口水温小于等于 10℃ 时 $\Delta t=4℃$，入口水温为 $10\sim20℃$ 时 $\Delta t=3℃$，入口水温大于等于 20℃ 时 $\Delta t=2℃$；

ΔN_D——发电机的电磁损失，kW；

N——发电机额定功率，kW；

η——发电机效率，%，一般情况下，小型发电机为 $\eta=92\%\sim96\%$；大中型发电机为 $\eta=96\%\sim98\%$；

ΔN_Z——发电机轴承的机械损耗，kW，包括推力轴承和导轴承的摩擦损耗，其中推力轴承损耗可按式（4-2）计算，导轴承损耗取推力轴承损耗的 $10\%\sim20\%$。

在初步设计时，也可按式（4-8）估算：

$$Q_K = 0.34N(1-\eta) \quad (\text{m}^3/\text{h}) \tag{4-8}$$

式中　各符号意义同式（4-7）。

初步估算时，空气冷却器的用水量也可按发电机额定容量每千伏安 6.5～6.9L/h 估算或从图 4-25 的曲线上查取。

空气冷却器用水量随发电机负荷变化，故当负荷减少时，冷却用水量也部分地减少。当功率因数为常数时，用水量与负荷的关系如图 4-27 所示。

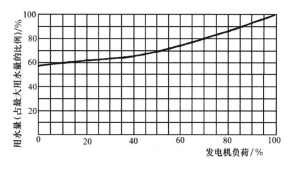

图 4-27　空气冷却器用水量与发电机负荷关系

三、水冷式变压器冷却用水量

随着变压器容量的日益增大，水冷式变压器冷却效果好，且体积小，便于布置，故得到了广泛应用。

初步设计时，水冷式变压器的冷却用水量可按变压器的容量每千伏安耗水 1L/h 来考虑。

水冷式变压器的用水量与变压器的损耗（包括空载损耗和短路损耗）有关。专供变压器强迫油循环水冷却用的冷却器已系列化，它可单个或成组安装，有 YSB-120、YSB-

160、YSB-200、YSB-300等型号，数字表示冷却容量（kW），冷却水量前三种为15m³/h，后一种为25m³/h，由此可计算出一台变压器的总用水量：

$$Q=\frac{N_B}{N}q \quad （m^3/h）\tag{4-9}$$

式中　N_B——变压器损耗，kW；

　　　N——YSB型冷却器的额定冷却容量，kW；

　　　q——每台YSB型冷却器的耗水量，m^3/h。

四、水冷式空压机冷却用水量

水冷式空压机所需的冷却水量可按空压机生产率每$1m^3/min$所需冷却水量$0.18\sim0.3m^3/h$来计算。对于水冷式低压空压机，也可从表4-3查出。

表4-3　　　　　　　　　　　　低压空压机生产率与冷却水量

空压机生产率/(m³/min)	1.5	3	6	10	14	20
冷却水量/(m³/h)	0.5	1	2	3	4	5.2

五、总用水量

水电站技术供水总用水量，应按用水设备的种类、台数逐项进行统计。初估总水量时（空气冷却器加推力轴承和导轴承），也可按图4-28查取。如果冷却水水温长年达不到25℃，则可按图4-6进行折算，以得到更加合理的总用水量。同时，还要考虑适当的生活用水量，主要用于卫生、检修等，对于中小型电站，生活用水量可按全电站$1\sim2m^3/h$来考虑。

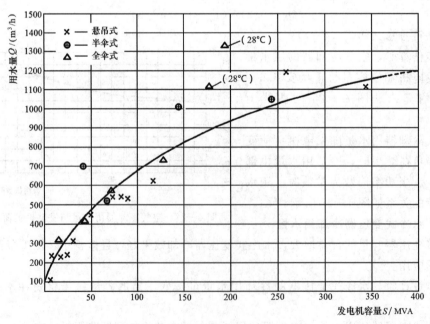

图4-28　水轮发电机总用水量曲线

第七节　技术供水系统设备选择

一、供水泵

1. 概述

水泵是一种把原动机机械能转换为水能的机械，用于增加水的位能、压能或动能，作为一种通用机械，水泵在各个领域中得到了广泛应用，它有多种类型，如高扬程、小流量的容积泵；低扬程、大流量的轴流泵和混流泵；使用广泛、扬程和流量范围均较大的离心泵。在水电站的供排水系统中，常用如下水泵类型：

（1）离心泵：水电站常用单级单吸 IS（B、BA）和单级双吸 S（Sh）两种类型。前者结构简单，维护方便，体积小，重量轻，成本低；后者流量大，泵壳为水平中开式，安装检修方便，叶轮布置对称，基本上没有轴向力，运行平稳可靠。当离心水泵的中心高于取水水面时，需要在启动前进行充水，操作和自动化接线均较为复杂；如将水泵布置在取水水面以下，虽可实现自动充水，但由于位置较低，既不便于运行和检修，也容易发生水淹泵房的事故。同时，低位置比较潮湿，对电气设备，特别是备用泵电动机等有不良影响。

（2）深井泵：是一种立式多级离心泵，类型代号为 J、JC（SD、SJ、JD），吸水管和第一级叶轮装于动水位以下，电动机和出水管则安装在较高位置，中间是输水管和传动轴。传动轴可根据安装位置选择需要的段数，电动机以下的传动轴由多个橡胶轴瓦支撑，叶轮级数由型号和扬程决定，可多达 30 多级。深井泵启动前不需充水，电动机无受潮和淹没问题，运行方便，性能可靠，扬程高，结构紧凑，占地较少，但传动轴较长，耗用钢材较多，结构复杂，造价较贵，安装精度较高，检修较困难，常用于大中型电站。

（3）潜水泵：是一种机泵合一的离心泵（JQ、JQB），电动机与水泵均潜入水中，重量轻，不需地面泵房，无启动充水问题，但密封要求严格，维护检修较困难。分为上泵式和下泵式两种：上泵式水泵在电动机上部，下泵式水泵在电动机下部。下泵式又有内装式和外装式，内装式出水先流过包围电动机的环形流道，以冷却电动机，在水面接近排干时也不会引起电动机温升，因此应用较多；外装式则直接排出水流。还可分为干式、湿式、充油式和气垫密封式等类型：干式不允许水流进入电动机内腔，主轴密封采用机械密封；湿式的电动机内腔充满清水，以冷却绕组和润滑轴承，主轴密封结构较为简单，仅防止泥沙进入电动机内腔，但定子绕组需用外面包有聚乙烯尼龙等绝缘材料的潜水绝缘导线绕制；充油式的电动机内腔充满变压器油，起到绝缘、冷却和润滑作用，主轴密封采用机械密封，以防止水、潮气和泥沙侵入电动机内腔以及变压器油泄漏，定子绕组采用加强绝缘的耐油和耐水漆包线绕制；气垫密封式的电动机下端有一个气封室，气封室下部有若干孔道与外界相通，泵潜入水池后，气封室内的空气在外界水压力作用下形成气垫，从而阻止水流进入电动机内腔，仅适用于潜水深度不大且比较稳定的场所。

（4）射流泵：由管段组成，可作为管路系统的一部分，占用面积较小，易于布置，结构简单，制造安装方便，成本较低；不用电，不怕潮湿和水淹，无转动部分，工作可靠，但效率较低，振动和噪音较大，目前尚无定型产品。

2. 水泵的选择方法

在选择水泵时，先求出流量、扬程和吸水高度等主要参数，然后在产品目录中选择水泵型号，并使所选水泵满足下列条件：

(1) 流量和扬程在任何工况下都能满足要求。

(2) 工作点（水泵特性曲线和管道特性曲线的交点）应处于高效区内，以保证较高的效率，且有较好的抗空蚀性能和工作稳定性。

(3) 允许吸水高度较大，比转速较高，价格较低。

3. 技术供水系统中水泵的选择计算

(1) 流量。在水电站技术供水系统中，每台供水泵的流量按式（4-10）确定：

$$Q_泵 = \frac{Q_机 \, Z_机}{Z_泵} \quad (\text{m}^3/\text{h}) \tag{4-10}$$

式中　$Q_机$——1台机组的总用水量，m^3/h；

　　　$Z_机$——机组台数，水泵分组供水时该组内的机组台数，单元供水时 $Z_机=1$；

　　　$Z_泵$——工作水泵台数。一般为 1~2 台，台数不要太多，否则会导致并联工作和自动化接线复杂化。

(2) 扬程。供水泵的扬程应按通过最大计算流量时能保证最高（或最远）用水设备所需压力和克服管路阻力来考虑。

1) 供水泵从下游尾水取水时，如图 4-29 所示，为保证最高冷却器进水压力的要求，供水泵所需的扬程按式（4-11）确定：

$$H_泵 = (\nabla_冷 - \nabla_尾) + H_冷 + \sum h + \frac{v^2}{2g} \quad (\text{mH}_2\text{O}) \tag{4-11}$$

式中　$\nabla_冷$——最高冷却器进水管口的高程，m；

　　　$\nabla_尾$——下游最低尾水位的高程，m；

　　　$H_冷$——冷却器要求的进水压力，mH_2O，由制造厂提供，通常要求大于 4~7.5mH_2O，一般不超过 20mH_2O；

　　　$\sum h$——水泵吸水管路和压水管路（至最高冷却器进口）水力损失之和，mH_2O；

　　　$\dfrac{v^2}{2g}$——动能损失，mH_2O。若已计入$\sum h$内，则该项不再重复计算。

2) 供水泵从上游取水时，如图 4-30 所示，技术供水所需要的水头为上游水位对冷却器进口的水头和水泵扬程之和。为保证最高冷却器进水压力的要求，技术供水泵所需的

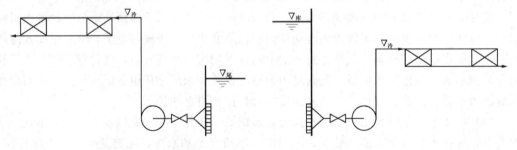

图 4-29　供水泵自下游尾水取水　　　　图 4-30　供水泵自上游水库取水

扬程按式（4-12）确定：

$$H_泵 = H_冷 + \sum h + \frac{v^2}{2g} - (\nabla_库 - \nabla_冷) \quad (\text{mH}_2\text{O}) \quad (4-12)$$

式中　$\nabla_库$——上游水库最低水位的高程，m。

其余符号意义同式（4-11）。

上述计算中，对冷却器内部的水力损失和冷却器后面排水管路所需的水头，均认为已由制造厂提出的冷却器进口压力所保证，初设计时可按 7.5mH$_2$O 估计。

根据算得的 $Q_泵$、$H_泵$，便可在水泵样本中查出水泵型号参数。

对于单元供水方式，每单元可设置 1～2 台工作泵，1 台备用泵；对于水泵集中供水方式，大型电站的工作泵台数宜为机组台数的倍数（包括 1 倍），中型电站的工作泵台数宜不少于 2 台，备用泵台数可为工作泵台数的 1/2～1/3，但不少于 1 台。

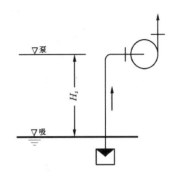

图 4-31　离心泵吸水高度

（3）离心泵吸水高度及安装高程的确定。为防止水泵空蚀，必须对水泵的吸水高度进行限制。对于卧式水泵，水泵的吸水高度为叶轮轴心线到吸水池水面的垂直距离，如图 4-31 所示；对立式水泵，水泵的吸水高度为叶片进口边中点所在平面到吸水池水面的垂直距离。水泵的吸水高度 H_s 按式（4-13）计算：

$$H_s \leqslant [H_s] - h_w - \frac{v_s^2}{2g} \quad (4-13)$$

式中　$[H_s]$——水泵最大允许吸水高度，mH$_2$O；

h_w——吸水管路水力损失，mH$_2$O；

$v_s^2/2g$——水泵吸入口处流速水头，mH$_2$O。

$[H_s]$ 由水泵制造厂提供，可在水泵产品样本中查得，但此值是在一个标准大气压（10.3mH$_2$O）、水温为 20℃ 及设计转速下，以清水试验得到的。实际上由于水泵安装高程不同，大气压力值不一样，水温变化也使水的汽化压力有所不同。故对 $[H_s]$ 值要进行修正，修正后的允许吸水高度为

$$[H_s]' = [H_s] + (h_0 - 10.3) + (0.24 - h_v) \quad (\text{mH}_2\text{O}) \quad (4-14)$$

式中　$[H_s]$——产品样本上查得的最大允许吸水高度，mH$_2$O；

h_0——水泵安装地点的大气压力水头值，mH$_2$O，见表 4-4；

h_v——水的汽化压力水头值，mH$_2$O，见表 4-5。

表 4-4　　　　　　　　　海拔高程与大气压力 h_0 的关系

海拔/m	0	100	200	300	400	500	600	700
h_0 值/mH$_2$O	10.3	10.2	10.1	10.0	9.8	9.7	9.6	9.5
海拔/m	800	900	1000	1500	2000	3000	4000	5000
h_0 值/mH$_2$O	9.4	9.3	9.2	8.6	8.1	7.2	6.3	5.5

表 4－5   水温与汽化压力 h_v 的关系

水温/℃	5	10	20	30	40	50	60	70	80	90	100
h_v 值/mH$_2$O	0.09	0.12	0.24	0.43	0.75	1.25	2.03	3.17	4.82	7.14	10.33

水泵的安装高程按式（4－15）计算：

$$\nabla_泵 \leqslant \nabla_吸 + [H_s]' - h_w - \frac{v_s^2}{2g} \quad (m) \tag{4-15}$$

式中 $\nabla_吸$——最低吸水位的高程，m；

其余符号意义同式（4－13）。

如果产品样本上仅给出了最小空蚀余量（NPSH）Δh，则可用式（4－16）确定：

$$\nabla_泵 \leqslant \nabla_吸 + h_0 - h_v - \Delta h - h_w - \frac{v_s^2}{2g} \quad (m) \tag{4-16}$$

式中 Δh——产品样本上查得的最小空蚀余量，mH$_2$O；

其余符号意义同式（4－13）～式（4－15）。

由于水泵在制造上有一定误差，为安全可靠起见，实际采用的安装高程最好比计算值降低 0.5m。由于离心泵的吸程随流量增大而降低，故计算水泵的安装高程时，应采用水泵运行中可能出现的最大流量对应的 H_s 值，而吸水池水面则按最低水位计算，以保证水泵在任何工况下工作的抗空蚀性能。

二、取水口

1. 取水口的布置

在技术供水系统中，取水口一般设置在上游坝前、下游尾水或压力钢管、蜗壳、尾水管侧壁以及顶盖上。

（1）坝前取水口：按水库的水温和含沙量情况分层设置，并满足初期发电的要求，一般设在最低水位 0.5～2m 以下，采用侧向取水，尽量减小取水流速对主水流流速的比值，一般控制在 1/5～1/10 以下。

（2）下游水取水口：设置在最低水位 0.5～2m 以下，应布置在流水区，避开死水区或回水区，以免停止取水时被泥沙淤积埋没，并在取水管上设置检修和排气不锈钢阀门，如果泥沙或漂浮物较多，则优先考虑从尾水管取水。

（3）蜗壳或压力钢管取水口：金属蜗壳或压力钢管取水口应布置在蜗壳或钢管侧壁 45°方向上，混凝土蜗壳取水口则一般布置在蜗壳侧壁上。

2. 取水口数量和流量

在技术供水系统中，应有工作取水口和备用取水口。

（1）对于单台机组的电站，取水口个数不少于两个。

（2）对于自流供水的大型电站，每台机组可设置两个取水口。

（3）对于多机组电站，每台机组（自流供水）或每台水泵（水泵供水）应有一个单独的工作取水口，备用取水口可合用，此时通过每个工作取水口的流量按供水机组最大用水量确定，也可不设置备用取水口，而将各工作取水口用管道互联，以互为备用，此时通过每个取水口的流量按有一个取水口检修时，通过其余取水口的流量能满足总用水量的要求确定。

（4）当自流供水压力能满足消防要求时，通过每个取水口的流量按供水机组最大用水量加上最大消防用水量（一台发电机消防用水量加消火栓消防水量）来确定。

3. 取水口的其他要求

（1）取水口处应设置拦污栅来阻拦悬浮物，并装设压缩空气吹扫接头，以防拦污栅堵塞。上下游取水口的拦污栅应容易起落清污，而蜗壳和压力钢管取水口的拦污栅应采用沉头螺栓固定。

（2）取水口后第一个阀门应选用带防锈密封装置的不锈钢阀门，以提高安全可靠性。当坝前取水口不设检修闸门时，第一道工作阀门应有检修和更换措施。

（3）取水口的金属结构物一般应涂锌或铅丹，对于富含水生物（贝壳类）的河流，则涂特殊涂料，以防水生物堵塞。

三、排水管出口

机组冷却水排水管出口一般设置在最低尾水位以下，以利用冷却器出口至下游尾水位之间的水头，并避免空气进入排水管而影响水流，但应考虑检修管路和阀门的措施，并设置拦污栅和压缩空气吹扫接头，以防止杂物堵塞水管。

四、滤水器

技术供水在进入用水设备前，必须经过滤水器，滤水器应尽可能靠近取水口，安装在供水管路上便于检查和维修的地方，一般装设在供水系统每个取水口后或每台机组进水总管上（自动供水阀后面）。对于水导轴承润滑水和主轴密封水，水质要求较高，应在主供和备用管道上加装过滤精度高的专用滤水器。

滤水器个数必须满足在清污时不中断机组的正常供水。采用固定式滤水器时，可在同一管道上并联装设 2 台滤水器，或装设 1 台滤水器加旁通管和旁通阀；采用转动式滤水器时，因能边工作边清洗，故同一供水管道上只需装设 1 台，当过水量大于 $1000m^3/h$ 时可并联设置 2 台。滤水器应设有反映堵塞情况的装置，一般采用差压信号器，当压差达 $2\sim3mH_2O$ 时发出清洗信号，以便及时清污。有时还在滤水器前后装设压力表，以便读取压力值。对于水导轴承润滑水管道，一般装有示流信号器，可不装堵塞信号装置。

大容量机组或多泥沙电站的滤水器清洗水一般排至下游尾水，中小型电站往下游排污困难时，如果滤水器排污水量不大，也可排至集水井。

五、阀门和减压装置

1. 阀门

阀门是水系统中的控制部件，具有导流、截流、调节、节流、防止倒流、分流或泄压等功能。根据技术供水系统的运行要求，在管路上需要调节流量、截断水流、调整压力和控制流向的地方，设置各种操作和控制阀门，包括闸阀、截止阀、旋塞阀、安全阀和止回阀等。各种阀门的选择，应根据阀门的用途、使用特性、结构特性、操作控制方式和工作条件，以流通直径和工作压力为标准，参照有关手册和阀门产品样本进行选用。

当阀门的公称直径大于 300mm 时，一般带有机械传动装置或由液压操作，同时，为节约投资，减小外形尺寸，便于布置，闸阀公称直径可选低一级，即：250（300）、300（400）、400（500）、500（600）、500（700）、600（800）、700（900）、800（1000），括号内为管道直径，单位均为 mm。

在技术供水系统中，采用自流减压供水或射流泵供水时，为防止减压装置失灵或射流泵故障引起上游高压水直接作用到用水设备而损坏，一般都要在用水设备前装设安全阀。

2. 减压装置

在自流减压供水中，应装设安全可靠的减压装置，使减压后的流量和压力符合技术供水要求，通常将减压后的出口压力调整为 $25\sim35mH_2O$，允许偏差为 $5mH_2O$。

(1) 减压阀：采用减压阀减压时，普通减压阀的减压比（进口压力/出口压力）一般不大于 4，当减压比大于 4 时易导致不稳定，此时应采用带双反馈的活塞式减压阀。

在自流减压供水系统中，以前的减压阀可靠性不太高，寿命也不太长，零部件易损坏，需经常进行更换和调整，且水质不好时易发生卡滞。随着减压阀产品质量的提高，这些问题已逐步得到解决或改善，减压比也得到很大的提高，带双反馈的活塞式减压阀减压比已达 10 以上，大大提高了自流减压供水的应用范围，但在选型时，为确保安全，减压阀的公称直径一般不宜大于 400mm。

(2) 固定减压装置：水流流过固定减压装置时，会产生局部水力损失，从而实现降低水压的目的，适用于水头变化幅度较小的电站。固定减压装置的减压数值不随电站水头变化随时调节，但随流速（流量）增减而变化，静水时的降压能力为 0。因此，采用固定减压装置时要特别注意防止静压对冷却器的破坏作用。

图 4-32 所示为孔口式固定减压装置，也称节流片，是在两个连接法兰之间夹一块标准孔板，在水管中形成突然缩小的孔口，利用它对水流的节流作用（突然收缩和突然扩散）来产生水力损失，达到降低水压的目的。当电站水头变化幅度较大时，可采用更换不同节流片的办法满足减压后的压力要求，但较麻烦。

图 4-33 所示为多孔式固定减压装置，是利用水流通过很多小孔口时，产生局部水力损失，以及水流从孔口射出时撞击消能，来达到降低水压的目的。

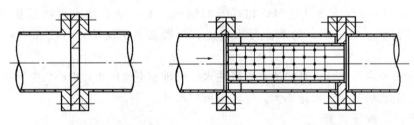

图 4-32　节流片　　　　　　　图 4-33　多孔式固定减压装置

固定减压装置的选择原则为：最低水头时能保证用户所需流量；最高水头时，流量增加，但应使用水设备处的压力不超过许可值；应根据单独用户进行选择，对流量不同、又不是同时供水的用户，不能合用一个固定减压装置。

当电站水头很高，通过减压阀的减压数值过大时，可在减压阀前面串联一个固定减压装置，以减轻减压阀的负担。

(3) 闸阀减压：对于减压数值不大时，可采用闸阀部分开启所产生的阻力来削减水压，并可定期改变闸阀开度，来进行压力调整。闸阀减压的主要缺点是：闸阀在部分开度、特别是在小开度时流态很差，常发生空蚀和振动，极易造成零部件损坏，导致阀板脱落、阀壳穿孔等问题。

六、管道

（1）管材：技术供水系统管道常采用钢管，因为钢管能承受较大的内压和动荷，比铸铁管轻，施工连接简便。但有时也采用铸铁管，它比钢管价格低廉，耐腐蚀。对于水导轴承的润滑水管道，在滤水器后的部分应采用镀锌钢管，以防止铁锈进入水导轴承。

（2）管径：管道直径按管中通过的流量和经济流速来确定：

$$d = \sqrt{\frac{4Q}{\pi v}} \quad (m) \tag{4-17}$$

式中 Q——管道通过的最大设计流量，m^3/s；

v——管内经济流速，m/s，水泵吸水管为 $v=1.2\sim2.0m/s$，水泵压水管为 $v=1.5\sim2.5m/s$，自流供水管当水头小于 15m 时 $v=0.6\sim1.5m/s$，当水头为 $15\sim40m$ 时 $v=1.5\sim3.0m/s$，当水头大于 40m 或有防止水生物生长或泥沙淤积时 $v=3.0\sim7.0m/s$，上限用于高水头水电站。

当管道流速较大时，易导致管道振动和磨损，需要校核阀门关闭时间，以防过大的水锤压力破坏管网。最小流速应大于水流进入电站时的平均流速，使泥沙不致沉积在供水管道和冷却器内。对水头小于 20m 的电站，为减小冷却器内的真空度，排水管流速宜大于供水管流速。

计算得到的管径应取标准直径，也可按流速和流量直接从诺谟图（参见有关设计手册）中查得所需的管径。

初步选定管径后，还需通过管网水力计算，进行校核后最终确定。

（3）管壁厚度：按工作压力选取，普通管用于工作压力为 2.0MPa 以下；加厚管用于 3.0MPa 以下。

（4）埋设管道：对于埋设部分的管道，管径不宜过小，可比明设管路的管径加大一级，并尽量减少弯曲，以防堵塞后难以处理。对于某些重要的埋设管道，有时还需设置两根。对于穿过混凝土沉降缝的管道，应在跨缝处包扎一层弹性垫层，以免不均匀沉降使管道因受到集中应力而损坏。

（5）管壁防结露：水电站的明设水管常出现管壁结露现象，特别是从深层取水的供水管路尤为严重。露珠集聚下滴会造成地面积水，增大空气湿度，影响电气设备、自动化元件和仪表的正常运行。因此，除加强通风防潮外，对设备安全运行有妨碍的结露管段，应采取包扎隔热层的措施来防止结露。常用的隔热材料有石棉布、矿渣棉、玻璃棉及泡沫塑料等，特别是聚氨酯硬质泡沫塑料效果较好，具有比重轻、强度高、吸水性小、导热系数低、自熄性能好、占用空间少、与金属黏接较好和防腐等特点，因而得到了广泛应用。

（6）管道颜色：进水管为天蓝色，排水管为绿色，消防水管为橙黄色，排污管为黑色。

第八节 技术供水系统水力计算

一、水力计算的目的和内容

技术供水系统设备和管道选择是否合理，必须对管网进行水力计算后才能确定，技术供水系统水力计算的目的主要有以下几种：

(1) 对于自流供水系统，校核电站水头是否满足用水设备的水压要求和管径选择是否合理，当不满足要求时，则应重新选择管径。

(2) 对于水泵供水系统，校核所选水泵的扬程和吸水高度是否能满足要求，以及管径选择是否合理，当不满足要求时，则应重选水泵或管径。

(3) 对自流减压供水系统，校核减压装置的工作范围和管径选择是否合理，以及计算减压后的压力，当不满足要求时，则应重新选择管径。

(4) 对混合供水系统，分别按照自流供水和水泵供水的方式进行校核，当不满足要求时，则应重新选择水泵或管径。

水力计算的主要内容：计算所选管道在通过计算流量时的水力损失。

二、计算方法

水流通过管道时的水力损失 h，包括沿程摩擦损失 h_f 和局部阻力损失 h_j。

1. 沿程摩擦损失

(1) 按水力坡降计算：

$$h_f = il \quad (\text{mmH}_2\text{O}) \qquad (4-18)$$

式中　l——管长，m；

　　　i——水力坡降，$\text{mmH}_2\text{O/m}$，即单位管长的水力损失，可根据流量、管径、允许流速查有关设计手册得到，也可用以下经验公式计算。

对于有一定腐蚀的钢管或新的铸铁管：

$$i = 2576.8 \frac{v^{1.92}}{d^{1.08}} \quad (\text{mmH}_2\text{O/m}) \qquad (4-19)$$

对于腐蚀严重的钢管或使用多年的铸铁管：

$$i = 2734.3 \frac{v^2}{d} \quad (\text{mmH}_2\text{O/m}) \qquad (4-20)$$

式中　v——管中流速，m/s；

　　　d——管径，mm。

通常采用水力计算诺谟图进行计算。

(2) 按摩阻系数计算：

$$h_f = \zeta_e \frac{v^2}{2g} \quad (\text{mH}_2\text{O}) \qquad (4-21)$$

$$\zeta_e = \frac{\lambda l}{d} \approx \frac{0.025l}{d} \qquad (4-22)$$

式中　ζ_e——摩阻系数；

　　　λ——沿程摩阻系数；

其余符号意义同式（4-18）～式（4-20）。

流速水头 $v^2/2g$ 可从水头诺谟图（参见有关设计手册）中查得。

(3) 按比阻法计算：

$$h_f = klAQ^2 \quad (\text{mH}_2\text{O}) \qquad (4-23)$$

式中　k——修正系数，当管内平均流速 $v>1.2\text{m/s}$ 时 $k=1.0$，当 $v<1.2\text{m/s}$ 时 k 可从有

关设计手册查得；

Q——计算流量，m^3/s；

A——比阻值，可从有关设计手册查得，也可用式（4-24）计算。

$$A = \frac{i}{Q^2} = \frac{0.001735}{d^{5.3}} \qquad (4-24)$$

2. 局部阻力损失

（1）按局部阻力系数计算：

$$h_j = \sum \zeta \frac{v^2}{2g} \quad (mH_2O) \qquad (4-25)$$

式中　ζ——局部阻力系数，可从有关设计手册中查得。

（2）按当量长度计算。将局部阻力损失化为等值的直管段的沿程摩擦损失来计算：

$$h_j = i l_j \quad (mH_2O) \qquad (4-26)$$

式中　l_j——局部阻力当量长度，m，可从有关设计手册中查得。

三、计算步骤

（1）根据技术供水系统图和设备、管道在厂房中实际布置情况，绘制水力计算简图，并在图上标明与计算有关的设备和管件参数，如阀门、滤水器、示流信号器以及弯头、三通、异径接头等。

（2）按管段的直径和计算流量进行分段编号。计算流量和管径相同的分为一段，并在各管段上标明计算流量 Q、管径 d、管段长 l 和流向。

（3）选定计算方法，查出相应的水力坡降 i，比阻值 A，局部阻力系数 ζ 等参数，得出 $v^2/(2g)$（计算或查出）和各管段局部阻力系数总和 $\sum \zeta$。

（4）按公式分别计算出各管段的沿程摩擦损失 h_f、局部阻力损失 h_j 和总损失 h_w（$h_w = h_f + h_j$）。

（5）根据结果对供水系统各回路进行校核，检查原定的管径是否合适，对不合适的管段加以调整，并重新计算，直到符合要求为止。

水力计算通常列表进行，表 4-6 为常用的表格形式。

表 4-6　　　　　　　　　　水　力　损　失　计　算　表

管段	管径 d /mm	流量 Q /(m³/h)	流速 v /(m/s)	水力坡降 i /(mm/m)	管长 l /m	沿程损失 $h_f = il$ ×10⁻³ /mH₂O	局部阻力系数 ζ						$\sum \zeta$	$\frac{v^2}{2g}$	局部损失 $h_j = \sum \zeta \frac{v^2}{2g}$ /mH₂O	总损失 h_w $= h_f + h_j$ /mH₂O
							弯头	三通	闸阀	滤水器						
1	2	3	4	5	6	7	8	9	10	11	12	13	14	15	16	17

对于自流供水系统，水力损失最大回路的总水力损失应小于供水的有效水头（有效水头是指上游最低水位与下游正常水位之差，或上游最低水位与排入大气的排水管中心高程

之差）；对于上游取水、排水至下游的水泵供水系统，水力损失最大回路的总水力损失应小于有效水头加水泵扬程；对于下游取水、排水至下游的水泵供水系统，水力损失最大回路的总水力损失应小于水泵的扬程；对于排入大气的排水管，水泵扬程应扣除排水管中心高程至下游最低水位之差。水泵吸水管段的水力损失加上水泵安装高度，应小于水泵允许吸水高度。

四、压力分布和允许真空

根据水力计算成果，可绘出沿供水管线的水压力分布线，如图4-34所示。

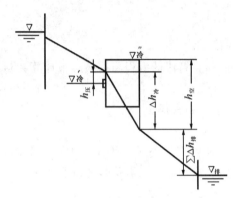

图4-34 沿供水管线的水压力分布线

冷却器入口法兰处的表压力应不超过厂家的要求（一般为 $20mH_2O$），入口的实际水压可由式（4-27）求出：

$$h_压 = \sum \Delta h_排 + \Delta h_冷 - (\nabla'_冷 - \nabla_排) \quad (mH_2O)$$

$$(4-27)$$

式中 $\sum \Delta h_排$——冷却器后排水管的水力损失总和，mH_2O；

$\Delta h_冷$——冷却器内部压降，mH_2O；

$\nabla'_冷$——冷却器入口法兰处的高程，m；

$\nabla_排$——排水口（排入大气）或下游水面（排入下游）的高程，m。

同时，冷却器内最大真空度不应超过许可值。真空许可值按式（4-28）计算：

$$h_空 = 10.3 - \frac{\nabla_排}{900} - H_温 - 1.0 \quad (mH_2O) \qquad (4-28)$$

式中 $H_温$——水的汽化压力，mH_2O，与水温有关，由表4-5查得；

1.0——压力余量；

其余符号意义同式（4-27）。

冷却器顶部实际真空度可用式（4-29）计算：

$$h'_空 = \nabla''_冷 - \nabla_排 - \sum \Delta h_排 \quad (mH_2O) \qquad (4-29)$$

式中 $\nabla''_冷$——冷却器顶部的高程，m；

其余符号意义同式（4-27）。

在供水系统中，应尽量减小真空度，因为过大的真空度不仅会引起振动，严重时还会引起水流中断，而且真空度增大后会导致空气漏入，并会积聚于冷却器上部，从而影响冷却效果和运行稳定性。因此，在设计低水头电站自流或自流虹吸供水系统时，应正确选择供排水管道的计算流速，并特别注意冷却器前后的压力分布。

为降低冷却器内的真空度，需尽量减少供水管道中的水力损失，一般可使排水管流速大于供水管流速，并将流量调节阀门装设在排水管上，以调整冷却器内的真空度。而当电站水头较高时，为了不使冷却器入口水压太大，则又希望排水管路的水头损失要小，此时，流量调节阀门宜装在供水管上，以调整冷却器入口的压力，并消除盈余水头。

对于水头大于40m、装有减压阀但未设安全阀的供水系统，应校核减压阀失灵并处于全开位置时的冷却器入口水压，一般不应超过冷却器的试验压力（一般为 $40mH_2O$）。

第九节 消防供水系统

一、灭火材料

在水电站中，有各种易燃物，如木结构、油类、电气设备等，存在火灾的可能性，一旦发生火灾，可能蔓延扩散造成严重事故。因此，除在运行中加强消防监督外，还必须根据设备的特点设置有效的灭火措施，以便一旦发生火灾时能够迅速扑灭，以减少火灾损失，保证生产安全。常见的灭火材料主要有以下几种：

（1）沙土：常用于扑灭小范围内的油类着火。

（2）化学灭火剂：灭火速度快，电绝缘性能好，储存和使用较为方便，但成本较高，如二氧化碳（CO_2）、卤代烷"1211"（CF_2ClBr）和"1202"（CF_2Br_2）等灭火剂灭火效果好，灭火后能快速散逸，不留痕迹，已在水电站中得到了应用。

二氧化碳是一种不导电的惰性气体，灭火时能降低空气中氧气的相对含量和燃烧物的温度，灭火较为迅速，来源广泛，对生态影响小，适宜扑灭电气设备的火灾，广泛用于国外电站的发电机消火中，但只有当二氧化碳体积浓度达到 30%～50%、并保持一定时间（约 30min）时才能使燃烧物彻底熄灭，故灭火过程中要不断补充泄漏的二氧化碳，以防复燃。

卤代烷化学性质稳定，耐储存，在灭火时会遇高温迅速分解，分解产物对燃烧有强烈的抑制作用（负催化作用），可中断燃烧的链式反应，实现迅速灭火，灭火效力很高，时间短，一般在体积浓度达 2% 时即可产生灭火效果，而且电绝缘性能好，腐蚀性小，能有效地扑灭电气设备、可燃气体、易燃和可燃液体以及易燃固体的表面火灾，但价格昂贵，分解物对生态环境不利，对人体也有一定毒性。

（3）水：是最普通的灭火材料，灭火时水受热汽化，吸收大量热能，降低燃烧物温度，而且水蒸气会在燃烧物周围形成一个绝热层，并使燃烧物周围的氧浓度迅速降低，将火扑灭，具有灭火效果好、廉价方便、量足易得等优点，特别是水喷雾灭火，具有冷却、窒息和稀释效应，是目前国内外水电站普遍采用的灭火方式。

水电站都设有消防报警系统，由报警器和若干感温、感烟探测器组成，发生火情时能自动报警并显示着火位置。同时设有消防供水系统，专门供厂区、厂房、发电机及油系统等的消防用水。

二、消防用水的要求

1. 水量

水电站消防供水对象主要包括主厂房消火栓、发电机灭火、油库水喷雾灭火装置、变压器和开关站及电缆层等电气设备灭火。

消防用水量按一个设备或建筑物一次灭火的最大用水量确定。

2. 水压

水电站消防供水可分为低压消防供水和高压消防供水。

（1）低压消防供水：主要供主厂房消火栓、发电机灭火以及变压器、油槽、电缆等的小流量水喷雾灭火装置用水，消防供水压力一般为 0.3～0.5MPa。

（2）高压消防供水：主要供变压器、油库等的大流量水喷雾灭火装置用水，消防供水压力一般为 0.5～0.8MPa。

地面主厂房外宜采用高压（临时高压）消防供水，地下厂房、封闭厂房或坝内厂房的地面辅助生产建筑物宜采用低压消防供水。

高压（临时高压）消防供水的管道压力，应保证当消防用水量达到最大且水枪布置在主厂房外其他建筑物最高处时水枪充实水柱不小于 10m；低压消防供水的管道压力，应保证灭火时最不利点消火栓的水压不小于 10m 水柱（从地面算起）。

3. 水质

要求消防供水水质清洁，不堵塞喷孔及喷雾头。

三、消防水源及供水方式

1. 消防水源

水电站消防供水要有充足而可靠的水源，以保证足够的水量和水压。电站设计时，消防供水水源应与技术供水水源同时考虑。当技术供水和生活供水基本满足消防供水要求时，可合用水源。消防供水的水源常用上游水库或下游尾水，如果生活水池水压足够时，也可作为消防水源。如果消防供水压力高于技术供水、生活供水压力时，一般可利用技术供水、生活供水水源加压后供给消防用水，或单独设置消防供水系统。如果电站水质较差，应设置滤水器，以防堵塞消防管道和消火设备。

2. 消防供水方式

消防供水方式主要取决于各消火对象的供水要求、电站水头和供水水源，一般有自流供水、水泵供水、混合供水和消防水池供水四种。

（1）自流供水：当电站水头高于 30m 时，可采用自流供水方式。取水口至少应设置两个，可独立设置，也可与技术供水系统合用，但需设置单独的消防供水总管，并用两根联络管与技术供水总管连接，形成环形供水。当电站水头过高时，可在取水口后设置减压装置来保护消火设备。在冰冻地区，取水口应有防冻措施。

（2）水泵供水：当电站水头低于 30m 时，供水压力达不到消防用水的要求，此时需采用水泵供水方式。消防水泵通常采用离心泵，一般设置两台，一用一备；常从下游取水，取水口位置应使水泵在任何运行工况下都能自行引水，吸水管不宜合用；保证水泵随时处于完好备用状态，水泵电源应绝对可靠，常用双电源供电，无备用电源时应设内燃机动力源；水泵的启停一般采用手动操作，规定在火警 5min 内消防水泵应能投入工作。

当技术供水也采用水泵供水方式时，可考虑将技术供水和消防供水两者结合。

（3）混合供水：当电站水头在 30m 左右，但变幅较大时，消防供水可采用自流供水和水泵供水结合、互为备用的混合供水方式，即水头高时采用自流供水，而水头低时采用水泵供水。

（4）消防水池供水：可在电站适当位置设置专用的消防水池，储存一定的消防水量，以备火灾事故扑救之用，但需要满足消防供水的水压要求。也可将消防水池与电站技术供水、生活供水的水池合并，但应有确保消防用水的水量的技术措施。

当采用单一供水方式不能满足要求时，可将几种供水方式进行组合，经过技术经济比较后选定。

消防供水宜与技术供水、生活供水系统结合，但应保证消防必需的水量和水压，当技术上不可能或经济上不合理时，则采用独立的消防供水系统。

四、厂房消火

在水电站中，厂房内部和厂区的消火，除设置必要的化学灭火器外，主要的消防设备是消火栓，依靠消火栓经软管、水枪射出的水柱消火。

1. 厂房消火用水量

厂房消火用水量与同时喷水的消火栓数量有关，主厂房内发电机层消火栓的数量和位置应通过计算水柱射程决定，必须保证两相邻消火栓的充实水柱能在厂房内最高最远的可能着火点处相遇。

根据相关的消防规范，水电站主厂房内消火栓的用水量与厂房的高度、体积有关，应根据同时使用的水枪数量和充实水柱高度确定，一般不小于表4-7中数值。

厂房灭火延续时间按2h考虑。

表4-7 水电站主厂房内消火栓的用水量（SDJ 278—90）

建筑物名称	高度、体积	同时使用水枪数量/支	每支水枪最小流量/(L/s)	消火栓用水量/(L/s)
厂房	高度不大于24m、体积不大于10000m³	2	2.5	5
	高度不大于24m、体积大于10000m³	2	5	10
	高度>24～50m	5	5	25
	高度大于50m	6	5	30

2. 消火栓的选择与布置

消火栓、软管及水枪均为标准化产品，消防软管常用DN50～65mm，长度一般有10m、15m和20m三种，配用喷嘴直径为DN13～19mm的消防水枪，国产消防软管的工作压力为0.75MPa，最大试验压力为1.5MPa。

主厂房内消火栓可按一机组段或两机组段设置一个，具体根据机组间距大小而定，发电机层消火栓间距不宜大于30m，并应保证有两支水枪充实水柱能同时到达发电机层的任何部位。当发电机层地面至厂房顶的高度大于18m时，可只保证桥式起重机轨顶以下需要保护的部位有两支水枪充实水柱能同时到达。发电机后以下各层消火栓的位置和数量可根据设备布置和检修要求确定。

消火栓的布置方式一般采用单列式（沿厂房长度方向布置在厂房一侧），当厂房较宽、喷射水柱有效半径不能满足要求时，应采用双列式（布置在厂房两侧）。

消火栓一般嵌在厂房侧墙内，高度控制在距地面1.2～1.3m，以便于操作。

主厂房外的消火干管应沿厂区道路设置，一般与厂内干管平行，并互连成环管，在适当位置如主厂房两端设置消火栓。厂外干管应延伸到其他生产用建筑，并设置相应的消火栓。厂区消火栓的间距在主厂房周围不宜大于80m，在其他建筑物周围不宜大于120m，数量和位置应使每一建筑物都能保证有两股充实水柱灭火。

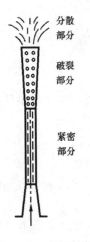

图 4-35　水枪射流

3. 充实水柱与水压

消防供水压力由水枪喷射高度决定，而水枪喷射高度又与射流特性有关。当水由水枪喷嘴射出时，射流在空气阻力作用下逐渐掺气，并受到旋涡影响，使射流离开喷嘴后逐渐分散。一般将射流分成紧密部分、破裂部分和分散部分，如图 4-35 所示，前两部分水柱集中，水流密实，是消火的有效部分，合称为充实水柱（密集部分），其特性与水压大小、水枪构造和喷嘴角度有关。在一定范围内，喷嘴水压越高，射程和流量越大；喷嘴越光滑，枪筒结构水力条件越好，射流越密集，射程越远，当喷射角为 30°～32° 时射程最远，喷射角为 90° 时射流高度最大。

设计时，充实水柱的数值应大于发电机层地面至消火最高点的距离，再加上 5～6m 的裕量；消火供水水压由水枪喷嘴出口水压加上管网和软管的水力损失确定；消火栓喷射水柱的有效半径由水柱有效射程加上软管长度确定，由于火灾发生后形成强烈冷热空气对流，对水枪射流影响很大，会使充实水柱的作用半径减小，可根据相关资料进行换算。

五、发电机消火

运行中的发电机可能由于定子绕组发生匝间短路、接头开焊等事故而着火，而且燃烧快，蔓延迅速，为防止事故扩大，应设置灭火装置。按我国规范，容量 12.5MVA 及以上的水轮发电机都应在发电机定子绕组端部的适当位置装设水喷雾灭火装置。一般在发电机定子绕组上下方布置灭火环管，如图 4-36 所示，在灭火环管对着绕组一侧交错布置两排或多排呈一定角度的喷头，应使水雾能喷射到定子绕组的所有部分。灭火时，喷头均匀地向绕组端部喷出水雾，水雾吸收热量后汽化成蒸汽，阻隔空气使火窒息。

喷头直径一般为 15mm，喷头间距为 60～90mm。给水管常用镀锌钢管，双路进水，上下灭火环形管常用紫铜管、不锈钢管或其他防锈蚀管材。

设计发电机消防水管时，应采取有效措施来防止平时有水漏入发电机，以免造成事故。对有人值班的电站，供水可采用手动操作，供水管道如图 4-37 所示。平时活接头断开，需要灭火时，利用软管快速接头与消防水源接通，再开启阀门进行灭火。给灭火环管供水的消火栓，各机组可单独设置，也可与厂房消火栓合并，但合并时必须采用双水柱式消火栓。

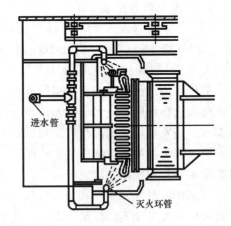

图 4-36　发电机灭火管道

对无人值班的电站，可采用自动灭火装置，如图 4-38 所示。在发电机风罩内装设 HZI-L$_1$ 型电离式烟探测器、BD-77 型感温式火灾探测器等。探知火情后，立即将信号送至中控室报警和记录，并使消防自动控制装置中的进水电磁阀开启，压力水进入环管进行灭火。排水电磁阀平时为开启状态，将进水电磁阀的漏水泄入排水系统。集水罐中有水

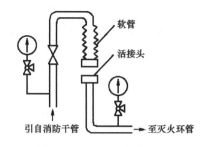

图 4-37 灭火环管供水快速接头

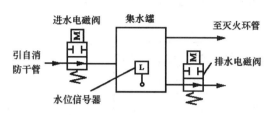

图 4-38 发电机消防自动控制装置

位信号器，当排水管堵塞或漏水量过大时，发出报警信号。在发电机着火时，由火灾报警装置的信号将排水电磁阀关闭。

灭火环管的断面面积应比 1/4 环管上喷头总面积大 1.25～1.5 倍。

灭火环管的入口水压应不小于 20～25mH_2O，其消防水流量取决于供水压力、环管直径和长度，可从有关资料查取。

发电机消火必须按照严格的操作程序进行，以防止消火装置误投。在对发电机进行灭火操作前，首先要对起火进行确认，如果机组未停机，应立即操作机组事故停机，在确认发电机出口断路器和灭磁开关已跳开后，才可打开消火供水阀门进行灭火。我国规范规定：水轮发电机灭火延续时间为 10min。

六、油系统消火

水电站中的油库、油处理室和油化验室等都是消防的重点，均需设置消防设备。

油处理室及油化验室一般采用化学灭火器和沙土灭火。当接受新油或排出废油时，因油或干燥的空气沿管道流动，与管壁摩擦而易产生静电，引起火灾，故在管道出口及管道每隔 100m 处都应装设接地线，并用铜导线把所有的接头、阀门及油槽良好接地。

对于油库，应在油库出入口处设置移动式泡沫灭火设备和沙箱。当油库油槽总容积超过 100m³、单个油槽容积超过 50m³ 时，宜设置固定式水喷雾灭火系统。在油槽顶部安装莲蓬形消防喷头，喷头大端向上，在油槽下部装设事故排油管。发生火灾时，将存油全部经事故排油管排至事故排油池，同时，消防喷头喷出水雾包围油槽，既降低表面温度，又阻隔空气，使明火窒息，防止火灾蔓延和油槽爆炸，从多方面达到灭火的目的。对于小型水电站，可只设置化学灭火器和沙箱。

油槽消防喷头的供水水源与油库的布置位置有关，当油库布置在厂内时，从厂内消防总管引取；当油库布置在厂外且与厂房相距较远时，应设置单独的消防水管，阀门则采用手动控制。供水压力应保证喷水雾化，根据经验，对孔径 1.5mm 的喷头，当入口水压为 0.5～0.7MPa 时，喷水雾化较好，灭火效果显著。

按照我国规范，绝缘油和透平油设置水喷雾灭火时，其喷射的水雾水量不应小于 13L/(min·m²)，油槽火灾延续时间应按 20min 计算。

七、消防供水系统

图 4-39 为水电站消防供水系统图，设置了两台消防水泵，主水源引自下游取水口，备用水源引自坝前取水口。为防止水泵出现故障，还设置了消防水箱作为备用水源。消防水箱的水源从技术供水管道引来，由浮子液位信号器控制技术供水泵向消防水箱补水。发

生火灾时，由两台消防水泵供水灭火，当水量不足时，打开消防水箱同时供水，也可在消防水泵开启的同时打开消防水箱，以迅速扑灭火灾。消防供水也可与技术供水统一考虑。

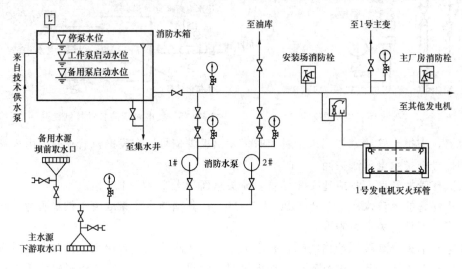

图 4-39 消防供水系统图

第十节 技术供水系统设计计算实例

一、设计基本资料

1. 电站主要参数

电站水头：$H_{max}=26.5m$，$H_{pj}=22.2m$，$H_{min}=15.5m$，$H_r=18.5m$；

装机容量：$N=4\times8800=35200kW$。

2. 水轮机和发电机技术资料

机型：ZZ460-LH-300，TSL425/79-32；

额定出力：$N_r=9215kW$，$P_r=8800kW$；

安装高程：$\nabla_y=29.3m$；

额定转速：$n_r=187.5r/min$。

3. 电站水库水位及尾水位

$\nabla_{上max}=55m$，$\nabla_{上正}=55m$，$\nabla_{上min}=45m$；

$\nabla_{下正}=29.5m$（4台机满发），$\nabla_{下min}=28.5m$（1台机满发）。

4. 各冷却器进口高程

$\nabla_{推}=37.28m$，$\nabla_{空}=36.28m$，$\nabla_{水}=33.81m$。

二、供求对象及供水量计算

本电站技术供水主要供给水力发电机组空气冷却器、推力上导轴承油槽冷却器、水导轴承油槽冷却器的冷却用水和厂内生活用水，不包括消防供水。

根据制造厂资料，空气冷却器用水量为100m³/h，推力上导轴承油槽冷却器用水量为31.5m³/h，水导轴承油槽冷却器用水量为16m³/h，故本电站一台机组的技术用水量为

$$Q = Q_空 + Q_推 + Q_水 = 100 + 31.5 + 16 = 147.5(\text{m}^3/\text{h})$$

三、供水水源和供水方式

本电站所在河流水质较好，含沙少，漂浮物少，故采用该河流的水为技术供水的水源。由于水头范围为 15.5～26.5m，因此可考虑采用自流供水或混合供水方式。自流供水设备简单，供水可靠，投资较少，运行操作方便，易于维修，故应尽可能采用自流供水方式。虽然本电站水头范围较低，但是尽可能降低供水管侧的水力损失，提高冷却器进口的压力，避免或降低冷却器内可能出现的真空度，采用自流供水方式仍然是可行的，因此确定本电站采用自流供水方式。

四、供水设备的选择

1. 取水口的选择

在每台机组蜗壳前压力水管上设主用取水口一个。因为电站水头较低，不能满足主厂房消火用水的压力要求，消防供水需另外设置，所以，通过机组主用取水口的流量按一台机组最大技术用水量设计。

主用取水口设置铁条拦污栅，过栅流速按 0.4m/s 考虑，故主用取水口的直径为

$$D = \sqrt{\frac{4Q}{\pi v}} = \sqrt{\frac{4 \times 147.5}{\pi \times 0.4 \times 3600}} = 0.361(\text{m})$$

取主用取水口公称直径 $D_g = 350\text{mm}$。

在坝前不同高程设置 3 个备用取水口，每个取水口直径按 2 台机组技术供水量考虑，取过栅流速为 0.5m/s，故备用取水口的直径为

$$D = \sqrt{\frac{2 \times 4Q}{\pi v}} = \sqrt{\frac{2 \times 4 \times 147.5}{\pi \times 0.5 \times 3600}} = 0.457(\text{m})$$

取备用取水口公称直径 $D_g = 450\text{mm}$。

2. 管道的选择

技术供水管道均采用普通钢管。

（1）机组供水干管管径：考虑本电站水头较低，为减少供水管侧的水力损失，取管内流速为 1.5m/s，故机组供水干管直径为

$$d = \sqrt{\frac{4Q}{\pi v}} = \sqrt{\frac{4 \times 147.5}{\pi \times 1.5 \times 3600}} = 0.186(\text{m})$$

取机组供水干管标准直径 $D_干 = 200\text{mm}$。

（2）备用供水管管径：取管内流速为 1.5m/s，故其管径为

$$d = \sqrt{\frac{2 \times 4Q}{\pi v}} = \sqrt{\frac{2 \times 4 \times 147.5}{\pi \times 1.5 \times 3600}} = 0.264(\text{m})$$

取备用供水管标准直径 $D_备 = 250\text{mm}$。

（3）至机组各冷却器支管管径：取管内流速为 2m/s，则

至推力上导轴承：

$$d_推 = \sqrt{\frac{4Q_推}{\pi v}} = \sqrt{\frac{4 \times 31.5}{\pi \times 2 \times 3600}} = 0.075(\text{m})$$

取 $d_推 = 80\text{mm}$。

至空气冷却器:

$$d_空 = \sqrt{\frac{4Q_空}{\pi v}} = \sqrt{\frac{4 \times 100}{\pi \times 2 \times 3600}} = 0.133(\text{m})$$

取 $d_空 = 150\text{mm}$。

至水导冷却器:

$$d_水 = \sqrt{\frac{4Q_下}{\pi v}} = \sqrt{\frac{4 \times 16}{\pi \times 2 \times 3600}} = 0.053(\text{m})$$

取 $d_水 = 50\text{mm}$。

上述各管线的排水管侧管道直径均选用与供水管侧管道直径相同。

3. 滤水器的选择

滤水器选用转动式滤水器,每台机组取水口后设置一个,$D_g = 200\text{mm}$;备用取水口后设置一个,$D_g = 250\text{mm}$。

4. 阀门的选择

技术供水系统管路上的操作阀门均选用闸阀,手动操作。阀门的工作压力、公称直径及工作条件均与所在管路相同。

五、设计绘制技术供水系统图

图 4-40 为技术供水系统图,图中还画出了机组段及发电机消防供水装置。

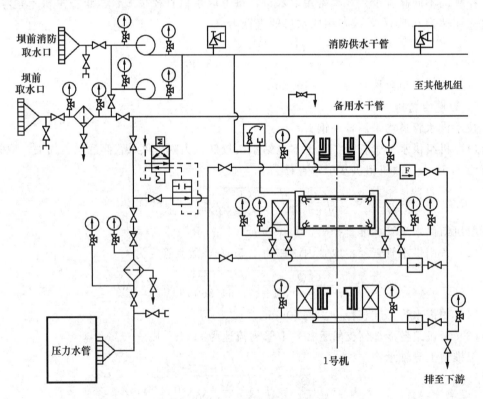

图 4-40 某电站技术供水系统图

六、技术供水系统水力计算

1. 绘制技术供水系统水力计算简图

根据技术供水系统图和设备管道的实际布置情况，绘制其水力计算简图，并按流量 Q 和管径 d 相同的原则，分段编号，逐段标出流量 Q、管径 d、管长 L，如图4-41所示。

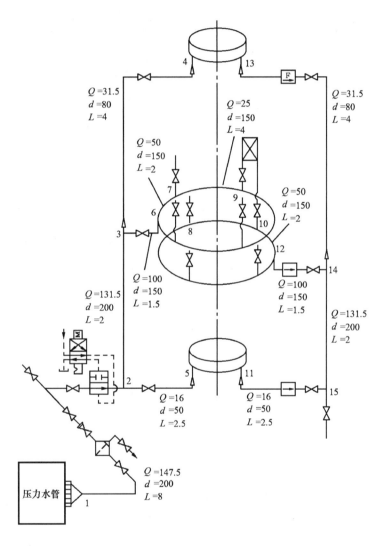

图4-41　技术供水系统水力计算简图

2. 计算各管段水力损失

列表计算各管段水力损失，见表4-8。

3. 各冷却器供、排水侧管路水力损失

按照管路水力损失的计算结果，将各冷却器供、排水侧管路的水头损失分别列入表4-9和表4-10。

表 4 – 8

水力损失计算表

局部阻力系数 ζ（下列各"三通/取水口/闸阀…"诸列）

管路	管段	管径 d/mm	流量 Q/(m³/h)	流速 v/(m/s)	水力坡降 i/(mm/m)	管长 l/m	沿程损失 $h_f=il\times10^{-3}$/mH$_2$O	取水口	闸阀	液压阀	止回阀	滤水器	90° 弯管	三通①	三通②	三通③	三通④	示流信号器	大小头	出口	$\Sigma\zeta$	$\dfrac{v^2}{2g}$	局部损失 $h_j=\Sigma\zeta\dfrac{v^2}{2g}$/mH$_2$O	总损失 $h_w=h_f+h_j$/mH$_2$O
供水总管	0	350	147.5	0.423	0	0	0	0.79													0.79	0.009	0.007	0.007
	1—2	200	147.5	1.304	14.04	8	0.112		3×0.15	0.5	1.9	8	3×0.72	1.4							14.41	0.087	1.254	1.366
推力上导冷却器供水侧	2			1.304		0									−0.026						−0.026	0.087	−0.002	−0.002
	2—3	200	131.5	1.162	11.25	2	0.023														0	0.067	0	0.023
	3			1.162		0									0.182						0.182	0.067	0.012	0.012
	3—4	80	31.5	1.74	65.7	4	0.263						2×0.51						0.12+0.01		1.192	0.154	0.184	0.447
空气冷却器供水侧	2			1.304		0									−0.026						−0.026	0.087	−0.002	−0.002
	2—3	200	131.5	1.162	11.25	2	0.023														0	0.067	0	0.023
	3			1.162		0									2.3						2.3	0.067	0.154	0.154
	3—6	150	100	1.572	27.42	1.5	0.041		0.15				0.72			1.5					2.37	0.126	0.299	0.34
	6—7	150	50	0.786	7.25	2	0.015								0.01						0.01	0.031	0	0.015
	7—9	150	25	0.393	1.92	4	0.008							1.4							1.4	0.008	0.011	0.019
水导冷却器供水侧	2			1.304		0									3.5						3.5	0.087	0.305	0.305
	2—5	50	16	2.263	180.8	2.5	0.452		0.15				1.07						0.11		1.33	0.261	0.347	0.799
推力上导冷却器排水侧	13—14	80	31.5	1.74	65.7	4	0.263		0.15				2×0.51					0.5	0.5+0.27		2.44	0.154	0.376	0.639
	14			1.162		0											0.6				0.6	0.067	0.040	0.040
	13—15	200	131.5	1.162	11.25	2	0.023														0	0.067	0	0.023
	15			1.304		0											0.17				0.17	0.087	0.015	0.015
空气冷却器排水侧	10—12	150	50	0.786	7.25	2	0.015										0.28				0.28	0.031	0.009	0.024
	12—14	150	100	1.572	27.42	1.5	0.041		0.15				0.72				3	0.5			4.37	0.126	0.551	0.592
	14			1.162		0											2.04				2.04	0.067	0.137	0.137
	14—15	200	131.5	1.162	11.25	2	0.023														0	0.087	0.015	0.023
	15			1.304		0											0.17				0.17	0.087	0.015	0.015
水导冷却器排水侧	11—15	50	16	2.263	180.8	2.5	0.452		0.15				1.07					0.5	0.4		2.12	0.261	0.553	1.005
	15			1.304		0											0.3				0.3	0.087	0.026	0.026
排水总管	15—16	200	147.5	1.304	14.04	6	0.084		0.15				0.72							1.0	1.87	0.087	0.163	0.247

表 4 - 9 　　　　　　　　　　冷却器供水侧管路水力损失 　　　　　　　单位：mH₂O

管段＼管路	1—2	2	2—3	3	3—4	3—6	6—7	7—9	2—5	$\sum \Delta h_{供}$
推力上导轴承冷却器	1.373	−0.002	0.023	0.012	0.447					1.853
空气冷却器	1.373	−0.002	0.023	0.154		0.34	0.015	0.019		1.922
水导轴承冷却器	1.373	0.305							0.799	2.477

表 4 - 10 　　　　　　　　　　冷却器排水侧管路水力损失 　　　　　　　单位：mH₂O

管段＼管路	13—14	10—12	12—14	14	14—15	11—15	15	15—1	$\sum \Delta h_{排}$
推力上导轴承冷却器	0.639			0.04	0.023		0.015	0.247	0.964
空气冷却器		0.024	0.592	0.137	0.023		0.015	0.247	1.038
水导轴承冷却器						1.00	0.026	0.247	1.278

4. 计算各冷却器管线的总水力损失

根据计算，本电站压力引水系统水头损失 $\Delta H \approx 1 \mathrm{mH_2O}$。而制造厂提供资料的各冷却器内水力损失为

推力上导轴承冷却器：$\Delta H_{推} = 5.5 \mathrm{mH_2O}$

空气冷却器：　　　　　$\Delta H_{空} = 5.5 \mathrm{mH_2O}$

水导轴承冷却器：　　　$\Delta H_{水} = 5.0 \mathrm{mH_2O}$

加上表 4 - 9 和表 4 - 10 的相应数值，则得各冷却器管线总水力损失分别为

$$\sum \Delta h_{推} = 1.853 + 5.5 + 0.964 = 8.317 (\mathrm{mH_2O})$$

$$\sum \Delta h_{空} = 1.922 + 5.5 + 1.038 = 8.46 (\mathrm{mH_2O})$$

$$\sum \Delta h_{水} = 2.477 + 5 + 1.278 = 8.755 (\mathrm{mH_2O})$$

由上述计算可知：各冷却器管线总水力损失加上压力引水系统水头损失之和在 $9.3 \mathrm{mH_2O}$ 与 $6.8 \mathrm{mH_2O}$ 之间，均小于技术供水系统的有效水头。因此，虽然本站水头较低，但是用增大管径，减小流速，以减小管路损失的办法，采用自流供水方式是可行的。

5. 在上游最高水位下校核冷却器进出口压力

（1）推力上导轴承冷却器：

进口：$H_{推进} = \nabla_{上max} - \nabla_{推} - \Delta H - \sum \Delta h_{推进} = 55 - 37.28 - 1 - 1.853 = 14.867 (\mathrm{mH_2O})$

出口：$H_{推出} = H_{推进} - \Delta h_{推} = 14.867 - 5.5 = 9.367 (\mathrm{mH_2O})$

（2）空气冷却器：

进口：$H_{空进} = \nabla_{上max} - \nabla_{空} - \Delta H - \sum \Delta h_{空进} = 55 - 36.28 - 1 - 1.922 = 15.798 (\mathrm{mH_2O})$

出口：$H_{空出}=H_{空进}-\Delta h_{空}=15.798-5.5=10.298$（$mH_2O$）

（3）水导轴承冷却器：

进口：$H_{水进}=\nabla_{上max}-\nabla_{水}-\Delta H-\sum \Delta h_{水进}=55-33.81-1-2.477=17.713$（$mH_2O$）

出口：$H_{水出}=H_{水进}-\Delta h_{水}=17.713-5=12.713$（$mH_2O$）

由上述计算可知：在上游最高水位 $\nabla_{上max}$（H_{max}）下，各冷却器进口压力均小于 $20mH_2O$，出口压力均不出现真空，符合要求。

6. 在上游最低水位下校核冷却器进出口压力

在上游最低水位 $\nabla_{上min}$（H_{min}）时，机组出力按额定出力的 86% 考虑，查空气冷却器用水量与发电机负荷的关系曲线（图 4-27），得空气冷却器用水量为最大冷却水量的 90%；由 $H_{min}/H_r=15.5/18.5=0.84$，查推力轴承油冷却器用水量与水轮机水头的关系曲线（图 4-24），得推力上导轴承冷却器用水量为最大冷却水量的 90%；水导轴承冷却器用水量也按最大冷却用水量的 90% 考虑。因此，在 $\nabla_{上min}$ 时，各冷却器管路水力损失均按原数值的 0.81（0.9^2）折减，则各冷却器进出口压力如下：

（1）推力上导轴承冷却器：

进口：$H_{推进}=\nabla_{上min}-\nabla_{推}-\Delta H-0.81\sum \Delta h_{推进}=45-37.28-1-0.81\times1.853=5.219$
$\qquad$（mH_2O）

出口：$H_{推出}=H_{推进}-0.81\times\Delta h_{推}=5.219-0.81\times5.5=0.764$（$mH_2O$）

（2）空气冷却器：

进口：$H_{空进}=\nabla_{上min}-\nabla_{空}-\Delta H-0.81\sum \Delta h_{空进}=45-36.28-1-0.81\times1.922=6.163$
$\qquad$（mH_2O）

出口：$H_{空出}=H_{空进}-0.81\Delta h_{空}=6.163-0.81\times5.5=1.708$（$mH_2O$）

（3）水导轴承冷却器：

进口：$H_{水进}=\nabla_{上min}-\nabla_{水}-\Delta H-0.81\sum \Delta h_{水进}=45-33.81-1-0.81\times2.477=8.184$
$\qquad$（mH_2O）

出口：$H_{水出}=H_{水进}-0.81\Delta h_{水}=8.184-0.81\times5=4.134$（$mH_2O$）

由上述计算可知：在上游 $\nabla_{上min}$（H_{min}）时，机组发不出额定出力，各冷却器用水量相应折减，各管线水力损失折减系数为 0.81，各冷却器进出口压力均符合要求（若冷却用水量折减不同，各管线水力损失应逐段计算）；经计算，若不折减冷却用水量，空气冷却器出口压力最小值为 $0.298mH_2O$，不出现真空，故可按 H_{min} 削减供水多余水头。

思 考 题 与 习 题

1. 水电站供水包括哪几部分？技术供水的主要作用是什么？

2. 水电站技术供水的对象有哪些？技术供水对各对象起什么作用？

3. 各用水设备对技术供水有哪些方面的要求？

4. 说明大中型电站技术供水的水量分配大致比例。

5. 什么是暂时硬度、永久硬度和总硬度？

6. 水的净化分哪两类？各采用什么设备或设施？它们的工作原理是什么？

7. 水的处理有哪几种？各用什么方法？

8. 水轮发电机组双水内冷方式有何优点？试说明其冷却过程。

9. 双水内冷方式中对一次水是如何处理的？

10. 水电站技术供水的水源有哪几种？

11. 技术供水有哪些方式？各适应于什么情况下？

12. 技术供水系统的设备配置有哪几种类型？

13. 简述技术供水系统的设计原则和基本要求。

14. 阅读教材中各供水系统图，试说明系统图的组成、特点、适用条件和各设备元件的作用。

15. 在技术供水系统中，水导的备用润滑水是怎样起作用的？

16. 在水泵供水系统中，常用哪几种水泵？各有什么优缺点？

17. 什么是水泵的运行工作点？如何求出？

18. 选择水泵时，如何确定流量、扬程和吸水高度？如何确定水泵的安装高程？

19. 在计算水泵的安装高程时，为什么要修正制造厂给出的最大允许吸水高度？

20. 某水电站有 4 台机组，采用水泵分组供水，2 台机组为一组，从下游取水，每台机组供水量为 $70m^3/h$。最高冷却器进口高程为 1000m，下游最低尾水位为 995m，制造厂要求冷却器进口水压力不大于 $20mH_2O$，初步设计计算，从水泵吸水管口到最高冷却器进口，供水管路水力损失总和为 $10.5mH_2O$，试初步确定水泵的扬程，选择水泵的型号，并写出其他参数。

21. 某水电站上游水库最低水位为 1100m，采用水泵单元供水，从上游取水，机组技术用水量为 $250m^3/h$，最高冷却器进口高程为 1090m，制造厂要求冷却器进口水压力不大于 $20mH_2O$。初步设计计算，从水泵吸水管口到最高冷却器进口，供水管路水力损失总和为 $13mH_2O$，试确定水泵的扬程，选择水泵的型号，并写出其他参数。

22. 水电站海拔高程为 1000m，最高水温为 $20℃$，采用卧式离心泵供水，其泵的参数为：流量 $324m^3/h$，允许吸水高度 6m，吸水管径 250mm，最低吸水高程 995m，吸水管损失 $1mH_2O$，试确定水泵的最大安装高程。

23. 如何考虑取水口、排水管口和滤水器的设置？

24. 技术供水系统中常用哪几种减压装置？

25. 水力控制阀是怎么工作的？有哪些常用类型？

26. 技术供水系统水力计算的目的和内容是什么？如何绘制水力计算简图？

27. 沿程摩擦损失和局部阻力损失各有哪些计算方法？

28. 什么叫水力坡降和当量长度？

29. 技术供水系统水力计算的步骤有哪些？

30. 对低水头自流供水系统为什么要核验冷却器出口压力？对高水头自流供水系统为什么要校验冷却器进口压力？

31. 冷却器的顶部真空受什么限制？如果超过限制值会出现什么情况？

32. 采用自流供水方式时，试分析在高、低水头时，冷却器供排水管的管径如何考虑？流量调节阀分别装设在哪一侧？

33. 水电站消防供水的材料有哪些？

34. 简述水电站消防供水的水源及供水方式。

35. 应如何考虑厂房消防、发电机消防和油系统消防？

第五章 排 水 系 统

第一节 排水的类型及内容

水电站除了需要设置供水系统外，还必须设置排水系统，其目的是排除生产污水、渗漏水和检修积水，保证电站设备的正常运行和检修，虽然排水系统的任务比较简单，但是稍有疏忽就会发生水淹厂房或泵房事故，因此设计、施工和运行人员必须高度重视排水系统的安全运行。

一、生产用水的排水

生产用水的排水包括：发电机空气冷却器的排水；发电机推力轴承和上、下导轴承以及稀油润滑水导轴承油冷却器的排水；油压装置油冷却器的排水等。

生产用水的排水特征是：排水量较大，设备位置较高，一般都能靠自流直接排至下游。因此习惯上都把它们放在技术供水系统中考虑，而不再列入排水系统。

二、渗漏排水

（1）机械设备的漏水：主要有水轮机顶盖与主轴密封的漏水（混流式水轮机常用中空的固定导叶自流排入集水井；轴流式水轮机常用液位自动控制的专用水泵将水直接排至下游）；压力钢管伸缩节、供排水阀、管件、法兰、蜗壳和尾水管进人孔盖板等处的漏水。

（2）下部设备的生产排水：主要有冲洗滤水器的污水；油水分离器及储气罐的排水；空气冷却器壁外和管道的冷凝水；水冷空压机的冷却水等，当不能靠自压排至厂外时，归入渗漏排水系统。

（3）厂房水工建筑物的渗水、低洼处积水和地面排水。

（4）厂房下部生活用水的排水。

渗漏排水的特征是排水量小、不集中、不确定性因素多，很难用计算方法确定水量的大小；在厂内分布广、排水点多、位置低，不能靠自压排至下游。渗漏水的存在不仅造成厂房内湿度增大，导致各种机电设备运行环境的恶化而影响运行安全，并威胁厂房安全。因此水电站都需在最低位置处设置集水井或集水廊道，利用管、沟将上述渗漏水收集储存起来，然后用水泵排至下游。

三、检修排水

当检查、维修机组或厂房水工建筑物的水下部分时，必须将水轮机蜗壳、尾水管和压力引水管道（引水隧洞或压力钢管）内的积水排除，同时还要考虑抽排上、下游闸门（或阀门）的密封漏水。

检修排水的特征是排水量大，所在位置较低，只能采用水泵排除。为了缩短机组检修期限，排水时间要短，并注意尾水闸门、进水口闸门或主阀的漏水量，合理选择水泵，确保排水可靠。

另外，还有厂区内厂房和地面雨水的排水，但厂区排水一般可自流排除。如果因位置低无法排除时，需设置厂区排水泵对积水进行抽排。厂区排水应自成系统，不能与渗漏排水或检修排水合并，以免洪水期的雨水进入厂房。

对排水系统的基本要求：必须保证将渗漏和检修积水及时、可靠和安全地排除。

第二节 渗 漏 排 水

一、渗漏排水方式

渗漏排水有集水井排水和廊道排水两种。

(1) 集水井排水：将厂房内各处的渗漏水经排水管、沟汇集到位于厂房最底部的集水井中，再用专设的渗漏排水泵（常用卧式离心泵）排至下游。由于集水井设置容易，而卧式离心泵安装和维护方便，价格低廉，所以中小型电站多用这种排水方式。一般全厂设置一个集水井和相应排水设备，以简化系统和节省投资，但有的电站根据具体情况设置多个集水井和相应排水设备。

(2) 廊道排水：把厂房内各处的渗漏水通过管道汇集到位于厂房最底部的专用集水廊道内，再用专设的渗漏排水泵（常用立式深井泵）排至下游。由于集水廊道的设置受地质条件、厂房结构和工程量的限制，而立式深井泵安装和维护复杂，价格昂贵，且需布置在厂房的一端，故这种排水方式多用于大中型电站，特别是装有立式机组的坝后式和河床式电站。当检修排水采用廊道排水方式时，渗漏排水也多采用廊道排水方式，两者可共用一条廊道，条件允许时设备也可集中布置。

二、渗漏水量估计

渗漏水量是确定渗漏排水设备参数的重要依据，但由于它与电站的地质和地形条件、水工建筑物的布置和施工情况、设备的制造和安装质量、季节影响等多种因素有关，因此一般很难通过计算的方法准确确定。在设计时，通常先由水工专业给出厂房水工建筑物的渗漏水量估算值，然后参考已运行的类似电站的渗漏水情况，结合本电站的实际情况，并留有一定的余地，最后确定出渗漏水量值 $q(\mathrm{m^3/min})$。

对于混流式机组，渗漏水量主要来源于水轮机顶盖和主轴密封漏水，且主轴密封漏水又占绝大部分，这部分漏水量由制造厂提供。通常情况下，橡胶平板密封为 $0.5\sim1\mathrm{L/min}$，端面密封为 $5\sim7\mathrm{L/min}$。由于顶盖位置较高，一般通过自流方式从中空固定导叶和埋设管道排至集水井。

对于轴流式机组，由于水轮机的顶盖排水一般由制造厂配置专门的排水泵排除，因而渗漏水量主要是水工建筑物的渗漏水，其中以混凝土蜗壳的渗漏水为主，其他生产中排出的污水，如滤水器冲污水、空气冷却器冷凝水、油水分离器及储气罐排水等，因水量很小，估算时可略去不计。

三、集水井容积确定

渗漏集水井如图 5-1 所示，工作水泵启动水位与停泵水位之间的容积称为集水井的有效容积，一般按容纳 $30\sim60\mathrm{min}$ 的渗漏水量来考虑。即

$$V_{集}=(30\sim60)q \quad (\mathrm{m^3})$$ (5-1)

式中　q——渗漏水量，m^3/min。

由于影响渗漏水量 q 的因素较多，在电站设计时，很难预计电站建成后土建和机组设备的渗漏水情况。因此，很多电站在设计时不再估计渗漏水量 q，而是根据本电站厂房布置情况，参考类似已建成电站的数据，直接确定集水井的有效容积。

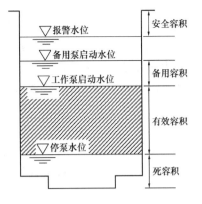

图 5-1　集水井水位和容积

如果集水井有效容积设置过小，则水泵启停频繁，会缩短设备使用寿命。因此，在土建开挖量和投资允许情况下，宜尽量增大集水井有效容积，以减少水泵启动次数，增加运行时间，有利于延长设备寿命。

在水电站的渗漏排水系统中，一般应配置 2 台或以上的排水泵，其中 1 台为工作泵，其余为备用泵，以保证渗漏水的可靠排除。当集水井的水位达到工作泵启动水位时，工作泵启动，如果水位继续上升到备用泵启动水位时，备用泵启动，水位继续上升到报警水位时，则发出报警信号。备用泵启动水位至工作泵启动水位的距离以及至报警水位的距离不宜过近，一般不小于 0.3～0.5m，否则在水位波动时，会影响自动控制的准确性。

工作泵启动水位至备用泵启动水位之间的容积称为备用容积。多数中小型电站在备用泵启动时就发出报警信号，故不再另设报警水位。报警水位至不允许淹没的厂房地面之间应留有一定的安全距离，这一部分容积称为安全容积，以便集水井达到报警水位后，运行人员还有一定时间来采取必要的临时措施，避免发生水淹事故。

集水井应布置在厂房底层，报警水位应低于厂房最低排水地面的高程，以使所有渗漏水均能自流排入，当采用离心泵时，则按此要求确定集水井井顶高程。

根据集水井有效容积及其平面尺寸，可求得集水井工作泵启动水位与停泵水位之间的距离。水泵吸水管口距井底的距离宜为吸水管直径的 0.8～1.5 倍，但不应小于 0.25m，吸水管口的最小淹没深度应大于 0.5m，吸水管口外缘之间的距离应大于吸水管直径的 2.0～3.0 倍；设有底阀时，底阀与井底或周围井壁之间的距离不应小于底阀外径，且底阀的淹没水深不小于底阀外径的 1.5～2.0 倍；对于深井泵，要求第一级叶轮必须浸在水下 0.3m 以上。根据

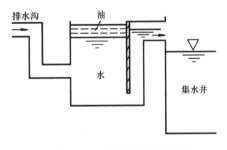

图 5-2　油水分离池示意图

这些要求即可确定集水井井底高程。停泵水位以下的容积称为死容积。

部分设备的漏油会排到渗漏集水井中，造成集水井水面浮有油渍，且越积越多，逐渐形成油层，不仅影响水泵运行，而且增加了火灾危险。因此，在布置条件允许时，应在排水沟进入集水井之前设置油水分离池，如图 5-2 所示，以便对厂房地面漏油进行收集处理。

四、渗漏排水泵选择

水泵流量 $Q_泵$ 可按水泵工作 20～30min 排干集水井有效容积中积存的渗漏水来选择：

$$Q_泵 = \frac{60V_集}{(20\sim30)} \quad (\mathrm{m^3/h}) \tag{5-2}$$

式中 $V_集$——集水井有效容积，$\mathrm{m^3}$。

式（5-2）中未计水泵运行期间流入集水井的渗漏水，因此水泵的实际工作时间要比计算取值略大。若设计中渗漏水量 q 已经确定，则水泵流量 $Q_泵$ 应为渗漏水量 q 的 $3\sim4$ 倍，即

$$Q_泵 = (3\sim4)q \tag{5-3}$$

水泵所需的扬程应按集水井停泵水位与电站全部机组满发时的尾水位之差，加上管道的水力损失来确定，并按最高尾水位校核，可按式（5-4）计算：

$$H_泵 = (\nabla_尾 - \nabla_停) + h_w + \frac{v^2}{2g} \quad (\mathrm{mH_2O}) \tag{5-4}$$

式中 $\nabla_尾$——下游尾水位，m，一般取全部机组满发时的尾水位；

$\nabla_停$——集水井停泵水位，m；

h_w——管道水力损失，$\mathrm{mH_2O}$；

$\dfrac{v^2}{2g}$——管道出口流速水头，$\mathrm{mH_2O}$，若已计入 h_w 内，则无该项。

一般选用两台同型水泵，一用一备，流量与扬程都应满足计算所要求的数值。

对于汛期尾水位变幅较大且持续时间较长或多泥沙电站，可增设汛期专用渗漏排水泵和加大渗漏集水井容积。

渗漏排水泵工作的可靠性直接关系到厂房和设备的安全，而泵的可靠性与泵的类型有关，常采用离心泵、深井泵、潜水泵和射流泵等型式。卧式离心泵在已建成的中小型电站采用较多，但因吸水高度限制，使水泵安装得较低，不利于电动机防潮和泵房防淹，因此，近年来新建的大中型电站多采用深井泵、潜水泵或射流泵。

五、渗漏排水泵的操作方式

由于渗漏排水泵启停频繁，而渗漏来水情况又很难预计，一旦集水井水满而未及时开泵，将造成水淹事故，故渗漏排水泵一般都采用自动操作方式，由水位信号器控制工作水泵和备用水泵的启停，并在水位过高时发出报警信号，可用继电器或计算机（如 PLC）来实现。采用深井泵时，在泵启动前轴承必须先给润滑水，待泵启动一段时间（一般为 2min）后再切断，润滑水的投入和切断也应采用自动控制。

第三节 检 修 排 水

一、检修排水方式

检修排水有直接排水和廊道排水两种。

（1）直接排水：将各台机组的尾水管与水泵吸水管用管道和阀门连接起来，机组检修时由水泵直接将积水从尾水管中排除。以前常用卧式离心泵，现在新建电站也用深井泵、潜水泵或射流泵，可和渗漏排水泵集中布置或分散布置。对于小型电站，有时为了节省投资也可采用移动式潜水泵，检修时直接将潜水泵吊入尾水闸门内侧抽排积水，检修完毕后再吊出，以避免潜水泵长期浸泡水中而受潮。

直接排水设备简单，投资省，占地少，运行安全可靠，是国内大多数电站普遍采用的检修排水方式，尤其适合中小型电站、地下电站或尾水位较高的电站。

（2）廊道排水：又称为间接排水。在水电站厂房水下部分设置容积较大的排水廊道，将各台机组的尾水管经管道与排水廊道连接。机组检修时，先将积水排入排水廊道，再由水泵从排水廊道中排除，常用立式深井泵，也可用离心泵、潜水泵或射流泵。由于排水廊道容积较大，开始向廊道排水时，尾水管内水位迅速下降，使尾水闸门内外侧的水压差快速增大，将闸门压紧在门框上，使闸门漏水量大为减少，有效缩短了排水时间。此外，尾水闸门采用弹性反轮等措施，也可将闸门有效地推向门框，达到减少闸门漏水的目的。

廊道排水操作方便，能有效减少尾水闸门漏水量，缩短排水时间，使检修工作尽早进行，但设置廊道工程量较大，主要用于厂房水下混凝土体积较大的大中型电站，而中小型电站应用较少。是否采用廊道排水方式，主要考虑厂房水下部分有无设置廊道的位置以及在工程投资方面的合理性。采用廊道排水方式时，排水廊道通常要兼顾检修排水和渗漏排水。

廊道的顶部高程一般应低于尾水管底板高程，断面尺寸应满足工作人员入内清扫的要求，宽×高不宜小于1.5m×2.0m，为确保进入廊道工作的人员安全，廊道两端应各设一个出入口，并把一个口设在不被水淹没的高程上，当廊道长度超过60m时，应至少增设一个出入口，廊道出入门要求是密封和耐压的，以防止排水期间积水倒灌进入厂房。

对多泥沙河流的电站，由于廊道内的水流速度较慢，容易淤积泥沙，设计时应考虑清淤措施，如设置高压水管或压缩空气管用于冲淤，也可采用大口径管道代替廊道，以增加排水流速，防止泥沙淤积，并专设一台泥浆泵以排除泥浆。

有的电站采用廊道加集水井的排水方式，此时廊道仅作为一个排水通道，集水井井口高程一般应高于下游洪水位；当不能满足时，可将井口密封并设置通气孔，或采用其他防淹措施。

二、检修排水量计算

检修排水量为一台水轮机过流部件内的积水和检修期间上、下游闸门（或阀门）的漏水，其大小取决于水轮机的型式、尾水位的高低和闸门（或阀门）的漏水量。

1. 需排除的积水容积计算

一般在压力水管和蜗壳的最低处设有排水阀，经管道与尾水管相通。检修排水时，先将进水口闸门或水轮机进水阀关闭，打开压力水管和蜗壳的排水阀，使其高于下游尾水位的存水靠自流排至下游，当水位等于下游尾水位时，再关闭尾水闸门，利用检修排水泵将剩余的积水排出，如图5-3所示，其尾水位以下的积水总容积可按式（5-5）计算：

$$V = V_压 + V_蜗 + V_尾 \quad (m^3) \qquad (5-5)$$

式中 $V_压$——压力水管内积水容积，m^3；

$V_蜗$——蜗壳内积水容积，m^3；

$V_尾$——尾水管内积水容积，m^3。

各项积水容积均取检修时的下游尾水位以下

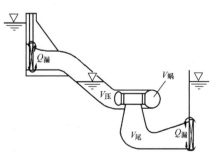

图5-3 检修排水量

的容积，尾水位越高，积水越多，设计时应根据电站的具体情况，确定检修时可能遇到的最高尾水位作为设计依据，一般按一台机组检修、其他机组满发来考虑，少数电站则需考虑泄洪、通航等情况下的下游尾水位。

$V_压$可按压力水管的结构尺寸和布置情况进行计算，对于设置了水轮机进水阀的机组，只需计算进水阀后管段的积水容积；$V_蜗$和$V_尾$按制造厂提供的图纸尺寸计算，也可从相关设计资料的图纸中查得，还可用下面公式进行估算：

金属蜗壳（包角为 345°，从进口断面起算）：

$$V_蜗 = 4.73\rho_{max}^2 D_a + 7.55\rho_{max}^3 + V_环 \quad (m^3) \qquad (5-6)$$

式中　ρ_{max}——蜗壳进口断面半径，m；

　　　D_a——固定导叶外缘直径，m；

　　　$V_环$——固定导叶环形容积，m^3。

混凝土蜗壳（包角为 180°，从蜗壳进口前 1 倍 D_1 处起算）：

$$V_蜗 = \beta D_1^3 + V_环 \quad (m^3) \qquad (5-7)$$

式中　D_1——水轮机标称直径，m；

　　　β——与水轮机系列有关的容积系数，ZD760 取 1.40，ZZ600 取 1.35，ZZ（ZD）560 取 1.26，ZZ460 取 1.2；

　　　$V_环$——固定导叶环形容积，m^3。

标准型式尾水管的容积：

$$V_蜗 = \zeta D_1^3 \quad (m^3) \qquad (5-8)$$

式中　D_1——水轮机标称直径，m；

　　　ζ——与尾水管型号有关的系数，4H 取 6.5，4C 取 9.0，4E 取 10.6，改进型 4E 取 12.6。

2. 上、下游闸门（或阀门）漏水量计算

在检修排水过程中，上、下游闸门（或阀门）虽然关闭，但漏水仍然存在，其单位时间漏水量可按式（5-9）分别进行计算：

$$Q_漏 = 3.6qL \quad (m^3/h) \qquad (5-9)$$

式中　L——闸门（或阀门）水封长度，m；

　　　q——闸门（或阀门）水封每米长度的单位时间漏水量，$L/(s \cdot m)$，与闸门（或阀门）止水装置的构造形式及制造安装质量等有关。

一般情况下，进水口闸门取 $q = 0.5 \sim 1 L/(s \cdot m)$，尾水闸门取 $q = 1 \sim 3 L/(s \cdot m)$；含沙量大的电站取大值；对于蝶阀，采用空气围带密封时取 $q = 0.5 L/(s \cdot m)$，采用橡皮压紧密封时取 $q = 0.75 L/(s \cdot m)$，采用金属压紧密封时取 $q = 2.5 L/(s \cdot m)$；对于球阀，取 $q = 0.05 L/(s \cdot m)$ 或忽略不计。

三、检修排水泵选择

检修排水的水量一般均较大，扬程也有一定的要求，且有时间上的限制，要求水泵运行可靠。常采用卧式离心泵、立式深井泵或潜水泵，新建电站大多选用立式深井泵。

水泵流量可按式（5-10）确定：

$$Q=\frac{V}{T}+\sum Q_{漏} \quad （m^3/h）\tag{5-10}$$

式中　V——需排除的积水容积，m^3；

　　　T——检修排水时间，h，一般取 4～6h，对大型电站及长引水隧洞或长尾水隧洞的电站，可取 8～12h；

　$\sum Q_{漏}$——上、下游闸门（或阀门）单位时间的漏水量总和，m^3/h。

　　工作泵的台数应不少于两台，常选用两台，均为工作泵，不设备用泵。每台泵的流量为

$$Q_{泵}=\frac{Q}{Z} \quad （m^3/h）\tag{5-11}$$

式中　Z——工作泵台数。

　　为了保证在积水排除后，能由一台泵来排除上、下游闸门（或阀门）的总漏水，保持检修时尾水管内无积水，或积水水位限制在某一范围内，以确保检修工作安全进行，则承担排除漏水的水泵流量必须大于总漏水量，即应满足

$$Q_{泵}>\sum Q_{漏}\tag{5-12}$$

　　水泵的扬程应按尾水管底板最低点的高程与检修时的下游尾水位之差，并考虑克服管道阻力所引起的水力损失来确定，可按式（5-13）计算：

$$H_{泵}=(\nabla_{尾}-\nabla_{底})+h_w+\frac{v^2}{2g} \quad （mH_2O）\tag{5-13}$$

式中　$\nabla_{尾}$——检修时的下游尾水位，m，一般取正常尾水位或一台机组检修、其他机组满发时的尾水位；

　　　$\nabla_{底}$——尾水管底板最低点高程，m；

　　　h_w——管道水力损失，mH_2O；

　　$\frac{v^2}{2g}$——管道出口流速水头，mH_2O，若已计入 h_w 内，则无该项。

　　对于卧式离心泵，还需校核水泵的吸水高度及安装高程，且还需考虑设置启动充水设备。因吸水高度的限制，卧式离心泵安装高程很低，一般都在检修时的下游尾水位以下，检修开始时的第一次启动并不需要充水，但只要水泵安装高程高于尾水管底板高程，以后的启动就需要充水。以前常用装设底阀的充水方式，现在常用设置真空泵或射流泵的充水方式。

　　对于多泥沙河流的电站，常增设泥浆泵来排除蜗壳、尾水管、廊道、检修集水井内的淤泥，一般先用高压水冲洗，或者用压缩空气将淤泥搅混，再用泥浆泵排除，以缩短清扫时间和减轻劳动强度。

　　检修排水泵由于不经常运行，其操作可不考虑自动化而采用手动操作，但在排完尾水管积水后继续排除闸门（或阀门）漏水时，需要根据水位进行自动控制，以防止因人为疏忽忘记启动水泵而造成事故。随着水电站自动化程度的提高，目前新建水电站的检修排水基本上都采用自动控制方式。

四、检修排水阀

　　检修时，为排除压力钢管、蜗壳和尾水管中的积水，需设置引水管排水阀、蜗壳排水

阀和尾水管排水阀。

检修排水阀一般采用闸阀或盘形阀，常用闸阀，当采用手动操作时，常需将阀杆接长，以改装成长柄阀。大中型电站的检修排水阀口径较大，采用手动操作十分费力，且安装位置较低，周围环境十分潮湿，故当排水阀口径大于等于 400mm 时，一般采用液压操作或气动操作，而不宜采用电动机操作。

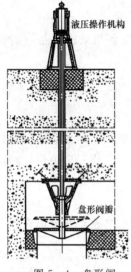

图 5-4 盘形阀

为避免闸阀关闭不严、容易被泥沙堆积等问题，不少电站采用盘形阀，并用液压操作，通常将操作控制部分放在水轮机层，以便于操作和检修维护，如图 5-4 所示。盘形阀的阀瓣形如盘状，依靠阀瓣与阀座间的环形接触面实现密封，阀座在阀门关闭时有一定的吸振和缓冲作用。

混凝土蜗壳的盘形阀一般由水轮机制造厂配套提供，其他部位的盘形阀通常自行解决。

压力钢管、蜗壳排水阀的口径可选用钢管、蜗壳直径的 1/10～1/15，当压力钢管较长时，可适当加大排水阀口径。尾水管排水阀的口径应满足排出流量的要求，如果采用盘形阀，每台机组应尽量设置两个盘形阀，以确保排水可靠。

当全厂液压操作阀门数量较多时，可单独设立一台油压装置，以免干扰调速系统和影响油质。

五、排水管径选择

排水管径可按所选水泵的进、出口直径来选择，按此直径和水泵流量进行水力计算，核算是否满足扬程和吸水高度要求，如不满足可适当加大管径或改选扬程和吸水高度较高的水泵。

第四节 排 水 系 统 图

一、排水系统的设计原则和要求

排水系统是水电站比较容易发生事故的部位，往往由于设计不合理或运行中误操作等原因，造成水淹厂房的事故，威胁电站的安全运行，应给予足够的重视。因此，对排水系统要进行认真仔细的研究，以达到技术上先进、经济上合理、运行上可靠的要求。

对大中型电站，由于渗漏排水和检修排水的内容和工作性质不同，采用设备和操作方式也有差异，因此原则上应分成两个系统，以避免由于误操作或系统中某些缺陷引起水淹厂房的事故。渗漏排水量小，需要的水泵和电动机容量也小，要求水泵经常运行；而检修排水量大，所需的水泵和电动机容量也大，水泵只在机组检修期间运行，如果用检修排水泵兼作渗漏排水用，在水泵选型参数上很难做到两方面都合适，容易造成参数不合理，运行效率低，运行费用高。此外，两个系统对自动化程度和运行可靠性的要求也有很大差别：渗漏排水要求在任何情况下都能保证排水系统可靠运行；而检修排水的自动化程度和运行可靠性要求可适当降低，以节省设备投资。因此，对大中型电站，渗漏排水和检修排水一般设置成两个独立的系统。

对于中小型电站,为了减少设备,节约投资,简化管路,检修排水和渗漏排水有时可共用一套设备,但只能是设备共用,管路相连,而不宜共用集水井,同时要有可靠的措施,以保证集水井安全运行,如只允许集水井中的渗漏水由水泵排出,而不允许检修排水倒灌入集水井。

对于小型电站,有的甚至用检修排水泵兼作技术供水泵或消防水泵。

水泵排水管的出口高程与排水管道检修、当地气候条件及水泵充水方式有关,一般多设在最低尾水位以下,这对于有冰冻危害的电站,可防止出口被冰封堵,而对于利用水泵出口止回阀的旁通管路及灌水阀来进行自动充水的电站,可使水泵随时处于备用状态。但此时应考虑检修管道和附件的措施,并在出口设置拦污栅,以防止漂浮物和鱼群堵塞管道。如果排水管出口设在最低尾水位以上,则便于临时封堵管口,以检修排水管路和阀门。

二、典型排水系统图

为了安全、可靠和有效地完成排水任务,排水系统一般由吸水口、输水设备、排水设备、监控和保护设备等组成,但对不同的电站,其具体构成情况应根据电站型式、地质地形条件、厂房结构和机组类型等因素来决定。

绘制排水系统图时,根据系统连接特点、表达需要以及使用方便,可将渗漏排水与检修排水分开绘制,也可绘在同一张图上,有时绘成"供排水系统图",以表示出供水、排水和相互联系,有时绘成"油气水系统图",以综合表示出全厂辅助设备系统的配置和相互联系,给出清晰的整体概念。

下面介绍几种典型的排水系统图。

图 5-5 所示为检修排水和渗漏排水均采用卧式离心泵的排水系统图,全厂共设置两台检修排水泵和两台渗漏排水泵,都集中布置在同一水泵室内。检修排水采用直接排水方式,水泵经干管与各台机组尾水管相连,水泵配有真空泵,故吸水管上不装设底阀。当机组检修时,打开该机组的蜗壳排水管 1 和检修排水干管 4 上的相应阀门,若启动前泵体内有空气,则启动真空泵 5 将空气抽走后,再启动水泵进行排水,操作采用手动控制。渗漏排水采用集水井排水方式,两台水泵互为备用,由集水井液位信号器 11 自动控制,全厂的渗漏水通过排水管或排水沟流入集水井。该排水系统运行安全可靠,但所需设备较多,管道复杂。

图 5-6 是采用深井泵排水的系统图,电站机组台数较多,设有检修排水廊道。检修排水和渗漏排水系统各选用两台深井泵,分别布置在厂房一端的两个集水井中,而水泵的电动机则集中布置在位于下游最高尾水位以上的同一室内,由于位置较高,比较干燥,对电气设备的运行维护非常有利。渗漏集水井 8 中安装两台深井泵 12,一用一备,用来排除厂内渗漏水,并在井内最高尾水位以上设有 DN250 的溢水管 10,当某种意外原因引起集水井装满时,及时溢流排向下游,防止事故进一步扩大。检修集水井 5 安装两台深井泵 14,检修集水井 5 与排水廊道 4 相通,以排除蜗壳和尾水管内的积水。蜗壳和尾水管的排水阀均采用液压操作的盘形阀,其操作机构装在操作廊道 2 中,操作廊道的渗漏水由管道排入渗漏集水井。渗漏集水井和检修集水井之间用一根 DN25 的管道 7 相通,并由长柄阀

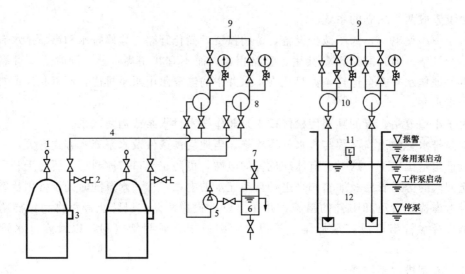

图 5-5 采用卧式离心泵的排水系统图

1—蜗壳排水管；2—吹扫接头；3—有拦污栅的吸水口；4—检修排水干管；5—真空泵；6—水箱；7—水箱供水管；8—检修排水泵；9—排水管；10—渗漏排水泵；11—液位信号器；12—渗漏集水井

6 控制，用以清洗检修集水井时排尽底部积水，连通管 7 的过流能力比渗漏排水泵的排水能力小很多，以防止因误操作或阀门损坏时检修集水井中的水倒灌入渗漏集水井。检修排水泵采用手动操作，设有监视用的水位指示器 15，渗漏排水泵则由液位信号器 9 自动控制，并在出水管上装有流量计，以测量渗漏水量。深井泵的轴承润滑水取自供水管路 13。

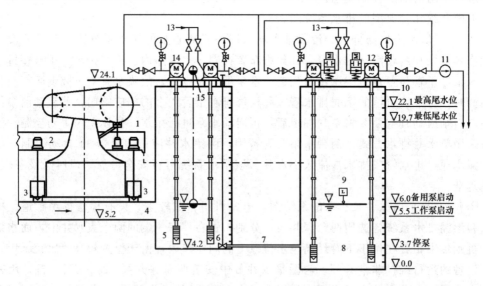

图 5-6 采用深井水泵的排水系统图

1—蜗壳排水盘形阀；2—操作廊道；3—尾水管排水盘形阀；4—排水廊道；5—检修集水井；6—长柄阀；7—DN25 排水管；8—渗漏集水井；9—液位信号器；10—DN250 溢水管；11—流量计；12—渗漏排水泵；13—深井泵轴承润滑水；14—检修排水泵；15—水位指示器

图5-7为一小型水电站的排水系统图。全厂排水系统共设置3台卧式离心泵。无机组检修时，1号和2号水泵由集水井液位信号器自动控制，一用一备，工作泵和备用泵可定期切换。机组检修期，1号水泵仍然承担渗漏排水任务，2号水泵则切换为手动，并关闭阀门1，打开阀门2和3，2号与3号水泵共同排除检修积水，待积水排干后，再由3号泵自动排除上、下游闸门（阀门）的漏水，而2号水泵又恢复为渗漏排水泵。渗漏排水时，通过底阀与止回阀旁路灌水阀实现自动充水；检修排水时，则通过真空泵实现启动充水。

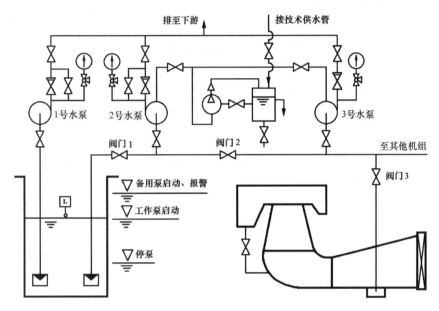

图5-7 小型水电站渗漏排水和检修排水合用设备的排水系统图

图5-8为某水电站采用卧式离心泵作检修排水、用射流泵作渗漏排水的系统图。检修排水采用直接排水方式，两台离心泵直接从尾水管内抽水。该电站为地下厂房，检修排水用阀门切换分别排向非检修机组的尾水管内。厂房渗漏排水采用一台射流泵作为工作泵，其高压水源取自1号机蝶阀前的压力钢管，两台检修排水泵在非检修期间通过阀门切换后兼作渗漏排水的备用泵，射流泵和备用泵由电极式水位计控制。

图5-9为某水电站装有10台发电一抽水可逆机组的供、排结合的水系统图。在该电站厂房上游侧的最底层设有贯通全厂10个机组段的排水廊道，容积很大，渗漏排水和检修排水合用同一廊道。全厂装有两台卧式离心泵及一台深井泵。深井泵专作渗漏排水用，经常运行，并为卧式离心泵启动充水。卧式离心泵通过阀门切换可作供水或排水两用。

三、排水系统的布置

排水系统一般处在厂房的底层，其设备布置与排水方式有关，故首先要根据地质条件、厂房结构、主设备布置和施工开挖的实际情况来确定排水方式，然后才能布置排水系统有关的设备。

1. 集水井布置

集水井的平面位置和尺寸主要根据可能开挖部位的情况确定。在保证集水井容积的条

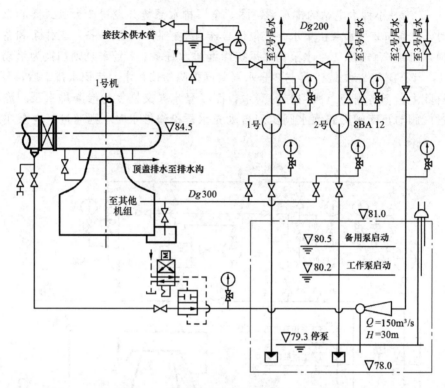

图 5-8　用射流泵作渗漏水的排水系统图

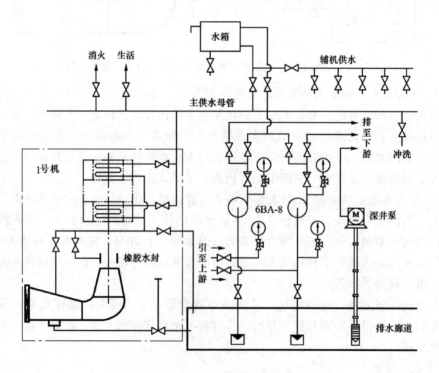

图 5-9　供、排水结合的水系统图

件下，其平面尺寸可相应变动，以做到在满足运行和检修需要的基础上，尽量经济合理，并使最低一层设备及其他地面的渗漏水能靠自流排入其中。

2. 排水泵房布置

排水泵房的位置由集水井位置而定，但其具体的长、宽、高尺寸应根据水泵机组外形尺寸、台数和布置情况确定。

当采用深井泵时，电动机宜安装在最高尾水位以上，否则需采取防淹和防渗措施，还要满足水泵安装和检修时的吊运要求，电动机安装高程要考虑防潮和便于检修维护，一般布置在水轮机层。

当采用卧式离心泵时，对轴流式机组的电站，由于尾水管较长，水泵房可布置在尾水管上部，以得到较大的面积和空间，便于运行和维护；而对混流式机组的电站，由于多数情况装设有水轮机进水阀，则排水泵可布置在进水阀廊道内。为保证吸水高程的要求，需要安装在足够低的位置上。

排水泵房设备的布置，应保证工作可靠，运行安全，装拆维护和管理方便，尽可能做到管道短、管件少、水力损失小。

3. 管道的布置

水泵吸水管道常处于负压状态下工作，因此要求吸水管道不漏气，不产生气囊。吸水管直径通常大于水泵吸水口直径，宜用偏心渐缩管连接。最好每台水泵均设置单独的吸水管，尽量做到管道短、附件少、水流条件好、水力损失小，以提高效率，降低造价和运行费用。

在下游水位很高并发生停泵水锤时，压水管道要承受较大的压力，所以要求压水管道坚固不漏水，多采用钢管和可靠的接口连接方式。压水管道的布置取决于泵房高程、水泵结构、管径大小、水力条件及运行管理等多种因素，因此需要综合考虑，一般沿地面埋设或架空敷设。当架空安装时，应用支架或吊架固定，不应妨碍通行，也不允许架设在电气设备上方。

对于具有长尾水管的地下电站，渗漏排水管出口高程宜高于最高尾水位，可直接排至下游或尾水调压室闸门后；检修排水管出口高程宜高于正常尾水位，可直接排至下游、尾水调压室闸门后或其他机组的尾水管内。

第五节　离心泵的启动充水

离心泵启动前，必须把泵壳、转轮室和吸水管内的空气完全排出，充满水后再启动，才能实现抽水。

当离心泵叶轮布置在最低取水位以下时，可实现自动充水；当离心泵的叶轮安装在取水位以上时，启动前泵体内是空气，由于空气的密度比水小，叶轮的旋转排不掉空气，形不成真空，水就不能升到泵体内，这就需要设置启动充水设备来完成充水任务。

离心泵常用的启动充水方法有以下几种。

一、底阀充水

当吸水口装有底阀时，启动充水有人工和自动两种方式。

（1）人工充水方式：启动水泵前打开灌水阀，向泵壳灌水，待水充满后，关闭灌水阀，启动水泵。这种充水方式充水时间长，一般适用于临时性小型水泵。

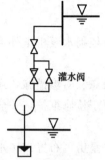

图 5-10 止回阀设旁路灌水阀

（2）自动充水方式：设置一个灌水阀，并将灌水阀置于某个小开度，随时向泵壳内注入少量水，以补偿底阀的漏水，使泵壳内随时充满水，可根据需要随时启动水泵。灌水阀的充水可取自技术供水管，也可取自水泵出口止回阀后的排水管，如图 5-10 所示。自动充水方式结构简单，广泛用于中小型离心泵。

底阀长期浸泡在水中，容易锈蚀损坏或被杂物卡塞，导致无法打开或关闭，影响水泵正常工作，而且水力损失大，充水时间长，维修麻烦，尺寸越大问题越突出，因此，口径大于 150mm 的离心泵很少设置底阀。

二、真空泵充水

真空泵实际上是一种特殊形式的空压机，用来抽吸气体，使被抽设备或容器内形成一定的真空度（负压）。水泵设置真空泵作启动充水就是利用真空泵将水泵内的空气抽走，形成真空，使水从吸水管吸上，充满泵体，当被抽到一定真空度时即可启动水泵。

在真空泵吸气管上装设示流信号器，或者在水泵壳上装设电接点真空表，可实现自动启动水泵和停止真空泵，达到自动控制的目的。

真空泵充水方式适用于口径大于 350mm 的离心泵。

电站常用的真空泵为水环式真空泵，其工作原理如图 5-11 所示。圆柱形泵室内偏心地装着一个星形叶轮，启动前泵室内充有规定高度的水，叶轮转动时，水受离心力被甩至泵体周壁，形成一个水环，在叶轮轮毂与水环内表面间形成月牙形气室，当叶轮顺时针方向旋转时，气室右侧由小到大递增，左侧由大到小递减。因此，右侧随着气室容积增加形成真空，吸入空气；而左侧随着气室容积减小，空气被压缩排出。水环式真空泵利用水环工作，需设置一个供水水箱，如图 5-12 所示。

  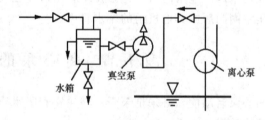

图 5-11 水环式真空泵工作原理　　图 5-12 水环式真空泵为离心泵启动充水

将水环式真空泵进气管与离心泵顶部排气孔相连，真空泵运转后，会使离心泵泵体和吸水管产生一定的真空度，在大气压力作用下，水流流入离心泵，充满泵体形成启动条件。

常用的水环式真空泵为 SZB 型或 SZZ 型（S 为水环式、Z 为真空泵、B 为悬臂式、Z 为直联式），其特点是：引水快，工作可靠，易于实现自动化；结构简单，体积小，价格低；一般情况下，抽气量随着真空度的增大而减小。

选择真空泵时，真空泵所需的真空度即为离心泵的几何吸水高度 $H_{吸}$，而所需的抽气量可按式（5-14）计算：

$$Q_{气} = \frac{10KV}{T(10-H_{吸})} \quad (\text{m}^3/\text{min}) \tag{5-14}$$

式中　K——安全系数，可取 1.5 左右；

　　　$H_{吸}$——离心泵的几何吸水高度；

　　　V——离心泵泵壳、转轮室及吸水管的空气体积总和，m^3；

　　　T——形成所要求真空度的时间，min，一般控制在 5～10min。

三、射流泵充水

利用射流泵高速射流形成的真空，将离心泵内的空气吸进混合室，与射流混合成水气混合流体，通过扩散管排掉。当射流泵排出的水从雾状变为清水时，即水泵内已充满水，就可开启水泵，如图 5-13 所示。

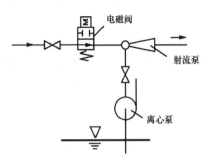

图 5-13　射流泵为离心泵启动充水

第六节　射流泵在供排水系统中的应用

一、射流泵工作原理

射流泵是一种利用高速液体（或气体）射流形成的负压抽吸流体，使被抽流体能量增加的机械，如图 5-14 所示。

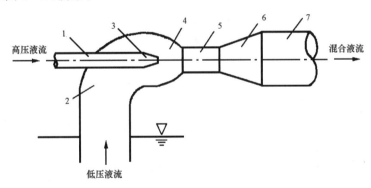

图 5-14　射流泵工作原理

1—高压流体进入管；2—低压流体吸入管；3—喷嘴；4—接受室；
5—混合室（喉管）；6—扩散管；7—排出管

高压液流经喷嘴 3 形成射流，以很高的速度喷射出来，使压能转变为动能。由于流速很大，射流质点的横向紊动扩散作用将接受室 4 中的空气带走，形成负压区，低压液流被吸进接受室，并与高压射流在混合室（喉管）5 内混合，经碰撞进行能量交换，高压液流速度减小，低压液流速度增加，在混合室出口趋于一致，且压力逐渐上升。混合液流经扩散管 6 使大部分动能转变为压能，使压力进一步提高，最后经排出管 7 排出。

二、射流泵的特点

射流泵无转动部分，结构简单、紧凑，制造、安装方便，成本较低；可作为管路系统的一部分，占用面积较小，易于布置；不用电，不受电源可靠性的影响；不怕潮湿和水淹，工作可靠。但由于依靠流体碰撞传递能量，有较大的能量损失，故效率较低，用于排水时最高效率为 30％～50％，用于供水时最高效率为 60％左右。同时，振动和噪音均较大，空蚀也较严重。

三、射流泵在水电站供排水系统中的应用

射流泵具有独特的特点，故在各领域中得到了广泛的应用。在水电站供排水系统中，主要有如下应用。

（1）当电站水头适宜时（$H = 80\sim160\text{m}$），用作技术供水泵。

（2）用作顶盖排水泵，布置比较方便。

（3）用作渗漏排水泵，不依靠厂用电作动力，工作可靠。

（4）用作检修排水泵，投资小，可安装在检修集水井或廊道中，安装、运行和维护要求较低。

（5）用作离心泵的启动充水。

四、射流泵的选择计算

目前，射流泵尚无定型产品，选用时需做一定的设计计算。

1. 射流泵的常用参数

射流泵的参数一般用相对值来表征，常用的参数如下：

（1）水头比：

$$h = \frac{H_C - H_S}{H_O - H_S} = \frac{H_M}{H_P + H_M} \qquad (5-15)$$

式中　　　　O——高压液流；

S——低压液流；

C——混合液流；

H_O、H_S、H_C——射流泵进出口断面高压液流、低压液流、混合液流以射流泵中心线为基准的总水头，如图 5-15 所示，H_S 以射流泵装于吸水水面以下时为正值；

$H_M = H_C - H_S$——低压液流经过射流泵的水头增加值；

$H_P = H_O - H_C$——高压液流经过射流泵的水头减小值；

$H_O - H_S$——射流泵的工作压力，即高压液流和低压液流的水头差。

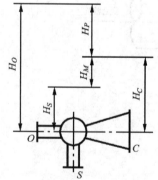

图 5-15　射流泵的水头

（2）流量比：

$$q = \frac{Q_S}{Q_O} \qquad (5-16)$$

式中　Q_S——低压液流的流量；

Q_O——高压液流的流量。

（3）面积比：

$$f = \frac{F_3}{F_O} \tag{5-17}$$

式中　F_3——喉管面积；

F_O——喷嘴出口面积。

（4）用作排水时的效率：

$$\eta_P = \frac{Q_S(H_C - H_S)}{Q_O(H_O - H_C)} = \frac{qh}{1-h} \tag{5-18}$$

（5）用作供水时的效率：

$$\eta_G = \frac{(Q_O + Q_S)H_C}{Q_O H_O + Q_S H_S} = \frac{(1+q)H_C}{H_O + qH_S} \tag{5-19}$$

当 $H_S = 0$ 时：

$$\eta_G = (1+q)h \tag{5-20}$$

2. 射流泵的设计

合理确定参数 f、h、q，使射流泵工作在高效区，这对设计十分重要。设计方法很多，公式不一，但均只能按不同的水头比或流量比，近似地求出相应的最优面积比，然后确定喷嘴直径、喉管直径和其他过流部件的大致尺寸，最后通过模型或原型试验加以改进。

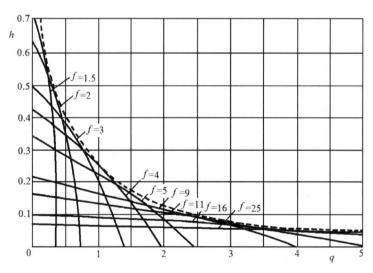

图 5-16　射流泵的 h-q-f 曲线

最优效率下的参数，称为最优参数。图 5-16 给出了最优 h-q-f 的关系，称为射流泵性能包络线。

例如计算某电站用作渗漏排水的射流泵参数。已知条件为 $h = 0.5$，$Q_S = 80\text{m}^3/\text{h}$。由图 5-16 纵坐标为 $h = 0.5$ 的水平线与包络线的交点，查得相应的 $q = 0.3$；而 $Q_O = Q_S/q = 80/0.3 = 267\text{m}^3/\text{h}$。该交点处与包络线相切的 h-q-f 曲线所标的数字 $f = 2$ 即为最优面

积比。按这些参数，用式（5-18）便可初步估计射流泵的效率为

$$\eta_P = qh/(1-h) = 0.3 \times 0.5/(1-0.5) = 30\%$$

射流泵各过流部件的尺寸，可按下列公式计算：

$$\text{喷嘴出口直径：} \quad d_0 = \sqrt{\frac{4F_0}{\pi}} = 1.13\sqrt{\frac{Q_O}{\varphi_1 \sqrt{2g(H_O - H_S)}}} \tag{5-21}$$

式中　喷嘴流速系数 $\varphi_1 = 0.975 \sim 0.95$。

混合室（喉管）直径：$d_3 = \sqrt{f}d_0$ \hfill (5-22)

扩散管出口直径：$d_c = (2.5 \sim 3)d_3$，取标准管径 \hfill (5-23)

低压液流吸入管直径：$d_s = (1.5 \sim 2)d_3$，取标准管径 \hfill (5-24)

喉嘴距：$L_{03} = (1 \sim 2)d_0$，H 高时取大值 \hfill (5-25)

混合室（喉管）长度：$L_3 = (6 \sim 8)d_3$，H 高时取大值 \hfill (5-26)

扩散管长度：$L_C = (10 \sim 12)d_3$ \hfill (5-27)

喷嘴平直段长度：$L_0 = (0.25 \sim 0.5)d_0$ \hfill (5-28)

式中　欲使 η_P、h 较高取小值，欲使 q 较高取大值。

喷嘴锥角：$\gamma = 13° \sim 15°$ \hfill (5-29)

扩散管锥角：$\theta = 8° \sim 10°$ \hfill (5-30)

第七节　排水系统的设计计算实例

一、基本资料

20 年一遇尾水位 193.3m，检修期尾水位 186.8m，最低尾水位 183.6m；水轮机型号 HL100-LJ-200，安装高程 181.5m；压力水管直径 DN1.6m，蜗壳进口直径 DN1.5m，尾水管底板高程 171.9m。

二、排水系统拟定

采用厂房渗漏排水与机组检修排水分开的系统，分别设置集水井，并各采用两台深井泵进行排水，如图 5-17 所示。渗漏排水泵由液位信号器自动控制，两台水泵可互相切换；检修排水泵采用手动控制。

三、机组检修排水设计计算

1. 排水量计算

（1）输水管段：

$$V_{\text{压}} = \frac{\pi L}{3}(R^2 + r^2 + Rr) = \frac{3.14 \times 4}{3}(0.8^2 + 0.75^2 + 0.8 \times 0.75) = 7.55(\text{m}^3)$$

（2）蜗壳段（按两段计算）：

$$V_{\text{蜗}} = \frac{F_1 + F_2}{2}L_2 + \frac{F_3 L_3}{2} = \frac{1.602 + 0.612}{2} \times 8.72 + \frac{0.394 \times 5.04}{2} = 10.65(\text{m}^3)$$

（3）尾水管：

直锥管段：

$$V_{\text{锥}} = \frac{\pi h}{3}(R_3^2 + R_4^2 + R_3 R_4) = \frac{3.14 \times 2.09}{3}(0.7^2 + 0.93^2 + 0.7 \times 0.93) = 4.39(\text{m}^3)$$

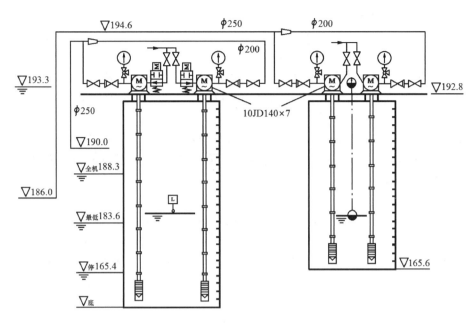

图 5-17 排水系统图

肘管段：

$$V_{肘}=\frac{\pi R_4^2+b_2 h_2}{2}L_4=\frac{3.14\times 0.93^2+3.36\times 1.07}{2}\times 4.69=14.8(m^3)$$

扩散段：

$$V_{扩}=\frac{F_5+F_6}{2}L_5=\frac{3.6+8.77}{2}\times 7.25=44.84(m^3)$$

尾水管总容积：

$$V_{尾}=V_{锥}+V_{肘}+V_{扩}=4.39+14.8+44.84=64.03(m^3)$$

（4）检修时排水总容积：

$$V=V_{压}+V_{蜗}+V_{尾}=7.55+10.65+64.03=82.23(m^3)$$

2. 闸门（或阀门）漏水量计算

（1）水轮机进口蝶阀漏水量计算：

$$Q_{1漏}=qL=0.5\times 3.14\times 1.6=2.51(L/s)$$

（2）尾水闸门漏水量计算。尾水闸门尺寸 3.36×2.61，一扇，取尾水闸门盘根漏水量为 $q=2.5L/(s\cdot m)$。故尾水闸门漏水量为

$$Q_{2漏}=qL_{尾}=2.5\times (2.61+3.36)\times 2=29.85(L/s)$$

（3）闸门总漏水量：

$$\sum Q_{漏}=Q_{1漏}+Q_{2漏}=2.51+29.85=32.36(L/s)=116.49(m^3/h)$$

3. 检修排水泵的选择计算

（1）水泵流量计算。每小时需排除的水量为

$$Q=\frac{V}{T}+\sum Q_{漏}=\frac{82.23}{5}+116.49=132.93(m^3/h)$$

则每台水泵的流量为

$$Q_{\text{泵}} = \frac{Q}{Z} = \frac{1}{2} \times 132.93 = 66.47(\text{m}^3/\text{h})$$

（2）水泵扬程计算。水头总损失 h_w 值（包括 $v^2/2g$ 部分）估算为

$$h_w = (\nabla_{\text{尾}} - \nabla_{\text{底}}) \times 20\% = (186.8 - 171.9) \times 20\% = 2.98(\text{mH}_2\text{O})$$

则水泵扬程为

$$H_{\text{泵}} = (\nabla_{\text{尾}} - \nabla_{\text{底}}) + h_w = (186.8 - 171.9) + 2.98 = 17.88(\text{mH}_2\text{O})$$

（3）水泵选型。根据计算 $Q_{\text{泵}}$ 及 $H_{\text{泵}}$ 值，选择 10JD140×7 型立式深井泵两台，$Q = 140\text{m}^3/\text{h}$，$H = 35\text{m}$，$N = 22\text{kW}$。

1）校核水泵流量：

$$Q = 140 > \sum Q_{\text{漏}} = 116.49(\text{m}^3/\text{h})$$

2）水泵运行方式：由于闸门（或阀门）漏水量为 116.49m³/h，故水泵运行方式采用：开始两台泵同时投入运行，待积水抽干后，用一台泵排上、下游闸门（或阀门）的漏水量。

3）两台水泵联合排水时间：

$$T = \frac{V}{2Q - \sum Q_{\text{漏}}} = \frac{82.23}{2 \times 140 - 116.49} = 0.5(\text{h})$$

4）校核 20 年一遇洪水位时的水泵扬程：

$$H_{\text{泵}} = 1.2 \times (\nabla_{\text{高尾}} - \nabla_{\text{底}}) = 1.2 \times (193.3 - 171.9) = 25.68(\text{mH}_2\text{O})$$

可见，选择 10JD140×7 型深井泵，在正常情况下能满足要求。

四、厂房渗漏排水系统设计计算

根据水工组提供的资料，厂房渗漏水为 35m³/h。

1. 确定渗漏排水泵

水泵流量：

$$Q_{\text{泵}} = (3 \sim 4)q = 3.5 \times 35 = 122.5(\text{m}^3/\text{h})$$

预选两台深井泵：10JD140×7，$Q = 140\text{m}^3/\text{h}$，$H = 35\text{m}$，$N = 22\text{kW}$。

2. 集水井容积确定

（1）集水井有效容积：

$$V_{\text{集}} = (30 \sim 60)q = 60 \times 35/60 = 35(\text{m}^3)$$

（2）根据厂房布置及安装水泵需要，确定集水井有效容积尺寸 $2.5 \times 3.5 \times 4.0 = 35\text{m}^3$。

（3）排干集水井有效体积积水的时间：

$$T = \frac{V_{\text{集}}}{Q - q} = \frac{35}{140 - 35} = \frac{1}{3}(\text{h}) = 20(\text{min})$$

（4）水泵启动间歇时间：

$$t = \frac{V_{\text{集}}}{q} = \frac{35}{35} = 1(\text{h})$$

3. 渗漏排水泵扬程计算

（1）估算水头总损失 h_w 值（包括 $v^2/2g$ 部分）：

$$h_w = (\nabla_\text{尾} - \nabla_\text{停}) \times 20\% = (186.8 - 165.4) \times 20\% = 4.28(\text{mH}_2\text{O})$$

（2）水泵扬程计算：

$$H_\text{泵} = (\nabla_\text{尾} - \nabla_\text{停}) + h_w = (186.8 - 165.4) + 4.28 = 25.68(\text{mH}_2\text{O})$$

（3）校核 20 年一遇洪水位时的水泵扬程：

$$H_\text{泵} = 1.2 \times (\nabla_\text{高尾} - \nabla_\text{停}) = 1.2 \times (193.3 - 165.4) = 33.48(\text{mH}_2\text{O})$$

可见，选择 10JD140×7 型深井泵，在正常情况下能满足渗漏排水的要求。

第八节　渗漏排水系统的计算机监控

在水电站中，渗漏排水系统的集水井处于电站最低位置，当其水位到达一定高度时，就必须用水泵将水抽走，否则会造成水淹厂房的事故。渗漏排水泵一般设置两台，一用一备，以前常用继电器来完成自动操作，现在则多用计算机（如 PLC）来实现自动监控功能。

一、对计算机监控系统的要求

（1）保证集水井水位处于安全范围：监控系统应自动保证集水井的水位在规定的高度以下。

（2）排水泵工作轮换：监控系统应使集水井中的两台排水泵通过自动方式或人工切换方式实现轮换工作。

（3）集水井水位过高报警：当集水井水位出现过高等异常情况时，监控系统应发出报警信号。

（4）自动记录：监控系统可自动记录水泵运行小时数及启停间隔时间，并通过计算机通信将数据送上位机。

二、计算机监控系统接线原理

排水系统的计算机监控可用 PLC 来实现，因监控系统开关量输入和输出的点数较少，可使用整体式 PLC，如开关量输入点数选用 16 点，开关量输出点数选用 8 点。

监控接线原理应根据渗漏集水井排水泵的自动化要求而定，图 5-18 所示为某电站渗漏排水系统的 PLC 监控接线原理图。

三、监控功能

1. 自动运行

将运行/试验选择开关 SAH 拧向运行方向，触点 1、2 接通（X1：1）。

（1）轮换启动工作排水泵：将 1 号、2 号水泵的控制开关 SAC1、SAC2 置于自动位置，SAC1、SAC2 的触点 1、2 接通（X1：4、X1：6）。假设 PLC 监控系统初次上电时首先使用 1 号水泵。当集水井的水位上升到工作水泵启动水位时，水位信号器 SL1 的常开触点闭合（X1：10），PLC 控制继电器 K1 的常开触点闭合（X2：1），接通 1 号水泵电动机接触器 KM1 回路，启动 1 号水泵。当集水井中的水位降到停泵水位时，压力信号器 SL3 的常开触点闭合（X1：12），PLC 控制继电器 K1 复归，从而使 1 号水泵电动机接触器 KM1 复归，1 号水泵停止运行。当集水井中的水位再次上升到 SL1 的常开触点闭合时，PLC 控制继电器 K2 的常开触点闭合（X2：2），启动 2 号水泵。当集水井中的水位

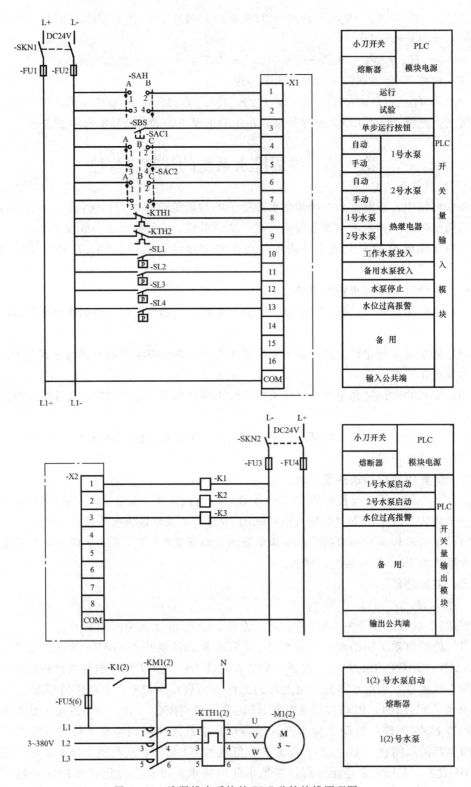

图 5-18 渗漏排水系统的 PLC 监控接线原理图

降到停泵水位时，SL3 的常开触点闭合，PLC 控制 K2 复归，2 号水泵停止运行。当水位再一次上升时，PLC 又使 1 号水泵投入运行，如此重复，从而实现两台水泵的工作轮换，使两台水泵的运行时间基本相同，以防止某台水泵长期不运行而造成电动机受潮。对于采用卧式离心泵的渗漏排水系统，由于排水泵电动机位置较低，环境比较潮湿，排水泵的轮换显得更加重要。

（2）启动备用排水泵：当集水井水位升高后，已有一台水泵在工作，如 1 号水泵在运行，但由于某种原因，水位继续上升，当上升到启动备用水泵水位时，即水位信号器 SL2 的常开触点闭合（X1：11），PLC 控制继电器 K2 动作（X2：2），投入 2 号水泵，使两台水泵同时工作，并发出信号，以提醒运行人员注意。若 2 号水泵已先在工作，则 PLC 把 1 号水泵作为备用水泵启动。当集水井中的水位达到停泵水位时，SL3 的常开触点闭合，PLC 使 K1 和 K2 同时复归，使两台水泵停止运行。

2. 单台排水泵自动运行

如果有一台排水泵出现故障，将其控制开关置于停止位置，如 2 号水泵的控制开关 SAC2 置于停止位置，其触点 1、2 和 3、4 均不接通（X1：6 和 X1：7），此时若 1 号水泵的控制开关 SAC1 置于自动位置，则 1 号水泵处于单台自动运行状态，由 SL1 控制其启动，由 SL3 控制其停止。

3. 排水泵手动运行

将 1 号、2 号排水泵的运行控制开关 SAC1、SAC2 拧向手动方向，触点 3、4 处于接通状态（X1：5、X1：7），此时两台排水泵均处于手动运行方式。在手动运行方式时，可使 1 台水泵工作或 2 台水泵同时工作。当集水井中的水位降到停泵水位时，可将控制开关 SAC1、SAC2 拧向停止位置，从而停止水泵的工作。

4. 集水井水位异常报警

由于某种原因使集水井水位升高至报警水位时，水位信号器 SL4 的常开触点闭合（X1：13），PLC 控制继电器 K3 动作（X2：3），发出集水井水位过高报警信号，以让运行人员检查原因。

5. 排水泵电动机的保护

排水泵电动机的保护由热继电器 KTH1 和 KTH2 来完成。当排水泵电动机过负荷时，热继电器动作，其常闭触点断开（X1：8 和 X1：9），PLC 控制继电器 K1、K2 复归，继电器 K1、K2 的常开触点断开，使排水泵电动机接触器 KM1 和 KM2 回路断开，水泵停止运行。

6. 自动记录

监控系统自动记录水泵运行小时及启停间隔，并通过计算机通信将数据送往上位机。

四、监控系统说明

（1）超时报警：可设置超时报警功能，即当排水泵连续工作时间超出设定值时，发出水泵超时报警信号。

（2）泵阀连锁控制：对于立式深井泵，可增加泵阀连锁控制功能，即深井泵的启停与润滑水的控制阀门联动。深井泵启动前，先打开润滑水的控制阀门，向深井泵的轴承提供润滑水。当润滑水有示流信号后，延时 2min，再启动深井泵。水泵启动后，当其出口有示流信号后，延时 2min，再关闭润滑水的控制阀门。在深井泵运行过程中，若出现润滑水中断故障时，立即停止深井泵，并进行报警。

（3）模拟量监控：可通过水位传感器采集集水井的水位模拟信号，并实现相应的监控功能。

思 考 题 与 习 题

1. 水电站设置排水系统的目的是什么？

2. 检修排水和渗漏排水各有哪几部分组成？各有什么特征及要求？

3. 集水井的有效容积、备用容积、安全容积分别指什么？

4. 集水井的有效容积如何确定？如果其容积过大或过小有何问题？

5. 确定集水井底板高程时主要考虑哪些因素？

6. 混流式和轴流式水轮机顶盖排水有何不同？

7. 常用的渗漏排水泵有哪几种类型？渗漏排水常用什么操作方式？如何实现？

8. 检修排水量的大小主要与什么因素有关？其具体操作过程是怎样的？

9. 水轮机的上、下游闸门（或阀门）的漏水量与什么因素有关？

10. 直接排水与间接排水有何不同？一般各用什么类型的水泵？

11. 在什么情况下采用排水廊道？

12. 大中型水电站检修排水和渗漏排水共用一套设备是否合适？

13. 离心泵启动充水的常用方法有哪几种？在什么情况下启动前不用充水设备？

14. 简述水环式真空泵的工作原理。

15. 射流泵的工作原理是什么？主要用于水电站哪些方面？其优缺点是什么？

16. 水轮机进水口闸门的尺寸为 $7.2m \times 13.5m$，三扇门，每扇门三块，闸门单位漏水量为 $1.5L/(s \cdot m)$，求闸门漏水量？

17. 机组检修排水量为 $4471m^3$，选定 $20H \times 3$ 型深井泵，每台水泵流量 $Q=250$（L/s），$H=34m$，闸门漏水量为 $1620m^3/h$，应选用几台深井泵？采用什么运行方式？排水时间是多少？

18. 厂房渗漏水量很难通过计算方法来确定，根据同类型电站实测资料，提供渗漏水量为 $0.89m^3/min$，故本电站采用 $1.0m^3/min$，按 1h 水泵启动一次，间歇 40min，运行 20min，求水泵排水量？

19. 根据机组检修排水量计算结果，选出检修排水泵 10Sh - 9 型水泵两台，每台泵流量为 $Q=486m^3/h$，$H=38.5m$，$H_s=6.0m$，安装海拔 520m，当地最高水温为 30℃，问该水泵允许吸水高度应是多少？

20. 某电站根据水工组提供资料，厂房渗漏水为 $60m^3/h$。预选 10JD140×9 型深井泵两台，根据厂房布置的可能性，集水井有效容积为 $2 \times 3 \times 5 = 30（m^3）$，问水泵抽干集水井有效容积积水需多长时间？水泵启动间隔时间是多少？

21. 某水电站上游水位 $\nabla_上=244m$，下游水位 $\nabla_下=122.3m$，集水井最低停泵水位 $\nabla_{停min}=113.4m$，集水井有效容积 $V_集=25m^3$，要求一台水泵在 15min 内排完，水泵吸水管总损失 $h_吸=1.5mH_2O$，排水管总损失 $h_排=6mH_2O$，水泵的安装高程 $\nabla_安=116m$，若选用卧式离心泵作为渗漏排水泵,试求水泵的流量和扬程。若选用射流泵作为渗漏排水泵,假定高压水量为 $125m^3/h$,高压进水管路总损失为 $8mH_2O$。试问射流泵在集水井最低停泵水位时的水头比 h、流量比 q 和效率 η 各为多少?

22. 渗漏排水系统的计算机监控功能有哪些?

第六章　水力监测系统常用的传感器及仪表

第一节　非电量电测原理及传感器

一、非电量电测法的基本原理

1. 非电量电测法的特点

描述水电站及水力机组工作状态的参数很多为非电量，如水位、水头、流量、压力、位移、转速、振动和温度等，这些参数的测量方法很多，其中以电测法应用最广，这种非电量电测法具有许多特点，主要有以下几点：

（1）测量准确度高、灵敏度好、测量范围大。

（2）可连续测量，而且便于显示和记录。

（3）能将测量结果进行数学运算，并根据运算结果进行自动调节与控制。

（4）惯性小，特别适用于过渡过程。

（5）特别适用于计算机监控系统。

2. 非电量电测系统的组成

典型的非电量电测系统如图 6-1 所示，一般由传感器、电气测量仪表、测量电路和稳压电源四部分组成。

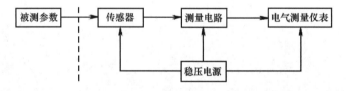

图 6-1　非电量电测系统原理方框图

（1）传感器：用于将被测非电量变换为电量。作为能量转换元件，传感器的性能对测量精度有决定性影响，是非电量电测系统的核心部分。

（2）电气测量仪表：非电量电测系统的重要组成部分，其刻度盘通常是以被测非电量的单位来刻度的。一般可分为以下三类：

1）指示仪表：可显示被测参数的数值及变化规律。

2）记录仪表：可记录静态参数点的数据及动态信号的变化过程。

3）分析仪表：可将信号加以分析处理，以便得到所需的各种特征参数。

（3）测量电路：用于将传感器输出的电量转换为电气测量仪表能接受的电量。在最简单的情况下，测量电路就是连接传感器和电气测量仪表的导线。如果传感器的电气参数用电桥或补偿法测量，其电路就比较复杂。在许多情况下，为了满足特殊要求，测量电路中还包含有放大器、整流器、滤波器和运算器等。

（4）稳压电源：用于保证测量系统不受电网电压波动的影响。一般情况下，测量系统中的传感器、测量电路和电气测量仪表均需供电，在某些情况下则仅对测量电路部分供电即可。

二、传感器

传感器也称变送器或换能器，它可将感受到的非电量信号按一定函数关系（一般为线性）转换为电信号，以便采用电气测量仪表进行测量。

传感器按是否需要外加能源可分为：自源式和他源式。自源式传感器可将被测对象中的能量直接转换为电量，无需外加辅助能源，故也称发电式传感器；他源式传感器则首先将被测量转换成电阻、感抗或容抗之类的电气参数，然后利用外加辅助能源实现电信号的输出，故又称参量式传感器。

在水电站及水力机组监测系统中，传感器按被测参数的不同可分为：压力压差传感器、位移传感器、振动传感器和温度传感器等；按传感器所利用的物理现象又可分为：电阻式、电容式、电感式和压电式等。

1. 电阻应变片

电阻应变片既是元件式传感器，又是许多整体结构式传感器中的转换元件，其主要特点是：使用简便、测量精度高、体积小、动态响应好，广泛用于测量力、压力、转矩、位移、加速度等。

根据材料不同，电阻应变片分为金属式和半导体式两大类。

（1）金属式电阻应变片：分为丝式和箔式，其工作原理为导体的应变效应，即导体电阻随其机械变形而变化，可用式（6-1）表示：

$$\frac{\Delta R}{R} = K\varepsilon \qquad (6-1)$$

式中　　K——灵敏系数，由电阻丝材料特性决定，通常在$-12 \sim +4$之间；

　　　　ε——电阻丝的应变。

式（6-1）表明：电阻丝的电阻变化率与其应变成正比。要求电阻丝材料具有较高的电阻率和灵敏系数，以及适当的温度系数和良好的焊接性能。金属式电阻应变片的主要缺点是灵敏系数低。

（2）半导体式应变片：工作原理为半导体的压阻效应，即对半导体材料施加作用力使其产生应变时，其电阻率随之而变化，也可用式（6-1）表示，只是灵敏系数 K 较大，在$-110 \sim +210$之间，这也是半导体式应变片的主要优点，其缺点是热稳定性差、非线性严重。

2. 压力（压差）传感器

压力（压差）传感器可将被测介质的压力（压差）转换为电信号输出，在测量系统中起重要作用，主要有应变式、电感式、压电式、电容式和谐振式等类型。

（1）应变式压力传感器：是一种发展较早、应用范围较广的应力传感器，具有精度高、体积小、重量轻、测量范围宽、固有频率高等优点，它基于电阻应变原理，利用应变片配合适当的弹性元件而工作，主要有以下品种：

1）膜片式压力传感器：以膜片为弹性元件，利用膜片在压力作用下，其中心位移的应变与压力成正比的特性，将压力变换成位移和应变，再通过电阻应变片转换成电参数予以测量。膜片是用金属或非金属制成的圆形薄片，断面为平的称为平膜片；断面为波纹状称为波纹膜片；两个膜片边缘对焊起来称为膜盒；几个膜盒连接起来称为膜盒组，具体形状见图 6-2 中所示。

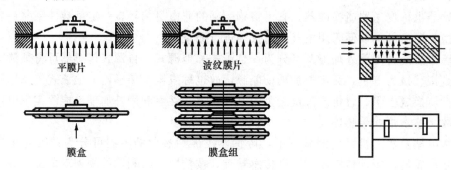

平膜片　　　　波纹膜片

膜盒　　　　膜盒组

图 6-2　膜片与膜盒　　　　　　　　图 6-3　弹性圆筒

2）筒式压力传感器：弹性元件为薄壁金属圆筒，圆筒的一端不通，一端开口，如图 6-3 所示。使用时从开口的一端将流体引入筒内，使其内腔与被测压力场相通。在压力作用下，圆筒外表面的圆周方向和轴向均产生应力。

3）组合式压力传感器：由两种弹性元件构成组合弹性系统，常见的几种组合形式如图 6-4 所示，图 6-4（a）为由膜片和悬臂梁组成的弹性系统；图 6-4（b）为膜片和薄壁金属圆筒组成的弹性系统；图 6-4（c）为弹簧管和悬臂梁组成的弹性系统；图 6-4（d）为波纹管和梁组成的弹性系统。

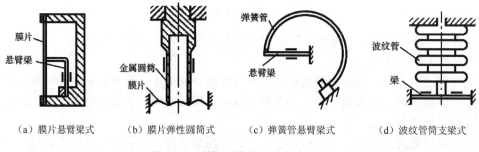

膜片　　悬臂梁　　　　　　金属圆筒　膜片　　　　弹簧管　悬臂梁　　　　波纹管　梁

（a）膜片悬臂梁式　　（b）膜片弹性圆筒式　　（c）弹簧管悬臂梁式　　（d）波纹管筒支梁式

图 6-4　弹性系统的几种组合方式

4）应变式压力传感器产品：已有很多通用性较强的定型产品，根据用途的不同，常见的有 BPR-2、BPR-3、BPR-10 和 BPR-12 等型号。图 6-5 是 BPR-3 型压力传感器的结构图，弹性圆筒 2 的下部装有柔性很好的膜片 1，膜片的边缘焊接在外壳 3 上，压力通过膜片传给弹性圆筒，筒体外面贴有应变片 4，为了防止受潮，应变片除用环氧树脂加封外，在圆筒外还罩有橡皮套筒 5。为使弹性圆筒底部抵住膜片，并具有一定的初始压力，通过调整片 6 调整筒体和壳体间的间隙来实现。弹性圆筒靠压盖 8 固定在外壳内。为了适应高温条件下的测量，外壳装有进出水管接头 9 和 7。高温测量时，冷却水从接头 9 进入筒体内，并通过筒体底部上的孔进入筒体和壳体之间，最后由接头 7 排出。壳体的端部有螺纹，使用时，直接旋在被测系统的测孔上。

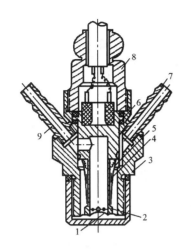

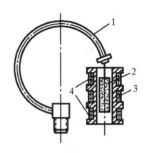

图 6-5　BPR-3 型压力传感器　　　　　图 6-6　YDC 型电感式压力传感器

1—膜片；2—弹性圆筒；3—壳体；4—应变片；　　　1—弹簧管；2—铁芯；3—初级

5—橡皮套筒；6—调整片；7、9—接头；8—压盖；　　　线圈；4—次级线圈

（2）电感式压力传感器：压力作用于弹性元件产生位移，弹性元件通过位移电感变换器，使输出电压产生变化，利用输出电压与压力的正比关系实现测压目的。

图 6-6 为 YDC 型电感式压力传感器的结构示意图，弹簧管 1 为感受元件，其自由端与差动变压器的铁芯相连，当被测压力使弹簧管自由端产生位移时，牵动铁芯在差动变压器中运动，通过差动变压器线圈的互感作用将位移变化转换成感应电势的变化。由于压力与弹簧管自由端的位移成正比，而此位移又与差动变压器输出电压成正比，故压力与输出电压也成正比，且输出电压的方向反映了铁芯位移的方向。

（3）压电式压力传感器：利用某些电介质的压电效应来工作的。当晶体发生机械变形时，晶体相对两面上发生异号电荷，即晶体内部发生极化现象，当外力去掉后，晶体又会回到不带电状态，这种现象称为压电效应，通过测量晶体表面所产生的电荷量，就可得知晶体所受压力的大小。

具有压电效应的物体称为压电材料，常见的有石英、酒石酸钾钠、钛酸钡和锆钛酸铝等，可分为压电晶体（如天然石英晶体）和压电陶瓷（如钛酸钡）两大类，它们的压电机理不同，压电陶瓷是人造多晶体，压电常数比石英晶体高，但机械性能和稳定性不如石英晶体好。

石英晶体为六边形体系，如图 6-7 所示，它有三个主轴线：纵轴 z 称为光轴，穿过棱柱的棱角并垂直于光轴的 x 轴称为电轴，垂直于棱面的 y 轴称为机械轴。从石英晶体中切割出一个平行六面体，使它的晶面分别平行于电轴、光轴和机械轴，如图 6-8 所示，当沿着 x 轴施加一个外力 F_x 时，晶体就发生极化现象，在受力面上产生了电荷；当沿着 y 轴施加一个外力 F_y 时，则在晶体的侧面（与 x 轴垂直的表面）产生了电荷；当沿着 z 轴施加外力或在各个方向上加相等的外力时，晶体表面不会产生电荷。这种现象可用图 6-9 来解释，石英不受外力时的晶格如图 6-9（a）所示，电荷处于平衡状态。而当沿 x 轴或 y 轴施加外力时，晶格发生了变形，如图 6-9（b）、图 6-9（c）所示，晶面出现了电荷。

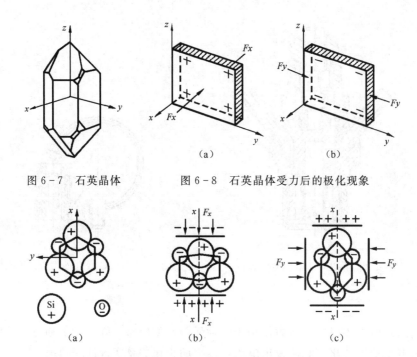

图 6-7　石英晶体　　　图 6-8　石英晶体受力后的极化现象

图 6-9　石英晶体受力后的晶格变化

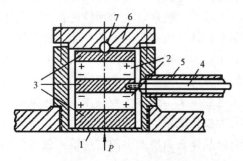

图 6-10　压电式压力传感器结构简图
1—薄膜；2—石英片；3—金属垫板；4—引线；
5—套管；6—顶盖；7—球

沿 x 轴加力产生的压电效应称纵向压电效应，沿 y 轴加力产生的压电效应称横向压电效应。实验表明：极化强度（压电晶体片表面上的电荷密度）的大小和晶体的变形成正比，在弹性极限内也就与单位面积上的压力成正比，且对纵向压电效应，与晶体尺寸无关，而对横向压电效应，与晶体尺寸有关。

图 6-10 为测量流体压力的压电式压力传感器的结构简图，被测压力 P 作用在薄膜 1 上，它是传感器外壳的底，两片石英片 2 夹在金属垫板 3 之间，中间那块垫板与引线 4 相连接，并穿过由绝缘材料制成的套管 5 引出壳体外，顶盖 6 与外壳相连，压力经球 7 均匀地加到石英片表面。石英片的放置使负电位加到仪器电路上，正电荷则经壳体通入大地。带负电的电极与壳体之间的电位差与被测压力成正比，故测出由压力而产生的电压，就可求得压力的大小。

压电式压力传感器体积小，结构简单，工作可靠；测量范围宽，可测 100MPa 以下的压力；测量精度较高，频率响应高，应用广泛；但由于压电元件产生的电荷会泄漏而无法保存，故不适宜静态测量（变化缓慢的压力和静态压力），而在交变力的作用下，电荷会不断补充，以供给测量电路一定的电流，所以适宜于动态测量。

压电式传感器为可逆式换能器，可实现电能和机械能的可逆转换。

（4）电容式压力传感器：将压力的变化转换成电容量变化的一种传感器，主要有压力、差压、绝对压力、带开方的差压（用于测流量）等品种及高差压、微差压、高静压等规格。电容式压力传感器的工作原理基于平板电容，即电容量正比于两平板的相对面积，而反比于两平板的间距，常用变极距电容式和变面积电容式两类。

（5）谐振式压力传感器：靠被测压力所形成的应力改变弹性元件的谐振频率，通过测量频率信号的变化来检测压力。谐振式压力传感器特别适合与计算机配合使用，组成高精度的测控系统。根据谐振原理可分为振筒式、振弦式和振膜式等多种型式。

3. 位移传感器

在水电站测量中，很多地方都要用到位移测量，如导水机构接力器行程、导叶开度、闸门开度和机组轴向位移等。位移传感器就是将位移转换为电量（电流或电压）变化，以供记录和显示，可分为线位移和角位移两类。线位移是指机构沿着某一条直线移动的距离；角位移是指机构绕着某一定点转动的角度。常用的位移传感器有电阻式、电感式、差动变压器式、感应同步式、电容式和涡流式等种类。

（1）电阻式位移传感器：常用电位器式位移传感器，由绕线电阻丝、滑动触头和测杆等组成，如图 6-11 所示。当物体位移发生变化时，通过测杆带动滑动触头在电阻丝上滑动，改变电路中的电阻值，使输出电压（或电流）发生变化，常用桥式电路进行测量。

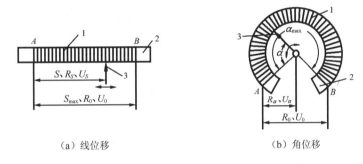

（a）线位移　　　　　　　　　　（b）角位移

图 6-11　电位器式传感器
1—电阻丝；2—骨架；3—滑动触头

电阻式位移传感器结构简单，使用方便，采取一定补偿措施后线性度较好，在大位移的测量中应用广泛。

（2）电感式位移传感器：根据电磁感应原理，把被测位移转换为互感系数 M 或自感系数 L 的变化，再将 M 或 L 接入一定的转换电路，便可变换成电信号输出，分为互感式与自感式两类，测量电路有桥式电路、谐振电路和调频电路等不同型式。

图 6-12 所示为可变磁阻式位移传感器，也称可动铁芯型位移传感器，为互感式，在螺管线圈的中心部分插入一个铁芯，电感量与铁芯位移成一定关系，适用于较大位移的测量，定型产品如 DWZ 型电感式位移传感器。

图 6-13 所示为改变气隙型位移传感器，为自感式，在铁芯与衔铁之间存在空气隙 δ，当衔铁移动时，空气隙厚度 δ 发生变化，从而使电感 L 发生变化。从图上可知：电感 L 与空气隙厚度 δ 成反比。

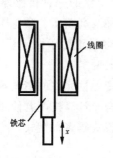 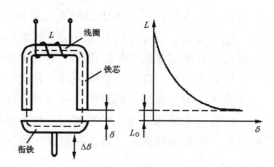

图 6-12　可变磁阻式位移传感器　　　　图 6-13　改变气隙型位移传感器

电感式传感器结构简单，工作可靠，灵敏度高，输出功率较大，除用于位移测量外，还广泛用于可转换为位移的其他参数测量中。

（3）差动变压器式位移传感器：属电感式位移传感器的一种，但又不同于普通电感式位移传感器，它是利用线圈的互感作用工作的，通过差动变压器将位移转换成电压来达到测量目的。

差动变压器是利用线圈的互感作用将位移转换成感应电势的装置，主要由线圈和铁芯构成，如图 6-14 所示。线圈由初级线圈 P 和次级线圈 S_1、S_2 组成，线圈中心的圆柱形铁芯 C 随被测物体上下运动。图 6-14（a）为三段型差动变压器，图 6-14（b）为二段型差动变压器。当初级线圈通以一定频率的交流电时，由于互感作用使次级线圈分别产生感应电动势 E_{S1}、E_{S2}，虽然 E_{S1}、E_{S2} 与铁芯的位移不具有线性关系，但由于 E_{S1} 和 E_{S2} 采用反极性串联，即差动变压器输出电压 E 为二者之差（$E = E_{S1} - E_{S2}$），在两个次级线圈完全相同情况下，从图 6-14（d）可以看出：差动变压器输出电压 E 的大小和方向反映了铁芯的位移大小和方向，而且其大小关系为线性关系。

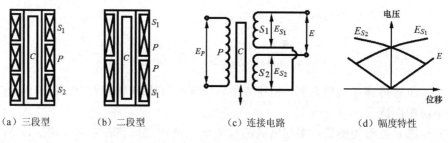

（a）三段型　　　（b）二段型　　　（c）连接电路　　　（d）幅度特性

图 6-14　差动变压器

差动变压器作为位移电量转换元件精度高，线性范围广，稳定性好，灵敏度高，制造安装方便，在非电量测量中得到了广泛应用。

（4）感应同步式位移传感器：根据电磁耦合原理将线位移或角位移转变成电信号，分直线式和旋转式两种。直线式由定尺和滑尺组成，而旋转式由转子和定子组成，如图 6-15 所示，矩齿形平面绕组采用照相腐蚀的方法制成。滑尺（或定子）由绕组 A 和 B 组成，A 为正弦绕组，B 为余弦绕组。在 A、B 绕组上加上激磁电压后，当滑尺移动（或转子转动）时，感应电势的相位 φ 与位移 S 成正比，故只要测得 φ，就可推算滑尺和定尺之间的相对位移（或定子和转子之间的相对角度），进而得到运动部件的位移量。

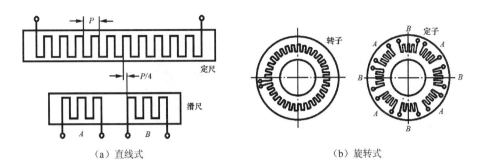

（a）直线式　　　　　　　　　　　　　（b）旋转式

图 6-15　感应同步器绕组

（5）电容式位移传感器：工作原理基于平板电容，主要有变极距型和变面积型两类。

变极距型位移传感器可进行非接触动态测量．对被测系统影响小，需要的动作能量低，动态响应快，灵敏度高，并可在恶劣环境条件（高温、低温、强辐射等）下工作，但输出特性为非线性关系，只有在较小的极距变化范围内才能获得近似线性关系，所以仅适用于较小位移（1mm 以下）的测量。

变面积型位移传感器由固定极板和活动极板组成，当活动极板运动时，电容极板间的覆盖面积会发生变化，电容量也就随之改变。电容活动极板呈直线移动时为线位移，活动极板呈角度转动时为角位移。变面积型位移传感器灵敏度较低，适用于较大的线位移及角位移测量。一般采用差动式结构，以提高灵敏度，克服外界条件变化对测量精度的影响。

（6）涡流式位移传感器：工作原理是利用金属导体在交流磁场中的涡流效应，如图 6-16 所示，为提高灵敏度，电感线圈 L 并联一只电容器 C，构成并联谐振电路。振荡器产生的高频电流施加在 L 探头上，L 上的高频磁场作用于被测金属表面，感应的电涡流会产生一个新磁场反作用于 L 上，引起电感变化，使 LC 振荡回路的振荡频率改变，通过频率计测出测量

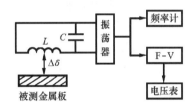

图 6-16　涡流式位移传感器

回路输出的频率，或通过 F-V 转换后用电压表测出测量回路输出的电压，即可反映传感器探头与被测金属物体表面距离的大小。

涡流式位移传感器灵敏度高、结构简单、抗干涉能力强，不受油污等介质影响，广泛应用于小位移的非接触式测量，如位移、振幅、厚度等，尤其适合于动态测量，如转动机械轴的摆度等。

4. 测振传感器

测振传感器又称拾振器。根据测量参考坐标不同，可分为相对式和绝对式两类：

相对式有两个相对运动的部分，一个固定在相对静止的物体上，作为参考点，另一个用弹簧压紧在振动物体上，将振动直接刻画在记录纸上，或者转换成电量送给测振仪，如图 6-17 所示。

绝对式通常是一个由质量块、弹簧组成的惯性系统，故又称惯性式，如图 6-18 所示，整个传感器装在被测物体上，由于惯性力、弹簧力和阻尼力的组合作用，而使质量块对壳体做相对运动，以反映被测振动的规律。

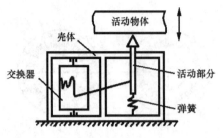

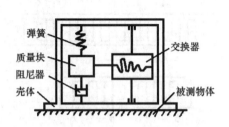

图 6-17　相对式测振传感器　　　　图 6-18　绝对式测振传感器

相对式测振传感器活动部分（顶杆）必须能及时跟随被测物体一起运动，以正确传递振动，其跟随条件由被测振动的频率、振幅和顶杆的固有频率共同决定。当固有频率一定、弹簧初压缩量和被测振幅限定时，被测振动的频率受到限制。如果在使用中弹簧的压缩量不够或被测物体的振动频率过高，则不能满足跟随条件，顶杆与被测物体将发生撞击。因此相对式测振传感器只能在一定频率和振幅范围内工作，而绝对式测振传感器无此问题。

按照振动参量（位移、速度和加速度）变换为电参量的原理不同，测振传感器又可分为磁电式、应变式、压电式和电容式几种。

（1）磁电式速度传感器：利用电磁感应原理测量物体的振动速度，由永久磁铁、感应线圈和测量电路组成，主要有 CD-1 型（绝对式）和 CD-2 型（相对式）两种型号。

CD-1 型磁电式速度传感器如图 6-19 所示，磁钢 4 借助铝架 5 固定在壳体 6 内，并通过壳体形成磁回路，线圈 3 和阻尼环 7 装在芯杆 8 上，芯杆用弹簧 2 和 9 支撑在壳体内，构成传感器的活动部分。活动部分的质量和弹簧的刚度决定了传感器的固有频率，它必须远小于被测物体振动频率的下限。处于磁场气隙中的线圈以被测物体振动的速度切割磁力线使线圈产生感应电势，此感应电势正比于被测振动的速度。

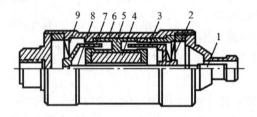

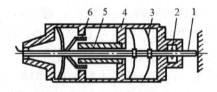

图 6-19　CD-1 型磁电式速度传感器　　　　图 6-20　CD-2 型磁电式速度传感器
1—输出端；2、9—弹簧；3—线圈；4—磁钢；　　　　1—顶杆；2—限幅器；3—弹簧；
5—铝架；6—壳体；7—阻尼环；8—芯杆　　　　4—壳体；5—磁钢；6—线圈

CD-2 型如图 6-20 所示，磁钢 5 通过壳体 4 构成磁回路，线圈 6 置于磁回路的缝隙中，当被测物体振动时，线圈因切割磁力线而产生电动势，如果顶杆的运动符合跟随条件，则线圈的运动速度就是被测物体的振动速度，因而线圈的输出电压反映被测振动速度的变化规律。

速度式传感器适用于测量频率较低（10～1000Hz）、振幅较小（1mm 以下）的机械振动。

（2）应变式加速度传感器：图 6－21 所示为 BAR－6 型应变式加速度传感器。弹性元件 2 为等强度梁，其一端固定在壳体 4 上，另一端装有质量块 3，为造成阻尼条件，壳体内充满硅油，悬臂梁和质量块均处于其中。由于质量块相对于壳体有一个位移，因而粘贴在悬臂梁上的应变片 1 感受应变而产生电阻值的变化，此电阻值的变化正比于质量块的位移，正比于被测振动的加速度。

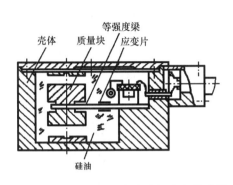

图 6－21　BAR－6 型应变式加速度传感器

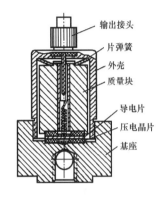

图 6－22　压电式加速度传感器

（3）压电式加速度传感器：工作原理基于振动物体的加速度正比于压电晶体产生的电荷，主要由质量块和压电元件等组成，如图 6－22 所示，传感器固定在被测物体上，压电晶体片安装在基座上，上面为惯性质量块，用片弹簧压紧，当把外壳拧紧在基座上时，片弹簧就使压电晶体片产生一个预应力。当被测物体振动时，传感器也做同样振动，此时惯性质量块产生一个与加速度成正比的惯性力，此惯性力作用在压电晶体片上，使之产生电荷，电荷正比于加速度。

（4）电容式加速度传感器：利用电容极板间间隙改变时电容量随之变化的原理测量振动加速度，主要由质量块、弹簧和差动电容组成，如图 6－23 所示。当传感器处于静止状态时，动极板处于两固定极板的中间位置，形成的电容 $C_1 = C_2$。当传感器的质量块受加速度作用时，动极板与质量块在片弹簧支持下以加速度 a 发生运动，动极板相对于固定极板位置发生改变，$C_1 \neq C_2$，由此形成的差动电容连同其位移信号反映了振动加速度的大小。

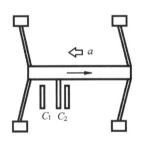

图 6－23　电容式加速度传感器

5. 温度传感器

水电站中测量温度的地方很多，如机组各种轴承的温度、轴承油盆中的油温、发电机定子和转子的绕组与铁芯温度、空气冷却器的水温和进出风温度、变压器油温等，温差较大，一般为 0～200℃，常用热电阻和热电偶温度传感器进行测量。

（1）热电阻传感器：利用电阻与温度呈一定函数关系的金属导体或半导体材料制成感温元件，当温度变化时，电阻随温度而变化。实践证明，大多数金属当温度升高 1℃ 时其电阻值要增加 0.4%～0.6%，而半导体的电阻值要减少 3%～6%，即某些导体或半导体的电阻值是温度的函数，只要知道这种函数关系，并把导体或半导体的电阻值测出来，就可得到导体或半导体的温度，从而得知周围介质的温度。

按照感温元件材料不同，热电阻传感器可分为金属导体和半导体两大类。金属导体有铂、铜、镍、铁和铑铁合金，目前应用最多的是铂和铜。铂丝在氧化性介质中甚至在高温下，其物理和化学性质都很稳定，精度高、可靠性强，使用范围是$-200\sim+500℃$；铜丝的电阻值与温度基本呈线性，温度系数较大，材料易于提纯，价格便宜，广泛用于测量$-50\sim+150℃$范围的温度。如 WZG - 410 型和 WZG - 001 型铜电阻专用于测量轴瓦温度。半导体有锗、碳和热敏电阻等，由于热敏电阻性能不稳定、互换性差，应用不太广。

热电阻由线圈骨架（或套管）、感温电阻丝和引出线等构成，结构如图 6 - 24 所示，其中测温元件是直径为 0.05mm 的纯铂丝，绕在锯齿形云母骨架上，用两根银丝引出。

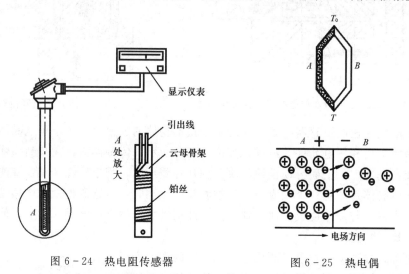

图 6 - 24　热电阻传感器　　　　图 6 - 25　热电偶

热电阻感温后的变化为电阻值，所以测量电路一般用电桥电路。在水电站中由于测温点较多，一般常用温度巡测仪进行测量。

（2）热电偶传感器：一般由热电偶、电测仪表与连接导线组成，热电偶是目前温度测量领域中应用最广泛、最普通的敏感元件，由两种成分不同的导体 A 和 B 连接在一起构成的感温元件，如图 6 - 25 所示，A 和 B 称为热电极，T 端称为热端（工作端），T_0 端称为冷端（自由端）。当热端与冷端存在温差时，回路中将产生热电势，这种现象称为热电效应。热电势由接触电势和温差电势两部分组成。

接触电势是当两种不同的金属相接触时，由于材料不同，金属内的自由电子浓度也不同，当它们相互接触时就要发生自由电子的扩散，即自由电子从浓度大的金属跑到浓度小的金属里，从 A 跑到 B，结果 A 失去电子而带正电，B 得到电子而带负电，使 A、B 的接触面附近产生一个电场，形成一定的电位差，这个电位差就是接触电势。接触电势的形成，阻碍了电子的扩散运动，把电子从 B 吸向 A，称为电子的漂移运动。在一定温度下，当扩散运动与漂移运动达到动态平衡时，接触电势为一定值。

温差电势是由于金属导体两端温度不同而产生的另一种电动势。由于温度不同，电子的能量就不同，温度越高，电子的能量就越大，能量大的电子就会跑到能量小的另一端。

当温差一定时，则在导体两端产生一定的电位差，这就是温差电势。

在热电偶回路中，热电势的大小只与组成热电偶的材料和两端的温度有关，与热电偶的尺寸无关，因此热电偶的体积可做得很小，使热容量和热惯性都很小，可实现测量点的温度和快速测温，且能长期工作在高温环境下。当热电偶材料确定后，热电势的大小仅与热电偶两端的温度有关，当自由端温度为常数时，则热电势就与工作端的温度建立了相对应的关系，只要测得两端的热电势，就可得到工作端被测介质温度。

6. 油混水传感器

油混水传感器用于测定油中混入水分或存在积水，一般装于回油箱或漏油箱底部，主要有电阻式、电容式和电导式等类型。

(1) 电阻式：采用 NiO 陶瓷作为吸附材料与电阻材料，当油中水分增加时，吸附材料吸附水分子后电阻值改变，通过电桥等测量电路测出电阻值后，即可测出油中混水的多少，如图 6-26 所示。

(2) 电容式：根据变介质电容传感器原理，在电容器的两极板间置入高分子吸附材料作介质，当介质吸附水分后其介电常数改变，使电容量变化，配合相应的测量电路，可制成电容式油混水传感器，如图 6-27 所示。

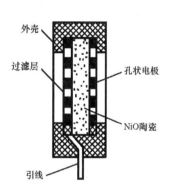

图 6-26　电阻式油混水
传感器

(3) 电导式：利用油和水的电导率不同制成的传感器。油的电导率很低，而水的电导率较高，当油中混入水分时，水的比重比油大，水下沉后覆盖电导率传感器的两个电极，产生电流变化，经运算放大后可显示油与水的比例，如图 6-28 所示。

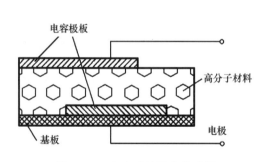

图 6-27　电容式油混水传感器

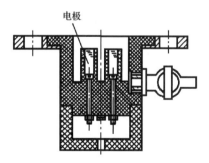

图 6-28　电导式油混水传感器

7. 转速传感器

转速传感器是一种将转速信号转变成电信号的传感器。水电站中常用光电式、磁电感应式和闪光测速仪等类型。

(1) 光电式转速传感器：将转速的变化转换成光通量的变化，再通过光电转换元件（光敏元件）将光通量变化转换成电量变化，有反射型和直射型两种，如图 6-29 所示。

1) 反射型转速传感器：一般由光源、光电管（光敏元件）、透镜（或反射镜）和测量电路构成。工作原理为：电源光→透镜→平行光→反射膜→透镜→花环→明暗光脉冲→反射膜（半透膜）→透镜→光电管→电脉冲→脉冲计数器→转速显示装置。纸质花环要求明

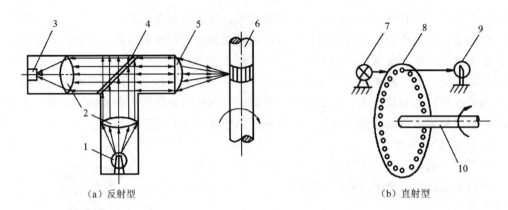

（a）反射型　　　　　　　　　　　　　　　（b）直射型

图 6-29 光电式转速传感器

1、7—光源；2、5—透镜；3、9—光电管；4—半透明膜片；6、10—被测轴；8—圆盘

暗相间，一般贴在水轮机主轴上。

2）直射型转速传感器：是由装在旋转轴上的开孔圆盘、光源及光敏元件组成。开孔圆盘转动一周，光敏元件感光的次数与圆盘的孔数相同，从而产生相应数量的电脉冲信号，电脉冲信号送入测量电路放大和整形，再送入频率计显示，也可用计数器显示。

转速脉冲频率 f 和转速 n 的关系如下：

$$f = z\frac{n}{60} \quad （Hz） \tag{6-2}$$

式中　　z——反光花环的条带数或圆盘的孔数；

　　　　n——转速，r/min。

如果 z 为 60 的话，则脉冲频率就是转速值。用光刻法制成足够多条数光栅，以增加脉冲数，可以提高测量精度。

（2）磁电感应式转速传感器：根据安装位置不同，一般分为双极型闭磁路式和单极型开磁路式，如图 6-30 所示。当安装在被测转轴上的导磁齿轮旋转时，轮齿依次通过永久磁铁两磁极间的间隙，使磁路的磁阻和磁通发生周期性变化，从而在线圈上感应出频率和幅值均与轴转速成比例的交流电压信号。

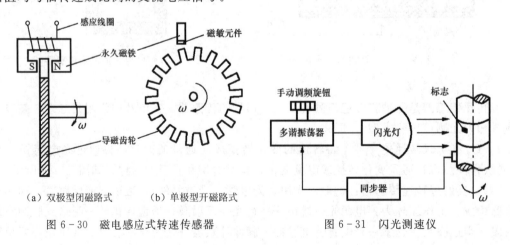

（a）双极型闭磁路式　　　（b）单极型开磁路式

图 6-30 磁电感应式转速传感器　　　　　　图 6-31 闪光测速仪

齿形可制成矩形或梯形。梯形齿易于获得较好正弦波形的感应电势，而矩形齿比较便于机械加工。

（3）闪光测速仪：是利用视觉暂留现象制作的一种同步式测速装置，如图 6-31 所示，用一种已知频率的闪光光源照射旋转物体的表面，在旋转物体的表面贴上一种反光性强的标志，当闪光频率与旋转体的旋转频率同步时，旋转物体上的标志呈静止状态，这样由闪光频率可知旋转频率，并由此算出转速。一般分为手动跟踪式与自动跟踪式，前者用人工调整闪光频率，逐渐使闪光频率与旋转频率一致；后者由旋转物体驱动同步触发器，从而控制闪光频率。闪光测速仪适合于中高转速的测量。

第二节　水力监测系统常用的监测仪表

一、温度仪表

1. 内标式玻璃液体温度计（玻璃温度计）

玻璃温度计的工作原理为：把感温泡插入被测介质中，储存在感温泡内的感温液体（水银或有机液体）会随着温度的变化而膨胀（或收缩），使其液柱沿着毛细管上升（或下降），在刻度标尺上直接显示出温度的变化值，通常用作现场直读式温度仪表。

玻璃温度计按照感温液体不同可分为 WNG 型水银玻璃温度计和 WNY 型有机液体玻璃温度计两种。WNG 型适用于测量 500℃ 以下的温度，WNY 型适用于测量 $-100 \sim +100℃$ 的温度。为防止机械损伤，温度计一般装在金属保护管内。

2. 压力式温度计

图 6-32 所示为压力式温度计的结构图。在由温包、弹簧管和毛细管所组成的密闭系统中，充满了工作介质（液体、蒸汽或气体），当温度变化时，工作介质的压力（或体积）随之改变，使弹簧管曲率改变，引起自由端产生位移，通过传动放大机构带动指针沿刻度盘偏转，从而显示温度变化值。按照显示部分的结构可分为指示式和指示带电接点式两种，后者除用于测温之外，还能对温度进行上、下限监视，如对润滑油温、冷却水温或空压机排气温度的监视。常用型号有：WTZ 型（工作介质为低沸点液体饱和蒸汽）和 WTQ 型（工作介质为气体）两类，测量范围在 $-60 \sim +550℃$ 之间，精度为 1.5 级和 2.5 级。

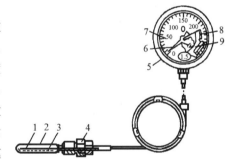

图 6-32　压力式温度计的结构
1—毛细管；2—温包；3—工作介质；
4—活动螺母；5—表壳；6—指针；
7—刻度盘；8—弹簧管；9—传动结构

压力式温度计常用于测量对温包无腐蚀作用的液体或气体温度，温包一般由黄铜或紫铜制成。

二、压力和差压仪表

1. 弹性式压力表

弹性式压力表是一种应用极广泛的测压仪表。其工作原理是利用弹性敏感元件（如单圈弹簧管、多圈螺旋弹簧管、膜片、膜盒、波纹管或板簧等）在被测介质的压力作用下，产生相应的位移，此位移经传动放大机构将被测压力值在刻度盘上指示出来，若增设附加装置则可进行记录、远传或控制报警。

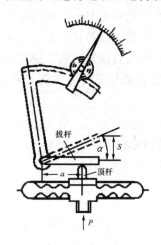

图 6-33　膜盒压力表
传动机构图

图 6-33 所示为膜盒压力表传动机构图，被测介质的压力 P 作用于膜盒内壁并使其变形，膜盒带动顶杆向上产生一个位移，靠在顶杆上面的拔杆绕转动轴转过一角度 α，与拔杆成为一整体的齿扇也转过同一角度，并带动压力表指针齿轮转过一定角度，指针就直接在压力表刻度盘上指示出相应的压力值。

弹簧管式压力表用来测量对铜和铜合金不起腐蚀作用的液体和气体的压力及真空度，分为普遍表和标准表，普遍表有 Y 型压力表、Z 型真空表和 YZ 型压力真空表，用于工业测量；标准表有 YB 型标准压力表和 ZB 型标准真空表，用于校验普通表或高精度测量。

2. 电接点压力表

电接点压力表是在弹性压力表上附加控制报警装置而制成的，除能测量对铜合金和合金结构钢无腐蚀作用的液体、气体的压力或真空度外，还能在压力或真空度达到给定值时发出电信号，进行报警或控制。特点是调整容易，不易受震动影响，但接点容量小，在动作值附近时动作不稳定。常用电接点压力表有：YX 型电接点压力表、ZX 型电接点真空表、YZX 型电接点压力真空表，可用交流或直流电源。

3. 压力信号器

YX 型压力信号器无显示刻度，是利用弹簧管变形带动水银开关闭合或断开来发出电信号的，当压力达到给定值时进行报警或控制，特点是接点容量大，断弧性能好，但易受震动而误动。常用于油、气、水的压力监控。

4. 差压计

差压计的工作原理是利用弹性敏感元件（弹性膜片、膜盒、波纹管等）在被测介质的压力差作用下，产生相应的位移，此位移经传动机构放大，并在刻度盘上指示出来，若增设附加装置，可实现记录、远传或控制报警等功能。常用的有双波纹管差压计（CWC 型或 CWD 型）和 CPC 型膜片式差压计。

CW 型双波纹管差压计是根据位移式原理工作的，是一种基地式仪表，可实现指示、记录、积算、远传、报警和调节控制等功能，可测量流体的

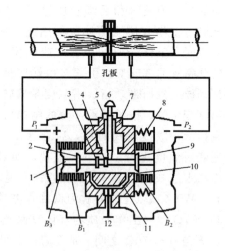

图 6-34　双波纹管差压计原理示意图
1—连接轴；2、9—单向保护阀；3—阻尼环；4—挡板；5—扭力管；6—扭力管心轴；7—摆杆；8—量程弹簧；10—中心基座；11—阻尼旁路；12—阻尼圈；B_1、B_2—测量波纹管；B_3—工作液温度补偿波纹管

压差、压力、开口或受压容器的液位，与节流装置配合也可测量流体的流量，适用于测量温度为 $-30\sim+90℃$ 的无腐蚀流体，周围环境相对湿度不超过 85%，要求水平安装，仪表至测点间的导压管长在 $3\sim50m$ 范围内。

图 6-34 为双波纹管差压计工作原理示意图。在中心基座上装有波纹管 B_1 和 B_2，两端用连接轴连接起来，波纹管 B_3 连接在波纹管 B_1 的外侧，用以进行温度补偿。中心基座内腔和波纹管 B_1、B_2、B_3 之间充满工作液体，并密封起来。测量时将流体的高、低压部分通过导管引入差压计的高、低压室，压差作用在波纹管上，波纹管 B_1 被压缩，内部工作液体通过阻尼环的周围间隙和阻尼旁路流向波纹管 B_2。由于部分工作液体从左边流向右边，破坏了系统的平衡，使连接轴从左向右移动，量程弹簧被拉伸。同时，通过固定在连接轴上的挡板和摆杆使扭力管动作，经扭力管心轴以扭力管同样的扭角传到显示仪表，当各弹簧元件的变形与压差值所形成的测量力重新平衡时，系统又处于新的平衡位置。由于扭力管的扭角与波纹管的位移量成正比，故输出扭角与压差成正比。

波纹管 B_3 的作用是实现工作液温度补偿。当温度升高时，波纹管内工作液膨胀，由于波纹管 B_1 和 B_2 固定在连接轴上，不能相对移动，工作液膨胀只能流入波纹管 B_3。当压差超过规定范围时，工作液体将由一个波纹管流向另一个波纹管，直到连接轴上的单向保护阀与中心基座上的阀座靠紧为止。当阀关闭时，两波纹管内工作液不能流动，使两波纹管不再产生位移。由于液体不可压缩，即使超过工作压力，也不会损坏波纹管，因而仪表可承受任一方向的单向过载。

CPC 型膜片式差压计利用膜片作为弹性元件，可用于测量流体的压差、压力、开口容器或受压容器的液位，与节流装置配合可测量流体流量。仪表本身无刻度，需与二次仪表配套，可进行指示、记录、远传或控制报警，有 A、B 两种系列，测量上限在 $5\sim130kPa$，环境温度 $5\sim50℃$，相对湿度不大于 85%。

三、液位仪表

液位仪表的种类很多，按工作原理可分为直读式、浮力式、电极式、差压式及声波式等。

1. 直读式液位仪表

直读式液位仪表包括直接插入液体中量测用的量尺（如直读式水尺）和利用连通器原理的 UJG 型玻璃管液位计等，用于直接观察被测容器内的液位。

直读式液位仪表结构简单，安装使用方便，不需能源，价格低廉，但不能远传。

2. 浮力式液位仪表

浮力式液位仪表是利用漂浮于液面上的浮子（或浮筒）所受的浮力随着液位而变化，经过传动机构转换成位移或力的变化，再转换成机械或电动信号送给有关仪表进行液位指示、记录、报警、控制和调节。浮力式液位计比较直观，但由于有运动部件，其摩擦阻力影响了仪表的灵敏度和变差，也容易造成锈卡而影响可靠性。

（1）浮筒式遥测液位计：一般由发送器与接收器组成，可用于测量电站水位和开口容器的液位，其读数可远传 10km，并可进行上、下限发信。浮筒式遥测液位计常用 UTY 型发送器和 UTZ 型接收器。

UTY 型发送器是一种自力式液位计，其工作原理如图 6-35 所示，浮筒依靠自重和所受的浮力而移动，并推动传动部分及显示部分指示出液位。测量时，浮筒 1 本身的重力及所受浮力的合力通过鼓轮 3 产生驱动力矩，与平衡重锤 4 在鼓轮 6 所产生的阻力矩平衡。液位可通过齿轮副 8—9 和 8—10 在计数器 12 指示数值，或经自整角机（电动同位器）11 远传给 UTZ 型接收器。UTZ 型接收器由自整角机、传动齿轮和计数器所组成，发送器传来的电信号使接收器自整角机作相应转动，并驱动传动齿轮，通过指示器的刻度盘显示出被测水位值。

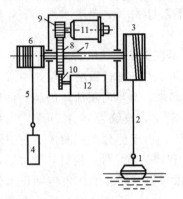

图 6-35　UTY 型发送器
工作原理图
1—浮筒；2、5—钢丝绳；3、6—鼓轮；4—重锤；7—传动轴；8、9、10—齿轮；11—自整角机；12—计数器

XBC-2 型液位差接收器是利用差动式自整角机对两个接收信号进行代数差运算后显示出水位差，与两台 UTY 型发送器配合，用于测量电站上、下游水位差。

浮筒式遥测液位计使用 220V、50Hz 电源，远传信号的连接电线单根的总电阻不大于 30Ω，工作环境温度在 $-5\sim+40℃$ 之内，相对湿度不超过 95%，测量范围有 10m、20m、30m、40m 几种规格。

（2）电感式浮子液位计：如图 6-36 所示，电感式浮子液位计由磁性浮子和电气接点开关（继电器）两部分组成。浮子用导磁性好的材料制成，呈中空倒杯形，浮子进入上、下限电感线圈 1、3 时，电感线圈发出信号，进行液位的上、下限报警。

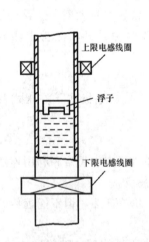

图 6-36　电感式浮子液位计

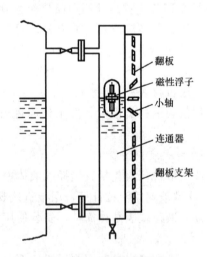

图 6-37　翻板式液位计

电感式浮子液位计可用于反映机组轴承油槽的油位、集水井的水位、水轮机顶盖漏水水位等。常用的 WX 型和 FX 型液位信号器使用 220V 直流电源，ULZ 型液位计使用 220V 交流电源。

（3）电磁式浮子翻板液位计：ULF 型电磁式浮子翻板式液位计如图 6-37 所示，翻板由极薄的导磁金属片制成，两面涂以明显不同的颜色，当磁性浮子随液位升降时，带动翻板绕小轴翻转，使浮子以下（液面以下）的翻板向外为一种颜色，浮子以上的翻板向外为另一种颜色。

翻板式液位计结构牢固、安全可靠、指示醒目，可用来测量液位，也可用于液位报警，常通过连通器与油槽连接来监测油位，如油槽及油压装置的油位，一般使用 200VAC 电源。

（4）记录式浮子水位计：SY-2A 型电传水位计由传感器、接收器和记录器组成，用于远距离（5km 以内）观测和自动记录，测量范围为 10m。SW40 型日记式水位计用于现场自动记录水位变化，测量范围为 8m，也可与 SY-2A 型配套作远传记录，可 24h 连续记录。HCJ$_1$ 型为现场连续记录水位计，测量范围为 10m。

3. 电极式水位信号器

电极式（也称电阻式）水位信号器主要由测量电极和显示仪表两部分组成。测量电极用于把水位变化转换成电阻的突变，并输给显示仪表，显示仪表显示出接点的通断，以进行指示或控制报警。

DJ-02 型电极式水位信号器如图 6-38 所示，常用于机组作调相运行时监视尾水管内的水位情况，此时用两个 DJ-02 型水位信号器和一个 ZSX-2 型水位信号装置，也可用于控制渗漏集水井水位和水轮机顶盖排水水位。ZSX-2 型水位信号装置主要由电源变压器、干簧继电器、电阻及电容等组成，当水位上升到形成通路时，干簧继电器通电动作，使常开接点闭合，从而控制另外的中间继电器发出信号。金属电极应采取镀铬处理，以减轻腐蚀，亦可用碳棒电极。当集水井和水轮机顶盖油污、泥沙较多时，电极应加套管，并提高工作电压（250V 或 300V），以提高工作性能。

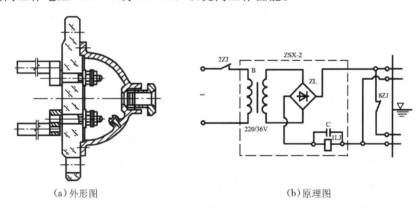

（a）外形图　　　　　　　　　　（b）原理图

图 6-38　DJ-02 型水位信号器

4. 差压式液位仪表

盛有液体的容器，液体对容器底部或侧壁会产生一定的静压力，这个静压力与液位的高度成正比，测出静压的变化就能知道液位的变化。测量开口容器的液位时，差压仪表的高压端接通容器下端，低压端接通大气。可显示压力或压差的仪表，只要量程合适，一般都可以用来显示液位信号，如玻璃管差压计、膜盒差压计、双波纹管差压计、弹簧式压力表等。

5. 声波式液位计

（1）USS-51 型声波液位计：属气介式声波液位计的一种，可实现液位的不接触测

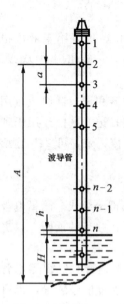

图 6-39 USS-51 型
声波液位计

量,如图 6-39 所示。由于气体对高频声波吸收大,故通常采用低频声波,以减少在空气中的衰减,增大测量范围,但低频声波方向性差,一般需增设波导管,以进行定向传播,提高测量精度。仪表以数码管直接显示,并有上下限报警输出,可与巡检装置配合使用,还可通过载波远距离输送,测量范围为 2~30m。

USS-51 型声波液位计由声头、波导管和主机三部分组成。声头由电声转换元件锆钛酸铅压电陶瓷制成膜片,当励磁电压加在膜片两端时,膜片进行电声转换,产生脉冲声波,声波经波导管向下传播,当传至标记棒及水面后即反射回来,反射回来的声波再次作用于膜片,经膜片进行声电转换后,将电信号送往主机。波导管的作用是使膜片产生的声波在管中定向传播,以减少声波的损耗及环境噪音的干扰。波导管自上而下第一根长 80cm,以下每根长约为 4m,材质为塑料或玻璃钢,每两根之间用法兰联在一起。在波导管的总长度方向每隔 2m 装有一根标记棒,作为已定距离的标志,用作测量校正。主机用以供给声头电脉冲,并将声头接收的脉冲信号经检波、放大、整形、运算等程序,转换为数字直接显示,并可在事先整定好的水位上、下限处发出警报信号。

由声头产生的脉冲声波沿波导管向下传播时,每遇到一个固定标记棒就有一部分声波被反射回来,这个反射波称为标记波,而大部分声波则继续向下传播,达到水面后声波全部被反射回来,这种全反射波称为液面波。标记波和液面波先后被膜片接收后,转换成电信号并送入主机。主机将接收到的信号经过处理后送往数字显示部分。在图 6-39 中,2、3、…、n 为标记棒位置,1 处不设标记棒,而由电路加一个脉冲代替,故实际标记棒数为 $n-1$ 个,加上一个标记脉冲共 n 个标记波。由图 6-39 可知:

$$H = A - (n-2)a - h \tag{6-3}$$

(2) 超声波液位计:安装在空气或液体中的超声波换能器将具有一定传播速度的超声波定向朝液面发射,超声波到达水面后被反射,部分反射回波由换能器接收并转换成电信号。从超声波发射到被重新接收,其时间与换能器至被测物体的距离成正比。检测该时间,根据已知的超声波传播速度就可计算出换能器到液面的距离,然后再换算为液位。换能器安装在液体中称为液介式,换能器安装在空气中称为气介式,气介式为非接触式测量。

6. 电容式水位计

在电容的两电极之间加以空气以外的其他介质,随着介质的不同,介电常数会发生变化,电容量也随之改变。钽丝电容水位计就是根据这个原理工作的,如图 6-40 所示,其核心部件是一根经氧化处理而且粗细十分均匀的钽金属丝,它张紧在绝缘支架和支座之间,钽丝表面氧化膜很薄,且具有良好的电介质特性,当它置于水中后,钽丝芯和水体各为一电极,形成

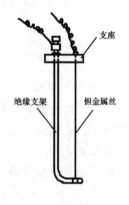

图 6-40 钽丝
电容水位计

一个圆筒形电容器。在钽丝直径和氧化钽层厚度都十分均匀的情况下，传感器的电容与水位之间成线性关系，从电容量的变化即可得知水位的变化。钽丝电容水位计具有较高的灵敏度和抗干扰能力，因此在水位测量中应用广泛。

四、流量计和示流器

1. 节流流量计（节流装置＋差压计）

节流流量计的测量原理是在压力管路中加装 LGB 型标准孔板、LGP 型标准喷嘴、LGW 型标准文丘里管、均速管、弯头等节流装置，当流体流经节流装置时，流体将在节流装置处形成局部收缩，使流速增加，静压降低，于是在节流装置前后产生压差 ΔP，此压差值与流量 Q 存在如下关系：

$$Q = A\sqrt{\Delta P} \tag{6-4}$$

式中　A——仪表常数。

用差压变送器测得节流装置前后压差，经开方器进行开方运算后换算成流量，并将信号输送给指示器进行显示或调节控制。

节流流量计的优点是：结构简单，寿命长，适用性广，造价低廉，精度可达±0.5%，缺点是安装要求严格，上、下游侧需要足够长度的直管段，测量范围窄，压力损失较大，刻度为非线性等。图 6-41 为几种常用的节流装置示意图。标准孔板的公称通径为 50～1200mm，标准喷嘴公称通径为 50～500mm，标准文丘里管通径为 100～1200mm。

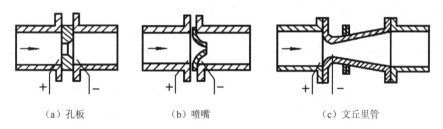

（a）孔板　　　　　　（b）喷嘴　　　　　　（c）文丘里管

图 6-41　节流装置示意图

2. 电磁流量计

电磁流量计的工作原理如图 6-42 所示。在非磁性材料制成的管道内，流过的导电液体类似于无数连续的导电薄圆盘，它等效于长度为管道内径 D 的导电体，作垂直于磁场方向的运动，液体圆盘切割磁力线，根据电磁感应定律，在与流体方向和磁力线方向均垂直的方向上将产生感应电动势，该感应电动势由两个位于导管直径两侧的电极引出，通过转换、放大后，供显示、记录、调节和控制用。流量 Q 由式（6-5）表示：

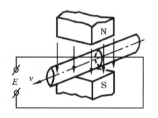

图 6-42　电磁流量计
工作原理图

$$Q = \frac{\pi ED}{4B} \quad (\mathrm{m^3/s}) \tag{6-5}$$

式中　E——感应电动势，V；

　　　　B——磁通密度，T；

　　　　D——导管内径，m。

仪表主要由磁路系统、测量导管、电极、外壳、正交干扰调整装置和引线等组成。导管采用不导磁、高电阻率的材料如不锈钢、铝、聚四氟乙烯等制成，以免磁通被导管旁路及产生涡流。导管内采用聚四氟乙烯、橡胶等绝缘材料为内衬。广泛使用的 B 系列电磁流量计由传感器、转换器和校验器组成，公称通径为 15～1600mm。

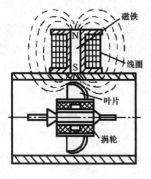

图 6-43　涡轮流量
计示意图

3. 涡轮流量计

涡轮流量计由传感器、前置放大器和显示仪表组成。传感器产生的频率信号送给前置放大器，经前置放大器放大、整形后，输出给显示仪表，以实现流量的指示、积算、调节和控制。传感器的型号包括 LWGY 型液体涡轮传感器（公称通径 10～500mm）和 LWGQ 型气体传感器（公称通径 15～50mm）。

图 6-43 为涡轮流量计工作原理图。当流体通过传感器时，由导磁不锈钢制成的涡轮叶片在流体推动下旋转，其转速随流量变化，叶片周期性地切割电磁铁的磁力线，改变通过线圈的磁通量。根据电磁感应原理，在线圈内将感应出脉冲电势信号，该信号的频率与被测流体的流量成正比。

使用涡轮流量计时，应根据工作压力、温度及黏度进行必要的修正和补偿。涡轮流量计不适于脏污介质；传感器最好工作在流量上限的 50% 以上，这样压力损失较小，且特性曲线在线性区域内；传感器必须水平安装，其前、后有长度不小于 15 倍公称内径的直管段，并在传感器前安装导直器或整流器，以提高传感器的精度；测量液体时，要防止气体混入，有时可在传感器前安装消气装置。

4. 水表

图 6-44 所示为水表的工作示意图。在仪表壳体内装有叶轮，当流体流经仪表时，推动叶轮旋转，叶轮的旋转经机械传动机构带动计数器，显示总流量。叶轮转速与被测流体的流速成正比。根据叶轮的型式不同，分为 LXS 型切向流旋叶式水表和 LXL 型轴向流螺叶式水表两类，前者主要用于小流量测量，后者主要用于大流量测量，两种的公称通径在 80～400mm 之间。

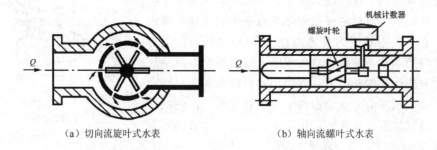

（a）切向流旋叶式水表　　　　　　（b）轴向流螺叶式水表

图 6-44　水表工作示意图

水表结构简单、价格低廉，已实现标准化，但大部分零件采用塑料制成，精度相对较低，主要用于供水工程。在水电站中，可安装在集水井的进水管或排水管上，用于测量厂房的渗漏水量，若需要较高的测量精度或进行调节控制时，则可采用涡轮流量计。

5. 示流器

如图 6-45 所示的 SL 型示流器为单向挡板式。当流体按指定方向流动时，流体冲动壳体内的挡板，使其转动一个角度，从示流器盖上的玻璃窗口可观察到挡板所转过的角度和通过的流体。示流器的通流直径主要有 25mm、50mm、80mm、150mm 几种。

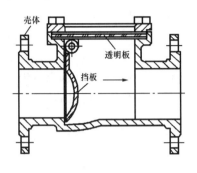

图 6-45 SL 型示流器

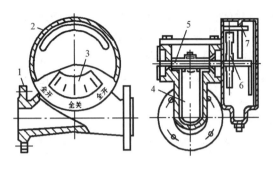

图 6-46 SLX 型示流信号器
1—壳体；2—表壳；3—指针与刻度盘；4—挡板；
5—传动轴；6—永磁钢与支架；7—湿簧接点

6. 示流信号器

示流信号器主要用于水导轴承润滑水、发电机冷却水以及轴承等冷却水的监视，结构型式较多，有挡板式、活塞式、差压式等。如图 6-46 所示为 SLX 型示流信号器结构图，可正反两个方向通过流体，当流体按指定方向流经示流信号器时，流体冲动挡板，使挡板转动一个相应的角度。当流量达到一定值时，挡板也转过一定角度，装在转动部分上的永磁钢贴紧湿簧接点，接点闭合，从而发出相应的电信号。当流量小于某一值时，挡板按相反方向转动一个角度，永磁钢离开湿簧接点，接点断开。装在刻度盘上的指针随挡板转动，因此指针的位置直接指示挡板转角的大小，间接指出流量大小。

示流信号器有 4 个常开接点，容量为 20W，220VDC；管路内最大水压不超过 0.6MPa。示流信号器的通流直径主要有 25mm、50mm、80mm、100mm、125mm、150mm 几种。

第三节 电动单元组合仪表

工业中常用的自动测量与调节仪表有气动和电动两种，而电动仪表又分为基地式和单元组合式两类。电动单元组合仪表是根据自动测量和调节系统中各个环节的不同功能和使用要求，将整套仪表划分成能够独立实现一定作用的各种单元，各单元之间用统一的标准信号互相联系，利用这些有限的单元，按照生产的实际需要灵活地加以组合，构成单参数或多参数的自动控制系统。同时，还可和气动单元组合仪表、数据处理装置、工控机等配合使用，且仪表设计、制造和维修较简单，因此在工业生产中得到了广泛应用。

电动单元组合仪表已经历了三代产品：第一代为 DDZ-Ⅰ型，以磁放大器和电子管作为主要放大元件，采用 0～20mADC 做统一信号，由于体积大、耗电多、可靠性低，已被取代；第二代为 DDZ-Ⅱ型，以晶体管为主要放大元件，采用磁芯元件、印刷电路等技术和工艺，得到较广泛的应用；第三代为 DDZ-Ⅲ型，采用集成电路，可构成防爆系统，稳定性和可靠性得到较大提高，应用极为广泛。

一、DDZ-Ⅲ型仪表的特点

（1）采用国际标准信号制：现场传输信号为 4～20mADC，控制室联络信号为 1～5VDC，以充分利用晶体管的线性段，有利于变送器实现两线制。

（2）采用集成电路：集成电路的采用，既提高了仪表的精度，扩大了仪表功能，又使仪表的可靠性、稳定性得到了大大提高。

（3）采用 24VDC 集中供电：与备用蓄电池构成无停电装置，有利于仪表防爆。

（4）结构合理：根据不同要求可方便地增减附加单元，且有不同用途的接口，安装和使用灵活。

（5）可构成防爆系统：增加了安全保持器，实现了控制室与危险场所之间的能量限制与隔离。

二、DDZ-Ⅲ型仪表的单元划分

按照各单元在自动测量和调节系统中的作用和特点，将全套仪表分为：变送单元、转换单元、计算单元、显示单元、给定单元、调节单元、辅助单元、执行单元和安全单元等 9 类。

（1）变送单元：将各种被测参数变换成 4～20mADC 统一信号，传送到显示、调节等单元，供指示、记录或调节之用。主要品种有：压力变送器（DBY）、差压变送器（DBC）、流量变送器（DBL）、温度变送器（DBW）等。

（2）转换单元：可把不同系列的仪表（如电工仪表、气动仪表等）信号转换成 DDZ-Ⅲ型仪表的信号。主要品种有：直流毫伏转换器（DZH）、频率转换器（DZP）和气/电转换器（DZQ）等。

（3）计算单元：对各种仪表所输出的统一信号 4～20mADC 进行加、减、乘、除、平方、开方等数学运算，以满足多参数的综合测量、校正和调节的要求。主要品种有：加减器（DJJ）、乘除器（DJS）、开方器（DJK）等。

（4）显示单元：对各种被测参数进行指示、记录、报警和积算，供运行人员操作、监视调节系统之用。主要品种有：比例积算器（DXS）、指示仪（DXZ）等。

（5）给定单元：将被测参数的给定值以 4～20mADC 统一信号注入调节单元，实现定值调节或时间程序调节。主要品种有：恒流给定器（DGA）和分流器（DCF）。

（6）调节单元：将被测信号与给定值进行比较，根据所得的偏差输出调节信号，控制执行器的动作实现自动调节。主要品种有：微分调节器（DTL）、比例积分调节器、比例积分微分调节器等。

（7）辅助单元：用来增加调节系统的灵活性，如操作器可用手动操作，阻尼器用于压力或流量信号的平滑阻尼，限制器用于限制统一输出信号的上下限等。主要品种有：限幅器（DFC-13）、阻尼器（DFZ-01）、电动操作器（DFD）。

（8）执行单元：接受调节器所输出的调节信号或手动控制信号，操作阀门之类的执行元件（开大或关小），控制被调对象的工作情况。主要品种有：角行程电动执行器（DKJ）、直行程电动执行器等（DKZ）。

（9）安全单元：是DDZ-Ⅲ型仪表新增加的安全保持器，又称安全栅，用于限制和隔离控制室与危险场所之间能量传递，是构成防爆系统的关键。

三、DDZ-Ⅲ型仪表的型号命名

电动单元组合仪表是以汉语拼音字母电（Dian）、单（Dan）、组（Zu）之首字母合拼而成的DDZ，DDZ-Ⅲ型表示Ⅲ型的电动单元组合仪表。

型号由三个汉字拼音大写字母组成。

第一个字母均为"D"，以表示电动单元组合仪表产品。

第二个字母代表各产品的分类，如变送单元（B）、转换单元（Z）、计算单元（J）、调节单元（T）、安全单元（A）、辅助单元（F）等。

第三个字母代表产品的名称，如交流mV（J）、直流mV（Z）、温度（W）、压力（Y）、差压（C）、流量（L）、浮筒液位（F）、气/电转换（Q）、电/气转换（D）、电/气阀门（F）、加减（J）、乘除（C）、开方（K）、积算（S）、倒相（F）、记录（J）、比率（B）、调节（L）、手操（Q）、报警（B）、限幅（S）、选择（S）、升压（F）、隔离（G）、安全保持器（B）、脉冲发生器（M）、插孔板（K）、分电盘（P）、电源箱（D）、指示（Z）。

型号命名举例：

DBC——电动差压变送器；

DTL——电动调节器；

DJC——电动乘除器。

四、DBC型电动差压变送器

DBC型电动差压变送器又称矢量机构力平衡式差压变送器，可用于测量介质的压力、压差、液位、流量等，它将被测参数转换成4～20mADC标准信号，输出给显示、记录和控制仪表，用以实现被测参数的显示、记录和自动控制。

图6-47为DBC型差压变送器的结构示意图。它由测量与转换两部分组成。测量部分包括测室、测量元件、测量杠杆；转换部分包括主杠杆、副杠杆、反馈机构、差动变压器、调零装置及放大器等。

差压变送器是根据力平衡原理工作的、具有深度负反馈的有差系统。当被测的差压信号分别作用在膜盒两侧时，在膜盒的连接片处产生一集中力，此力通过支点为

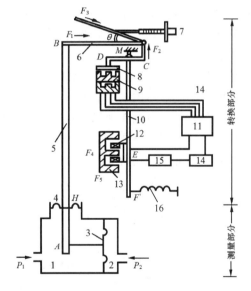

图6-47　DBC型差压变送器的结构示意图
1—低压室；2—高压室；3—测量元件（膜盒、膜片）；4—轴封膜片；5—主杠杆；6—矢量机构；7—量程调节螺钉；8—检验片；9—差动变压器；10—副杠杆；11—放大器；12—反馈动圈；13—永久磁钢；14—电源；15—负载；16—调零弹簧

H的杠杆，传到矢量机构6，矢量机构将F_1分解为F_2和F_3，其中F_2又通过具有十字支点M的副杠杆传到反馈动圈的E点变为F_4。F_4与反馈动圈内原有的反馈力相比较，其差值ΔF作用于E点产生位移ΔS_1，此位移又经过副杠杆传到衔铁片之D点，使D点产

生位移 ΔS，即衔铁片（检测片）位置改变，致使差压变送器输出发生变化，再经放大器放大为 $4\sim20\text{mADC}$ 输出信号，输出电流流过永久磁场内的反馈动圈，反馈动圈在永久磁钢的作用下产生一个与测量力相平衡的补偿力 F_5，当 F_5 趋于 F_4 时，变送器便达到一个新的稳定状态，此时的输出电流即为变送器的输出电流，它与被测差压信号成正比。由于采用了矢量机构，仪表的性能得到了很大提高。

F_1、F_2 有如下关系：

$$F_2 = F_1 \tan\theta \qquad (6-6)$$

假设 F_2 不变，改变 θ 角时若要满足上式就必须改变 F_1。由于 F_1 与被测压差 ΔP 呈线性关系，故改变 θ 角就能使 ΔP 范围发生变化，这样就可调整量程。在该矢量机构中，θ 角的调整范围为 $4°\sim15°$，用矢量机构调整量程时，所能达到的量程调整比为：提高 $\tan15°/\tan4°\approx3.83$。可通过调整螺钉 7 改变 θ 角，由于矢量角的变化对零点影响很小，故调整量程非常方便。另外，量程调整还可用更换反馈动圈抽头的方法来实现，两种调整方法结合使用，可使最大量程调整比达到 10。

这种差压变送器零点稳定，工作可靠，调整方便，量程调整比较大，零部件采用全焊接形式，具有可靠的单向保护，中等差压仪表的精度可达 $\pm0.5\%$。同时，仪表还具有较好的耐冲击、耐振动、耐摇摆性能，使仪表的动态稳定性大大提高。仪表配以具有开方刻度的现场指示计附件时，可方便地用于流量测量。

五、安全保持器

安全保持器是 DDZ-Ⅲ 型仪表中用以实现防爆功能的一个关键单元，也是区别于 DDZ-Ⅱ 型仪表的一个突出特点。

安全保持器是设置在现场（危险场所）与控制室（非危险场所）之间，用以保持系统具有防爆性能的特殊环节。图 6-48 给出了安全保持器在系统中的位置，它像栅栏一样，将危险场所与非危险场所隔开，起防爆作用，故又称为安全栅。

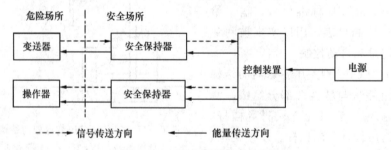

图 6-48 安全保持器的作用

安全保持器为限制流入危险场所的能量，采取的主要措施如下：

（1）绝缘：把危险侧所有的一次设备（如变送器、操作器）与安全侧所有的二次设备（如显示、计算、调节仪表及计算机、电源箱等）全部施行严格的电气隔离，切断电源高压窜入危险侧的通道。而一次侧与二次侧的一切联系（如供给电源、信号传递等）都通过电磁转换方式进行。

（2）限能：利用具有非线性特性的电路，把危险端的电流、电压瞬时值限制在安全定额以下。

即为避免危险场所出现不安全火花，一方面以电气隔离措施防止高压窜入危险场所，另一方面将由于某种偶然事故发生而通过磁路耦合过来的危险能量进行限制。安全保持器的原理如图6-49所示。

安全保持器的主要优点为不需要特殊元件，可靠性高，防爆定额也较高，缺点是线路较复杂，且以变压器作为隔离元件，体积和重量均较大，工艺要求也较复杂。

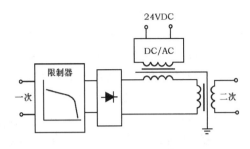

图6-49 安全保持器原理图

第四节 智 能 仪 表

一、智能仪表概述

智能仪表是随着微电子、传感器和通信等技术的快速发展而出现的，它一般以微处理器为核心，将CPU、存储器、A/D转换器和输入、输出等功能集成在一起，采用数字化双向通信方式，完成检测、变换、放大、计算、存储、控制、调节、通信、诊断等一体化综合功能，可实现一台设备多参数测量和多台设备共用一条总线。如差压变送器具有检测、流量换算和积算以及控制等功能；温度变送器具有信号变换、补偿、PID调节和运算等功能；流量计具有测量、变换、补偿、累加、运算、报警、PID调节和自诊断等功能。

在智能仪表中，现场总线智能仪技术更先进，具有良好的发展前景，它把现场总线与智能仪表结合起来，一般将多种功能模块集成在一块芯片上，其原理结构如图6-50所示。

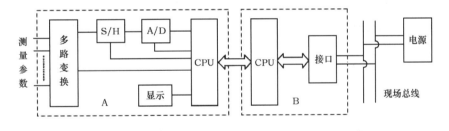

图6-50 现场总线智能仪表示意图

A部分主要完成测量、显示、报警、自检等功能，是仪表的本体部分；B部分为数据传输与控制部分，主要完成现场总线的通信任务以及各种控制算法。两部分一般采用双CPU的工作方式，一个CPU完成一部分的功能。如现场总线智能水位计，由A部分对参数进行测量，在单片机内完成数字滤波、非线性校正等工作，计算得到水位，由LED进行现场显示，然后将数据送到B部分；B部分可根据需要将数据以规定的格式发送出去，也能调用控制功能模块来完成一定的控制任务，并可接受外来信息，如参数设定、报警值设定等。现场总线智能仪一般支持总线供电和本质安全。

二、智能仪表的特点

与常规仪表比较，智能仪表具有如下主要优点：

（1）采用数字通信方式，可克服高湿度环境及各种酸、碱、盐等腐蚀性有害物质对信号传输带来的不利，从根本上消除传送误差，提高传输精度，延长传输距离，增强抗干扰能力，从而提高了控制系统的准确性和可靠性。

（2）具有综合功能，既可实现一台仪表测量多个参数，又可直接构成测控一体化回路，既缩短了控制周期，改善了调节性能，也分散了危险。

（3）多台仪表可共用一条通信总线，并可双向通信，而且仪表内部包含了 A/D 转换、补偿、计算等功能模块，既大大减少了现场信号的引线数量，也简化了控制系统的结构，又使控制系统的调试和维护工作量相应减少。

（4）除测控类信息外，还具有大批管理类信息，系统管理人员可通过计算机了解智能仪表的工作状况、进行参数调整以及预测或诊断故障，使仪表始终处于远程监视和可控状态，即控制系统由过程控制进到过程管理，这有利于准确判断故障点和分析故障原因，并快速排除故障，缩短维护时间，从而提高了系统的安全性。

（5）具有互换性和互操作性，有利于系统的更新和设备的改造。

可见智能仪表功能强大，性能优良，使用灵活。其主要缺点是价格较贵。

三、SRE 系列数字温度巡检仪

SRE 系列数字温度巡检仪是一种对多点温度（如 16 点、32 点等）进行巡回检测的智能仪表，其原理如图 6-51 所示。

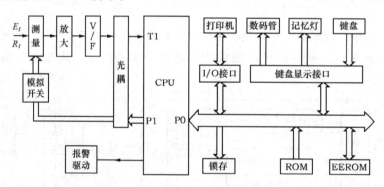

图 6-51　SRE 数字温度巡检仪原理

温度巡检仪由硬件和软件构成，其单片机在软件的控制下，通过模拟开关完成温度的多路切换，对热电阻或热电偶送来的信号进行测量、放大、转换，再通过光电耦合器进行隔离后送入 CPU 进行处理，然后可通过打印机进行数据打印；通过数码管进行数据显示；通过记忆灯进行指示；通过键盘进行参数设定，并把设置值保存在 EEPROM 中；还可通过相应接口完成数据通信和驱动报警等。

温度巡检仪功能丰富，测量精度高，稳定性好，且具有较强的抗干扰能力；可适用于不同分度号的热电阻或热电偶，并可对每个测点进行独立设置和非线性校正；可对模拟部分的温度、时间漂移进行自动补偿和自动校正，且具有线路电阻自动补偿和热电偶冷端自动补偿功能；配有 RS232C 串行通信接口，可用于向上位工控机传送温度数据。在水电站中，常用 SRE 系列数字温度巡检仪来监测发电机定子绕组温度和各轴承温度。

四、智能交流电参数测量仪

加拿大 PML 公司的 3720ACM 是一种智能交流电参数测量仪，它集测量、保护和控制为一体，除具有电压、电流输入外，还具有 4 个开关量输入（并可作脉冲计数用）、3 个继电器输出、一路测量电压输入（0～1V）、一路测量输出（4～20mA）及一个 RS232/RS485 通信口，适用于三相三线、三相四线及单相交流系统。配有 3 个数字显示窗口，可完成测量参数的自动循环显示或人工切换显示。能完成三相电流、三相线电压、三相相电压、有功功率、无功功率、视在功率、功率因数、频率、有功电能、无功电能等各种交流参数的测量，并具有故障录波、谐波分析、参数显示、保护动作、数据通信等功能。

新一代产品 ION 7300 更是集测量、控制、报警、分析、记录、通信为一体，可监测 200 多个高精度电量，并具有越限监视、远程通信与联网等多种功能。

第五节 应 变 仪

一、应变仪的种类

由传感器输出的电信号一般均比较微弱，不足以直接带动指示、记录仪表，为此必须先将这些信号进行放大。在工程实测中，电阻应变仪是最常用的放大装置。

按照被测应变的性质和工作频率范围不同，应变仪可分为以下几种：

（1）静态应变仪：用来测量不随时间变化或变化十分缓慢的应变信号，工作频率从 0 到几十 Hz，一般只有一个通道，在多点测量时需配备预调平衡箱，以实现逐点预调平衡和测量。主要型号有：YJ－5 型、YJ－8 型等。

（2）动态应变仪：用来测量周期性或非周期性变化的应变信号，其工作频率范围为 0～2000Hz，通常具有 4～8 个通道，可同时进行 4～8 个测点的动态测量。主要型号有：Y6D－2 型、Y6D－3 型、YD－15 型和 Y8DB－5 型等。动态应变仪是按灵敏系数 $K=2$ 的应变片设计的，当使用 $K \neq 2$ 的应变片时需对结果进行修正。

（3）静动态应变仪：适用于测量静应变或变化频率在 200Hz 以下的动应变。主要型号有：YTD－1 型、YTD－7 型，一般只有一个通道。

（4）超动态应变仪：用来测量高速冲击、爆炸等瞬变状态，工作频率范围在 0～10kHz 以上，主要型号有：Y6C－9 型，工作频率为 0～200kHz，备有图象显示器和高速同步摄影记录仪，适用于长导线多点测量。

二、应变仪的组成

我国生产的应变仪大多是载波放大式应变仪，其主要结构基本相似，一般由电桥、振荡器、放大器、相敏检波器、低通滤波器和稳压电源等六部分组成，如图 6－52 所示。

（1）电桥：应变仪中的电桥，是应变片与固定电阻组成的，主要作用是将应变片的电阻变化按一定比例转换成电压或电流的变化，以便输至放大器放大。应变仪中常用惠斯顿电桥。

（2）振荡器：载波放大式应变仪中的振荡器是用来产生一种幅值稳定的高频正弦波电压，作为电桥的供桥电压（即载波电压）及相敏检波器的参考电压，其频率通常比被测信

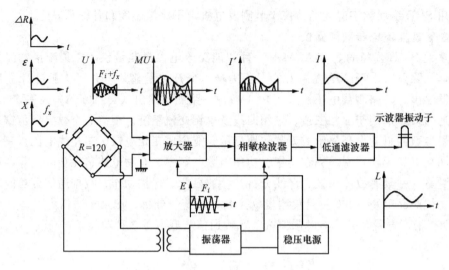

图 6 - 52　动态电阻应变仪工作原理图

号的频率高 5~10 倍。等幅高频载波信号在电桥中由缓慢变化的被测信号调制后，变成振幅随被测信号的大小而变化的调幅波，然后输至交流放大器放大。常用的有 LC 振荡器和 RC 振荡器。

（3）放大器：载波放大式应变仪通常采用多级交流放大器，作用是将电桥输出的微弱调幅波电压信号进行不失真的电压和功率放大，以便得到足够的功率去带动指示或记录仪表。各级放大器之间有阻容耦合、变压器耦合和直接耦合三种方式。

（4）相敏检波器：作用是将放大后的调幅波还原成与被测信号相同的波形，即在调制信号中检出被测应变信号，起部分解调的作用，并能根据调幅波相位来辨别被测信号的极性，即辨别被测应变是拉应变还是压应变。应变仪中多采用环形相敏检波器，主要由 4 个半导体二极管顺向组成。

（5）低通滤波器：从相敏检波器输出的波形中仍带有高频载波分量，故在动态应变仪中都设有低通滤波器，以滤去高频分量，取出被放大了的所需波形。相敏检波器和低通滤波器配合，将被测应变信号全部解调出来。

（6）稳压电源：用以供给振荡器和放大器一个稳定的直流工作电压。

三、应变仪的工作原理

以动态电阻应变仪为例来说明其工作原理。

将贴在试件上的工作应变片和温度补偿应变片接入电桥，由振荡器提供 5000Hz 的交流电压作为载波桥压，按电容电阻对电桥进行预调使之达到平衡。当试件感受到一个应变，其动态过程为 $x=f(t)$ 时，则由此引起应变片变形过程为 $\varepsilon=f(t)$，相应的电阻变化过程为 $\Delta R=f(t)$，这三者的变化过程线按相位而言是完全同相的，按频率而言均等于被测试件应变频率 f_x。电桥由于桥臂电阻变化而打破平衡，在输出端产生一个电压信号 $U=f(t)$，它为一调幅波，基波频率 F_i 为 5000Hz，而其包络线频率仍为 f_x。经放大器放大 M 倍后得 $MU=f(t)$，再输入相敏检波器解调而得具有正负极性的包络线 $I'=f(t)$，最后经滤波器滤去剩余载波及其高次谐波而得应变仪输出电流波形 $I=f(t)$，其频率和相位与被测试件应变过程 $x=f(t)$ 完全一致。若将此输出接入示波器，则得振动子光点偏移曲线 $L=f(t)$，按事先标定的比例，即可求得被测试件应变过程及应变值大小 $x=f(t)$。

四、使用应变仪时应注意的问题

1. 干扰问题

在应变仪完好情况下，试验时往往会出现干扰，如在动态测量中，在尚未有测量信号时，输出的杂波电平很高，记录笔发生颤抖，这一现象在测量较小信号、仪表处于高灵敏度档位时就更加明显。在实际测量中，允许干扰的程度和应变片的信号大小及测量的精度有关，如果干扰超出了允许的误差范围，就必须检查测量系统的各个环节，找到干扰原因并加以排除。干扰一般是由下面几种因素导致的：

（1）机间干扰：当同时使用不同型号的应变仪时，由于它们的振荡频率和相位不同会产生较大的干扰，此时应尽量使用同型号应变仪，并将应变仪同时接地，且用同步线把各台应变仪振荡器连接起来，使其频率完全相同。

（2）外界电磁场干扰：交流电源线中的电流会在导线周围产生突变磁场，当应变仪输入线紧靠电源线时就会感应出干扰电动势；此外，当附近有高压大功率输电线、动力线、大容量变压器或大功率电动机时，也会感应干扰电势。解决的办法是：尽量采用较短的输入线，并最好是同型、同径、同长的金属屏蔽线，且紧扎在一起；增大产生干扰回路与被干扰回路之间的距离，减少它们之间平行布设的长度；改变仪器的工作方向等。

2. 导线电阻的影响

如果测点与应变仪之间距离较远时，连接导线的电阻 r 就不可忽略，否则会引起测量误差，误差量不仅取决于导线电阻，而且也取决于组桥方式。电阻应变仪一般有三种组桥方式，如图 6-53 所示。

（1）单片接法：在电桥盒内装有三只电阻，如图 6-53（a）所示，该接法把两根导线上电阻 $2r$ 均接入电桥，则由导线电阻所带来的相对误差为

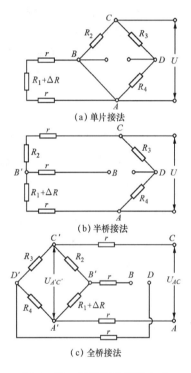

图 6-53　应变仪的组桥方式

$$\delta=\frac{-2r}{R_1}\times100\% \tag{6-7}$$

（2）半桥接法：如图 6-53（b）所示，此时有三根电阻为 r 的导线接入电桥，但导线 BB' 之间的电阻 r 将与放大器输入阻抗串联，由于阻抗远大于 r，故此电阻的影响可忽略不计。这样就相当于每个应变片只串入一个电阻 r，则由导线电阻所带来的相对误差为

$$\delta=\frac{-r}{R_1}\times100\% \tag{6-8}$$

（3）全桥接法：如图 6-53（c）所示，四根导线的电阻 r 均接入电桥，但导线 BB' 和 DD' 上电阻因与放大器输入阻抗串联而被忽略。由导线 AA' 和 CC' 上存在的电阻所带来的相对误差为

$$\delta = \frac{-2r}{R_1} \times 100\% \qquad\qquad (6-9)$$

由此可见，全桥接法与单片接法由导线电阻引起的误差完全相同，而半桥接法比全桥接法或单片接法的误差减少一半，即在同样允许误差条件下，半桥接法的导线长度可延长一倍，故在应变测量中多数情况下均采用半桥接法。

3. 线间分布电容的影响

长导线不但带来电阻影响，而且也带来分布电容影响。电路中存在的线间分布电容可使电桥输出端电压降低。载频越高，导线越长，影响越大。此外，在长导线、高载频条件下，应变仪电桥电容平衡就会遇到困难。解决办法是：在测量过程中把长导线设法固定，使之不能产生较大的相对移动，以减少由于分布电容变化而引起的零点漂移。

思 考 题 与 习 题

1. 什么叫非电量电测法？有何优点？在电站中常用于测量哪些参数？
2. 非电量电测系统主要由哪几部分组成？
3. 简述传感器的作用、类型及特点，在电站中常用哪些传感器？
4. 什么叫应变效应？电阻应变片的用途、特点及类型是什么？
5. 什么叫压阻效应？半导体应变片有何优点和缺点？
6. 简述压力、压差传感器的作用和类型。
7. 什么叫压电效应？压电式传感器的工作原理和特点是什么？
8. 简述位移传感器的作用和类型。
9. 简述测振传感器的类型、特点及工作原理。
10. 热电阻式温度传感器的工作原理是什么？它有哪两大类？
11. 热电偶式温度传感器有什么特点？什么是热电效应？
12. 简述油混水传感器的类型、特点及工作原理。
13. 简述转速传感器的类型、特点及工作原理。
14. 电站常用哪几种温度仪表？
15. 电站常用的压力和差压仪表有哪些？
16. 简述压力表的类型及用途。
17. 简述 CW 型双波纹管差压计的用途和工作原理。
18. 简述电站常用的液位仪表类型及工作原理。
19. 简述在水力机械中普通测流用的流量计类型及工作原理。
20. 说明示流器和示流信号器的用途及工作原理。
21. 简述 DDZ-Ⅲ型仪表的特点，它有哪些单元？各单元的作用是什么？
22. DDZ-Ⅲ型仪表是如何命名的？
23. DBC 型电动差压变送器有什么用途？它的结构由哪些部分组成？

24. DDZ-Ⅲ型仪表的安全保持器主要采取了哪些措施？它有什么优缺点？

25. 简述智能仪表的概念和特点。

26. 简述应变仪的用途、类型、组成及工作原理。

27. 应变仪有哪几种组桥方式？常用哪种方式？为什么？

第七章　水电站水力监测系统

第一节　水电站水力监测的目的和内容

水电站水力监测的目的主要是：保证机组安全、可靠和经济运行；满足机组自动监控和试验测量要求；为促进水力机械基础理论发展积累和提供必要资料；鉴定和考查已投入运行机组的性能等。随着科学技术的进步，对电能质量提出了更高要求，促进了水电站自动化水平的提高，要求设置先进而完备的水电站水力监测系统。

大中型水电站一般有以下水力监测项目。

1. 经常性测量项目

（1）电站上、下游水位和装置水头。

（2）水轮机工作水头。

（3）水轮机流量。

（4）拦污栅前、后压差。

（5）蜗壳进口压力、水轮机顶盖压力和尾水管进出口压力（真空）。

（6）厂房防淹水位。

2. 可选项目

（1）水轮机效率或相对效率。

（2）水轮机空蚀、振动及轴向位移。

（3）止漏环的进、出口压力。

（4）肘管压力。

（5）转轮与活动导叶之间的压力及压力脉动。

（6）蜗壳进口压力脉动及末端压力。

（7）引水、尾水调压室水位。

3. 其他项目

（1）水库水温。

（2）油、气、水系统的监测。

在确定水力监测项目时，有些是必须装设的，有些则是预留的，需在设计施工时预埋好测管，并引出接头封口备用，如尾水管水力特性试验等。

水力监测系统由测量元件、转换元件、显示仪表、发送和接收装置、管路和线路等几部分构成，它是水电站自动化系统的重要组成部分，需要与电站自动化水平相适应，既能测量各种水力参数，又能与全站监控系统共享数据信息。一般要求能在中控室或机旁盘进行监测或显示，以实现自动测量和控制。

水力监测系统所提供的数据是水电站安全和经济运行的依据，也是有关科学研究的基本数据，故要求系统对被测参数状态能够及时和准确地反映，即反应时间和测量误差值均应在允许的范围内，以满足电站的自动化要求。为此，水力监测系统要尽量达到如下要求：布线引管要合理；仪表选择要适当，并满足精度要求；尽可能采用巡回检测技术，以满足快速采样和测量的要求；能自动显示和打印数据等。

第二节　电站上、下游水位和装置水头的测量

电站上游水位是指上游水库或压力前池的水位，下游水位是指尾水位，装置水头是指电站上、下游水位之差，也称电站的静水头或毛水头。

一、测量目的

水电站上、下游水位和装置水头的测量是水力监测系统重要内容之一，因为这些基本参数不仅是电站安全和经济运行所必需的，也是整个枢纽运行和管理的重要数据。对于引水式电站或装机容量较大的电站，可装设水位和装置水头自动测量装置，还可在压力前池设置水位发讯装置来监视水位波动情况。其测量主要有以下目的。

（1）按水库水位，从库容与水位的关系曲线确定水库蓄水量，以制定水库的最佳调度方案，为防洪提供依据。

（2）按水位确定水工建筑物、机组及辅助设备的运行条件，以确保安全运行和指导经济运行。

（3）按水位对梯级电站实行集中调度。

（4）对有通航要求的河流，按水位指导通航，以保证航运安全，在汛期可按上游水位制定防洪措施（如排洪、溢流等）。

（5）根据装置水头，在能够同时测出水轮机工作水头的情况下，推算出引水系统的水力损失。

（6）按下游水位推算水轮机吸出高度，为分析水轮机空蚀原因提供资料。

（7）对于转桨式水轮机，依据水头整定协联机构，实现高效率运行。

二、测量要求

（1）在自由水面处测量，水面坡降较小或无坡降。

（2）水流平稳，流速尽可能小，无漩涡或波动。

（3）测点距上、下游的进、出水口较近。

（4）尽可能设置专用测井，以减少水面波动。

三、测量方法

1. 水位测量

（1）直读水尺。直读水尺一般设在上游水库进水口附近（引水式电站设在压力前池或调压井）和下游尾水渠附近明显而易于观测的地方，通常利用已有的水工建筑物，在上面按实际高程刻以水位标尺，最小刻度为 cm，观测时从水尺与水位的交界上直接读出水位的实际高程。直读水尺的长度按电站水位变化的最大幅度确定。

直读水尺的优点是直观而准确，缺点是观测不方便，故多用于中小型电站，也可作为大中型电站的辅助测量措施。

（2）液位计。

1）浮筒式遥测液位计：采用 UTY 型发送器测量水位，进行显示和报警。当有遥测要求时，可配备远传和显示装置如 UTZ 型接收器，其传输距离可达 10km。发送器装设在现场，通过电缆把信号送到中控室仪表盘上的接收器，进行显示或报警。

2）数字式水位计：采用电容式、声波式和差压式等类型的数字水位计测量水位，如钽丝电容水位计、超声波水位计、USS－51 型水位计等。仪表装于现场，进行显示和报警，可通过载波或其他方式进行远距离传输，以满足集中监测或遥测要求。

3）记录式浮子水位计：SY－2A 型电传水位计，用于水位变化幅度较小的情况，测量范围为 10m，可远传 5km 观测和自动记录；SW40 型日记式水位计用于现场自动记录水位变化，测量范围为 8m，也可与 SY－2A 型配套作远传记录，可 24h 连续记录；HCJ_1 型为现场连续记录水位计，测量范围为 10m。

（3）液位变送器。液位变送器输出 4～20mADC 标准信号，可远传至中控室，供二次仪表或计算机进行显示、报警或自动控制。目前，大中型电站多采用投入式液位变送器。

投入式液位变送器基于所测液体静压与液体高度成正比的原理，利用扩散硅或陶瓷敏感元件的压阻效应，将压力信号转换成电信号，经过温度补偿和线性校正后输出标准电流信号。传感器部分可直接投入水中，变送器部分可用法兰或支架固定，安装使用方便。

2. 装置水头测量

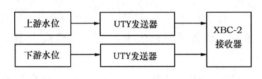

（1）当电站上、下游水位各用一台 UTY 型发送器进行测量时，接收器使用 XBC－2 型遥测液位差计，即可实现电站装置水头的测量，如图 7－1 所示。

（2）根据电站上、下游水位的测量结果通过计算获得。

图 7－1　UTY 型及 XBC－2 型测量水头方框图

（3）测量电站上、下游压力水的压差得到装置水头。

四、仪表选择

一般根据电站上、下游水位的最大变化幅度和最高水位与最低水位之差，按传输的距离、精度等级、自动化水平和布置条件等因素要求，对仪表的测量范围和型号规格进行选择。

五、水位计的布置

水位计的布置方式主要有岸式和岛式两种。岸式布置是将发送器布置在岸边的测井或测管上方，测井或测管用连通管与测量断面连通。岛式布置则是将发送器直接布置在水库或河道中测量断面的正上方，用工作桥与岸边相连。除具有伸入水库中的引水建筑物（如进水塔）外，一般都采用岸式布置。

对于上游水位计，河床式或坝后式电站一般布置在坝顶或库边，而引水式电站还可布置在压力前池或调压井上方，但调压井的水位在运行中波动较大，会影响测量精度，应尽量不用。

对于下游水位计，由于尾水管出口处水位波动较大，故最好布置在距尾水管出口20～50m 处，若受条件限制而不能满足这一要求时，也可布置在尾水平台上，但这时应在测管中加设阻尼装置。对冬季会结冰的电站，为确保冬季的正常测量，可将水位计布置在坝体廊道或厂房内。

水位计不可露天放置，最好装在专用的仪器室内。对于浮筒式遥测液位计，发送器装在测井上方，且测井上应有专用的小房子，如图 7-2 所示，其中图 7-2（a）为浮筒和重锤都安放在同一测井内，此时测井断面做成矩形；图 7-2（b）为仅将浮筒放在测井内，此时测井做成圆柱形。由于重锤与浮筒的行程比约等于 1/2，故对于上述两种情况，均要满足 $H \geqslant h/2$ 的条件。图 7-2（a）的情况占地面积较小，但测井尺寸较大，重锤套管较长，而图 7-2（b）的情况则相反。测井和发送器的有关尺寸见表 7-1。

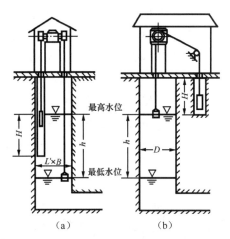

图 7-2　测井尺寸示意图

二次接收仪表一般布置在中控室的仪表盘上或发电机层的机旁盘上。

表 7-1　　　　　　　　　　测井尺寸参数及发送器尺寸表

测量范围/m	鼓形轮长 l/mm	发送器长 L/mm	测井长 L'/mm	测井直径 D/mm	测井宽 B/mm
0～10	72	359	529	380	
0～20	120	455	625	430	50
0～30	170	555	725	480	
0～40	220	655	825	530	

第三节　水轮机工作水头的测量

一、水轮机工作水头的含义

水轮机工作水头是指作用于水轮机转轮使其做功的全部水头，是机组运行的一个重要参数，是计算水轮机出力、确定水轮机效率的基本参数之一，其数值等于水轮机进口、出口水流的总比能之差，由位置水头、压力水头和速度水头三部分组成。

1. 反击式水轮机的工作水头

反击式水轮机如图 7-3 所示，水轮机的工作水头由式（7-1）或式（7-2）表示：

$$H = (Z_1 + a_1 - Z_2) + 10^{-4}(P_1 - P_2) + \frac{v_1^2 - v_2^2}{2g} \qquad (7-1)$$

$$H = (Z_1 + a_1 - Z_下) + 10^{-4}P_1 + \frac{v_1^2 - v_2^2}{2g} \qquad (7-2)$$

式中　Z_1——蜗壳进口断面测点高程，m；

　　　a_1——测压仪表到测点的距离，m；

　　　Z_2——尾水管出口高程，m；

221

P_1——蜗壳进口压力表读数，Pa；

P_2——尾水管出口压力表读数，Pa；

v_1——蜗壳进口流速，m/s；

v_2——尾水管出口流速，m/s；

$Z_\mathrm{下}$——尾水位高程，m；

g——重力加速度，m/s²。

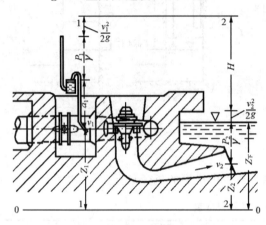

图 7-3　反击式水轮机的工作水头

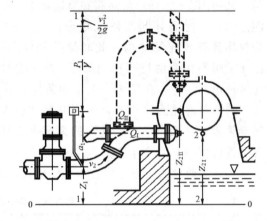

图 7-4　卧轴冲击式水轮机的工作水头

2. 卧轴冲击式水轮机的工作水头

卧轴冲击式水轮机如图 7-4 所示。单喷嘴的工作水头由式（7-3）表示：

$$H=(Z_1+a_1-Z_2)+10^{-4}P_1+\frac{v_1^2}{2g} \tag{7-3}$$

式中　Z_2——射流中心与转轮节圆切点的高程，m；

其余符号的意义与式（7-1）相同。

双喷嘴的工作水头由式（7-4）表示：

$$H=\frac{Q_\mathrm{I}}{Q_\mathrm{I}+Q_\mathrm{II}}(Z_1+a_1-Z_\mathrm{2I})+\frac{Q_\mathrm{II}}{Q_\mathrm{I}+Q_\mathrm{II}}(Z_1+a_1-Z_\mathrm{2II})-10^{-4}P_1+\frac{v_1^2}{2g} \tag{7-4}$$

式中　Q_I、Q_II——两喷嘴的流量，m³/s；

其余符号的意义与式（7-1）相同。

二、水轮机工作水头的测量方法

在水轮机工作水头的表达式中，Z_1、$Z_\mathrm{下}$（或 Z_2）、Z_2I、Z_2II 及 a_1 的关系组成位置水头，当仪表安装完毕之后，a_1 为定值，对反击式水轮机，$Z_\mathrm{下}$ 可根据水轮机流量与尾水位的关系曲线查得，Z_1 是定值，因此位置水头无需经常测量；$v_1^2/(2g)$、$v_2^2/(2g)$ 组成速度水头，可根据实测水轮机流量和相应的过流断面面积计算出，当电站水头较高时速度水头比重较小，可忽略不计；P_1 为压力水头，比重较大，需要进行测量。因此，水轮机工作水头的测量，主要是测量压力水头值，然后加上位置水头和速度水头。

压力水头测量常用如下两种方法：

（1）直接测量蜗壳进口处的压力值：采用压力表或压力变送器进行测量，由于该方法不能把随时波动着的尾水位因素包括进去，故测量精度不够高。

（2）测量蜗壳进口和尾水管出口的压力差：采用差压计或差压变送器进行测量，如图 7-5 所示，该方法测量精度高。

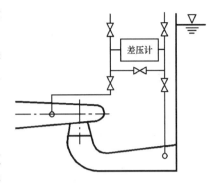

图 7-5 水轮机工作水头
测量示意图

三、测量仪表的选择

1. 仪表型式的选择

压力水头的测量仪表型式可根据水头变化范围、要求测量精度及数据传输方式来选择。用于蜗壳进口断面的压力测量仪表主要有：YB 型标准压力表，用于水力机组相关试验时的高精度现地测量；Y 型普遍压力表，用于一般精度的现地测量；DBY 型压力变送器，用于自动监测系统。用于蜗壳进口和尾水管出口的压力差测量仪表主要有：CW 型双波纹管差压计或 CPC 型膜片式差压计，可用作现场观测和记录，也可实现远传和报警；U 型管差压计测量，用于水力机组相关试验时的高精度现地测量；DBC 型差压变送器，用于自动监测系统。

2. 仪表量程的选择

被测压力的最大值应按最大作用水头与水锤附加值之和计算，并以此来确定仪表的量程上限。

对于压力表，在稳定负荷（所测压力每秒变化幅度不大于仪表满刻度的 1%）下，被测压力的最大值不超过仪表量程上限的 3/4；在波动负荷（所测压力每秒变化幅度大于仪表满刻度的 1%）下，被测压力的最大值应不大于仪表量程上限的 2/3；同时，尽可能使被测压力的最低值不小于仪表量程的 1/3，以使压力表的实际使用范围处于弹性元件的精确线性段内，从而保证仪表的使用精度，并留有一定的过载保护余量。图 7-6 所示为压力表使用量程示意图，其中 α 角代表仪表的满刻度范围。

对于压力、差压变送器和差压计，一般都有过载

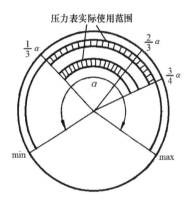

图 7-6 压力表使用量程示意图

保护装置，在超压情况下不致造成仪表的损坏，故仪表上限一般只按被测最大压力计算值选择。

四、设备的布置

为了减少测压管路长度和对所测参数的影响，在可能条件下，仪表应尽量靠近测点。差压仪表通常可布置在水轮机层的仪表盘上，但必须在最低尾水位以下，以免影响测量精度。

二次仪表一般布置在中控室仪表盘上。

第四节　水轮机流量的测量

一、水轮机流量测量概述

1. 水轮机流量测量的意义与目的

水轮机流量的测量对于实现水电站经济运行有着特殊的重要意义，即在保证一定出力下使总耗水量最小，或在一定流量下使出力最大，总之要尽可能使机组在进行能量转换时效率最高。但是，一般只知道模型水轮机的效率，而原型水轮机的效率在设计时是利用相似定律由模型效率换算得到的。实践证明，由于各种原因，原型水轮机的效率与用模型效率换算出来的效率并不一致，有时甚至差异较大。因此，在机组投入运行后，应进行原型水轮机效率试验，测定原型水轮机在各种工况下的效率特性，以更好地利用水力资源，提高经济效益。

水轮机流量测量具有如下主要目的：

（1）利用比较精确的方法测定水轮机的流量及其他有关参数，以便准确地测定原型水轮机的真实效率。

（2）通过各种工况的原型机组效率试验，作出机组或电站在各种不同出力下的效率与耗水率值，据此绘制总效率曲线和总耗水率曲线，制定机组之间或电站之间的负荷合理分配方案。

（3）根据各机组在某一时段的耗水量，可准确掌握水库的操作情况，推算出水库的渗漏水量和蒸发水量。

2. 水轮机流量测量的特点

原型水轮机测流与一般工业中的测流相比，具有如下特点：

（1）由于通过水轮机的流量值很大，有的达到每秒数千方，故实验室使用的精密测流法（如容积法和堰流法等）几乎不适用，且测流方法常受水轮机进、出水流道结构和布置的限制。

（2）通过水轮机的水流状态复杂，水流速度分布曲线不规律，且时刻随水轮机工况而变化。

（3）试验的测定和组织工作十分复杂，而为了正常供电，安装时间和试验次数均受到限制。

（4）试验所需仪器仪表精度和灵敏度要求较高，准备工作、试验程序、结果整理和计算工作量均较大，要提高测量精度比较困难。

3. 水轮机流量测量的基本方法

随着科学技术的发展，流量的测量具有如下多种方法：

（1）容器法：重量法、容积法。

（2）节流法：孔板、喷嘴、文丘里管、文丘里喷嘴等。

（3）堰流法：直角三角形堰、矩形堰、全宽堰。

（4）计量仪表法：电磁流量计、蜗轮流量计、蜗街流量计等。

（5）热力学法。

（6）差压法：蜗壳差压、弯头差压、流道差压、尾水管差压。

（7）流速面积法：流速仪法。

（8）水锤法。

（9）标记法：浓度法。

（10）超声波法。

此外，正在研究的测流技术有激光测流技术、相关技术和流量显影技术等。

在上述测流法中，容器法、节流法和堰流法仅适用于实验室或小流量水轮机，计量仪表法只适用于小口径管道，热力学法主要用于水头大于 450m 的电站测流，浓度法在水电站测流中有一定应用，超声波法已广泛用于水电站测流，是水电站测流的发展方向。目前，水电站经常性测流一般采用蜗壳差压法测流和超声波法，而原型效率试验则多采用流速仪法、水锤法、浓度法和超声波法。

二、水轮机蜗壳差压法测流

1. 蜗壳差压法测流的基本原理

蜗壳差压法测流是水轮机流量测量方法中最简便的一种，故大中型水轮机的经常性测流均采用这种方法。

蜗壳中的水流是按等速度矩定律分布的，即 $v\cos\alpha R = v_u R =$ 常数，这说明：距机组中心越近，流速越大，压力越低；反之，流速越小，压力越高。因此，蜗壳任一断面上距机组中心不同的两点间均存在压差 Δh，而 Δh 与流量 Q 之间存在一定的关系，利用这个关系即可确定水轮机的流量。

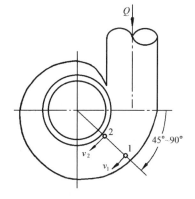

图 7-7　蜗壳水流示意图

蜗壳水流示意图如图 7-7 所示，在流量为 Q 时，对于同一断面的 1、2 两点的压力水头分别为 P_1/γ 和 P_2/γ，流速分别为 v_1 和 v_2；而当流量为 Q' 时，相应的压力水头为 P_1'/γ 和 P_2'/γ，流速为 v_1' 和 v_2'。若不计局部损失，则当流量为 Q 时，两点间的压差为

$$\Delta h = \frac{P_1}{\gamma} - \frac{P_2}{\gamma} = \frac{v_2^2}{2g} - \frac{v_1^2}{2g} \tag{7-5}$$

同样，当流量为 Q' 时：

$$\Delta h' = \frac{P_1'}{\gamma} - \frac{P_2'}{\gamma} = \frac{v_2'^2}{2g} - \frac{v_1'^2}{2g} \tag{7-6}$$

根据水流相似条件有

$$\frac{v_1'}{v_1} = \frac{v_2'}{v_2} = \frac{Q'}{Q} = c \tag{7-7}$$

故得

$$\Delta h' = c^2 \Delta h \tag{7-8}$$

由此可得

$$\frac{Q'}{Q} = \sqrt{\frac{\Delta h'}{\Delta h}} \tag{7-9}$$

或者
$$Q=K\sqrt{\Delta h} \tag{7-10}$$

式中　K——蜗壳流量系数，为一个待定系数。

试验表明：对于水轮机蜗壳，无论是金属蜗壳，还是混凝土蜗壳，流量 Q 相当准确地正比于不同半径上两点压差 Δh 的平方根；蜗壳流量系数 K 对某一蜗壳上两个固定测压孔而言是一常数，对不同蜗壳或同一蜗壳不同测压孔，K 是另一个不同的常数，而且在不同水头下 K 仍保持为一常数。对于低水头电站（水头≤10m），有时可能不完全符合 $Q=K\sqrt{\Delta h}$ 的关系，此时利用 $Q=K\sqrt{\Delta h}$ 需要进行修正。

2. 测压孔的布置

测压孔可布置在蜗壳上的任意两点或蜗壳同一径向断面上的两点，只要能获得所希望的压差值即可。但为了便于布置和计算，通常将测压孔布置在同一径向断面上，且考虑到测量的准确性，一般将测压断面选在蜗壳进水侧的前半部，即水流旋转 45°～90°角的地方，如图 7-7 所示，因该处水流受离心力作用和蜗壳边壁约束，符合等速度矩定律，且有较大的流量通过该断面。为了获得较大的压差，低压测压孔应尽可能靠近机组轴线，通常设在两个固定导叶之间上方的蜗壳内缘壁上，而高压测压孔应尽量远离机组轴线，一般设在蜗壳的外缘壁上，如图 7-8 所示。

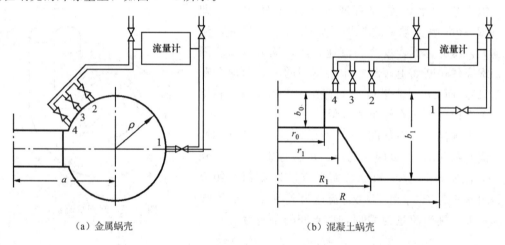

（a）金属蜗壳　　　　　　　　　　　（b）混凝土蜗壳

图 7-8　蜗壳测压断面上测压孔的布置

为了适应流量变化，通常在蜗壳内缘设置 2～3 个低压测孔，测量时根据仪表量程和流量变化范围选用其中一个低压测孔，以保证所希望的压差值。当流量较小时，为了获得足够的压差，使仪表工作在适宜的量程范围内，两侧压孔之间的距离应尽可能大，故低压测压孔应选用靠近机组轴线的 4 号测孔；当流量很大时，两测压孔之间的距离应缩小，低压孔离机组轴线应远一些，即选用 2 号或 3 号测孔，以免压差太大而超出仪表量程范围。但测压孔变更之后，蜗壳流量系数 K 值也随之变化。

3. 测压孔的选择计算

（1）在水头和流量为定值情况下，已知两测压孔之间的距离，确定所需仪表的量程上限。

根据有关关系，可得两测压孔之间的压差为

$$\Delta h = \frac{\alpha C^2}{2g}\left(\frac{R_1^2 - R_2^2}{R_1^2 R_2^2}\right) \quad (\mathrm{mH_2O}) \tag{7-11}$$

式中　α——流速系数，$\alpha \leqslant 1$，常取 1；

　　　C——蜗壳常数；

R_1、R_2——高低压测孔到机组转轴中心的距离，m。

根据所得的压差值 Δh 选择仪表的量程上限。

（2）在已知高压测孔到机组中心的距离 R_1 和差压计的最大量程 Δh_{max}（单位为 $\mathrm{mH_2O}$）时，确定低压测孔到机组中心的距离 R_2。根据有关关系可得

$$R_2 = \frac{\sqrt{\alpha}CR_1}{\sqrt{\alpha C^2 + 2gR_1^2 \Delta h_{max}}}(\mathrm{m}) \tag{7-12}$$

蜗壳常数 C 可根据蜗壳进口条件和结构尺寸，利用数学解析法或图解法准确求得，具体算法可参阅有关资料。

4. 蜗壳流量系数 K 的确定

蜗壳流量系数 K 只有通过其他精确测流法（如流速仪法、水锤法、浓度法和超声波法等）才能确定，通常是与机组原型效率试验同时进行，即在效率试验过程中，实测各开度下的流量 Q，同时用差压计测出相应流量下的蜗壳压差 Δh，根据不同开度下一系列实测的 Q 值与 Δh 值，通过绘制 $Q-\sqrt{\Delta h}$ 关系曲线而求得。有时，为了精确求得 K 值，避免由于人工绘图时造成的误差，可应用最小二乘法来求取 K 值，具体方法可参阅有关资料。

有了 K 的具体数值之后，反过来就可以根据不同蜗壳压差值由式（7-10）求出不同的流量值，从而可在蜗壳压差计表盘上标出流量的刻度，这样在机组运行中就可直接从表盘上读出通过水轮机的流量，大大简化了机组的测流工作。

5. 测量仪表选择

（1）只需现场显示时，可采用 CWD-280 型或 CWD-282 型（带积算）双波纹管差压计，这种仪表有过压保护装置，可按压差值 Δh 直接选择仪表量程上限。

（2）需要将流量送到中控室或其他设备时，可采用带输出的 CWC-276 型、CWD-276 型双波纹管差压计或 DBL 型差压流量变送器，与其配套的二次仪表可按精度要求和指示方式选取。DBL 型差压流量变送器的结构和工作原理与 DBC 型差压变送器类似，只是另有一个晶体管平方电流转换器（或开方放大器），此时输出电流与被测压差的平方根成正比，即与流量成正比。

（3）在进行效率试验时，为了确定蜗壳流量系数 K 值，一般都用 U 形水银差压计来测量蜗壳内外缘两点间的压差。在测量中，由于蜗壳压力的波动会影响水银表面的稳定，故为了提高读数精度，必须在测压管路中加装稳压装置。

6. 仪表布置

CW 型差压计或 DBL 型差压流量变送器通常安装在水轮机层或蜗壳层的仪表盘上，而 U 形水银差压计由于水银有毒，为防止 U 形管破裂，只是在确定蜗壳流量系数 K 时才临时安装，使用完毕后应及时拆除，改装其他仪表，如 CW 型差压计或 DBL 型差压流量变送器等仪表。

7. 蜗壳差压法测流的特点及应用

蜗壳差压法测流对流场无干扰，不影响机组的正常工作；蜗壳流量系数标定后可长期使用，并有一定的测量精度，实现对流量的实时连续测量；装置简单，工作可靠，是原型水轮机最简便的一种测流方法；但必须用其他的精确测流方法标定流量系数后才能应用；在水轮机小开度、小流量时测量误差较大。

蜗壳差压法测流适用于原型水轮机经常性测流。

三、流速仪法测流

1. 流速仪测流的基本原理

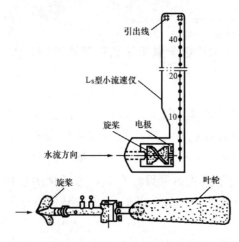

图 7-9 旋桨式流速仪外形

流速仪测流是水轮机测流一种基本方法。测量时将若干个流速仪布置在测量断面上，测出断面上各测点的流速，然后对断面流速分布进行积分，即可求得流量。

常用的流速仪有旋杯式和旋桨式两种，水轮机测流只能用旋桨式流速仪，如图 7-9 所示，一般由旋桨、壳体、传动机构、计数机构等部件组成。旋桨承受水流速度而旋转，计数机构有一齿轮和转轴相连，当旋桨转动一圈，齿轮旋转一个齿，而当齿轮转完一周（10 个齿或 20 个齿）时，电触头接通一次，发出一个脉冲信号，信号记录仪将其记录下来，根据记录时间内的信号次数，可计算出旋桨每秒钟的转速 n，而转速 n 与水流流速 v 之间存在下列关系：

$$v = a + bn \quad (\text{m/s}) \tag{7-13}$$

式中 a——常数，流速仪旋桨开始转动时的起始流速，m/s；

b——流速仪校正系数。

a、b 值在仪器出厂时已给定，但使用前必须进行校验，校验得到的 $v-n$ 曲线称为校正曲线。标准校正的流速范围是 $0.4 \sim 6.0$ m/s，有时甚至达到 8.0 m/s。

常用的 LS25-1 型旋桨流速仪测速范围 $0.05 \sim 5.0$ m/s，旋桨直径 120mm，齿轮为 20 齿；L_s 型小流速仪测速范围在 $0.02 \sim 4.0$ m/s，旋桨直径 $8 \sim 20$mm。

2. 测流断面的选择

采用流速仪法测流时，为保证测流精度，必须选取良好的测流断面。测流断面一般应符合如下基本条件。

（1）测流断面应具有一定的尺寸。对矩形和梯形断面，最小宽度和最小水深均为 0.8m 或 8d（d 为流速仪旋桨直径）；圆形管道最小内径为 1.4m 或 14d。

（2）测流断面须具有规则的几何形状，并能进行几何丈量。测流断面选定后，必须在现场直接丈量数次，取其平均值作为计算依据，丈量精度要求为 0.2%。对圆形断面应丈量 6 个直径。

（3）测量断面应与水流方向垂直，断面内流速分布须正规。平均流速不小于 0.4m/s，不应有不平行于轴线的过分倾斜流速存在，壁面附近不应存在死区和逆流。

（4）测流断面应位于管道的直线段，断面上游侧的直管段长度 $L \geqslant 20D$，下游侧长度 $L \geqslant 5D$（D 为管道直径）。在断面上游侧 5m 内不应有畸化水流的建筑物与金属结构，在下游 2m 内不应有能产生反推力的建筑物，以免水流变形或引起逆流。

（5）在测流断面与水轮机进口（或出口）断面之间不允许存在流量的渗漏损失。

（6）必须防止悬浮物进入测量断面。

小型水电站如果以渠道引水或排水时，则测量断面可在渠道直线段内选取，但应离对水流有束缚作用的建筑物或尾水管出口一定距离。

低水头河床式电站常利用进水口闸门槽处作为测流断面，而两侧闸墙上的门槽可用作流速仪支架的支承，但此时，为保证水流平行流动和水位稳定，可在测流断面上游侧 3m 以上的位置装设适当的稳流栅、稳流筏、潜水顶板及导水墙等，以改善水流情况，获得所需的测流精度。

具有较长压力引水钢管的坝后式和引水式电站，若管径大于 1.4m，则测流断面常选在钢管直线段上。此直线段应有足够的长度，以使因流速仪引起的流态破坏足以消失在此段内。

管径小于 1m 时，在压力钢管内安装流速仪比较困难，这时测流断面可选在压力前池。

3. 测点的布置

测流断面选定后，须进一步确定断面内测速点数（流速仪台数）及其布置方式。测点数的多少应以能反映断面上流速分布的全貌为原则。测点过少，每点流速代表面积较大，影响测流精度；测点过多，扰乱水流速度的自然分布，也影响精度。一般根据国际规程来确定测点数。

（1）对矩形或梯形断面的渠道和进水口，测点数 Z 可用式（7-14）确定：

$$24 \sqrt[3]{F} < Z < 36 \sqrt[3]{F} \qquad (7-14)$$

式中　F——测流断面的面积，m^2。

如果进水口用支墩隔成几个孔口，则式中 F 和 Z 均指一个孔口而言。

在矩形断面上至少需布置 25 个测点，分布在 5 条水平线与 5 条垂直线的交点上。在断面中部，流速分布较均匀，测点间距可大些；在侧壁、底部和水面附近，流速变化较大，测点间距应小一些。布置在边缘或底部的流速仪应尽可能靠近边缘或底部，流速仪轴线至边缘或底部一般在 $100 \sim 200$mm 范围内。最上面的流速仪应尽可能接近水表面，但必须埋入水下一定深度，使水面波动不影响测流。因此，在测流断面四周最好采用直径较小的流速仪。

（2）对圆形断面的管道，每个半径支臂上的测点数 Z_R 按式（7-15）确定：

$$4 \sqrt{R} < Z_R < 5 \sqrt{R} \qquad (7-15)$$

式中　R——管道半径，m。

流速仪测点常布置在通过断面圆心的互相垂直且与水平线呈 45°角的直径测杆上，对称于圆心，如图 7-10 所示。在圆心处必须布置一台流速仪，以测取该处的流速。这样，

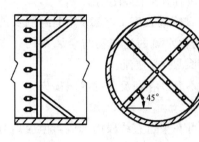

图 7 - 10 流速仪布置图

断面上总测点数 $Z = 4Z_R + 1$。国际规程规定：对圆形断面的压力钢管，至少需有 13 个测点（包括 1 个圆心测点），但一般不超过 37 个测点。当流速仪台数较多时，可增加 1～2 个直径测杆，但当支臂数大于 8 或每个支臂上测点数多于 8 时，会产生堵塞作用而导致平均流速增大，均无助于提高测流精度。

流速仪之间的距离用等面积法按式（7 - 16）确定：

$$r_n = R \sqrt{\frac{2n-1}{2Z_R}} \qquad (7-16)$$

式中 r_n——半径测杆上第 n 个流速仪至圆心的距离，m；

$\quad\quad$ R——测流断面的半径，m；

$\quad\quad$ n——从圆心开始向外数的半径测杆上流速仪序号；

$\quad\quad$ Z_R——每个半径测杆上流速仪的台数（圆心处流速仪除外）。

4. 流速仪的安装和信号记录

流速仪在校验之后，将其牢固地安装在测杆上。测杆一般采用钢管焊制成框架（矩形断面）或杆架（圆形断面）。流速仪安装固定后必须测量它们之间的距离，其准确度为 0.2%。流速仪的轴线与水流方向偏离角度不得超过 5°。

测量断面各测点上安装的流速仪用电缆与记录器相连接。电缆股数应比所用流速仪台数多一股，以用作公共接地线。所有从流速仪引出的各股导线，为避免在试验时折断，应将它们扭合成辫状并捆绑在测杆上，然后将整根电缆引出接至记录器。

流速仪发出的脉冲信号可用多台光线示波器共同工作来记录，也可采用脉冲信号记录器，如图 7 - 11 所示，它由感光灯、指示灯、感光纸带转动机构和时间记录装置所组成。每当流速仪旋桨转动 10 或 20 圈时，流速仪电触头接点就接通一次，于是记录器上的感光灯与指示灯同时点亮一次；另一方面，时间记录装置每秒接通一次，使时间感光灯和指示灯也随着每秒亮一次，由于感光纸带随转动机构以一定速度转动，这样就可把感光灯的工作过程通过纸带感光而记录下来，并同时记录时标信号和每台流速仪产生的脉冲信号，记

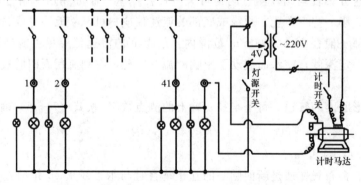

图 7 - 11 41 线流速仪脉冲信号记录器电路接线图

录图形如图 7-12 所示。

在试验时，只有当运行工况稳定后才能发出第一次读数信号，启动转动机构马达，进行记录。一般记录时间至少应持续 5min，如果发现水流有周期脉动现象，则记录时间至少应延长到 4 个脉动周期。时间记录装置最好采用机械式，以防止记录图上的时标受电源周波的影响，否则需按实际周波值对记录时间进行修正。

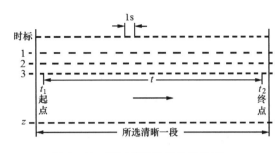

图 7-12 流速仪脉冲信号记录图

5. 流速分布图的绘制

为了绘制流速分布图以便推求流量，首先要计算出在某一导叶开度下每个测点的流速值。为此应在感光纸带上选取记录信号最清晰的一段，其持续时间不少于 2～3min。在此段内，对流速仪所记录的每根点线，在其两端各选一记录信号作为起点与终点，其相应时刻为 t_1 和 t_2，如图 7-12 所示，则流速仪工作时间为 $t=t_1-t_2$，再统计 t 时段内流速仪信号数为 m（取整数）。若流速仪信号每接通一次旋桨需转动 K 圈（$K=10$ 或 20），则流速仪的转速 n 为

$$n=\frac{Km}{t} \quad (\text{r/s}) \tag{7-17}$$

用式（7-13）或校正曲线将转速 n 换算成流速 v，从而得到各测点的流速。

求出导叶某一开度下断面各测点的流速之后，就可绘制流速分布图。对矩形和梯形断面可绘制沿垂直测线或水平测线的流速分布图，如图 7-13（b）所示；对圆形断面则可绘制沿半径的流速分布图，如图 7-14 所示。

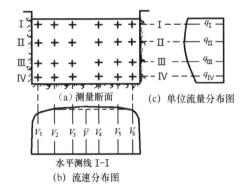

图 7-13 矩形断面中流速和单位流量分布图

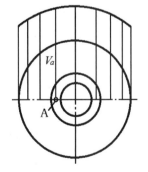

图 7-14 沿钢管直径的流速分布图

从最靠近边缘的测点到壁面之间的水流速度，由于无法安装流速仪而不能实测，为绘制这一范围内的流速分布曲线，可采用指数函数插值法或虚拟流速法补插 2～3 点的流速值，就可绘出完整的流速分布曲线。指数函数插值法如下：

$$v_x=v_1\left(\frac{Y_x}{Y_1}\right)^{\frac{1}{c}} \tag{7-18}$$

式中　v_x——插补点的流速；

$\quad\quad v_1$——最边缘上一个测点的实测流速；

$\quad\quad Y_x$——插补点离壁面的距离；

$\quad\quad Y_1$——最边缘上一个测点离壁面的距离；

$\quad\quad c$——与雷诺数有关的指数，可用最靠近壁面两个测点的实测流速值确定，为简化计算，常取 c 值为 $7\sim10$。

为了观看流速分布情况及校核流速计算中有无错误，可将不同导叶开度下同一测线上的流速分布曲线绘在一张图上。一般情况下，两个相邻开度的曲线应接近平行。若流速分布曲线相互交错，则计算可能出错，应校核。

6. 流量的计算

对矩形和梯形的测流断面，其流量可用逐次图解积分法求得，即

$$Q = \int_0^h \mathrm{d}h \int_0^b v\mathrm{d}b \qquad\qquad (7-19)$$

式中　h——测流断面的水深，m；

$\quad\quad v$——流速，m/s；

$\quad\quad b$——测流断面的宽度，m。

根据所绘制的某一水平测线上流速分布图，图 7-13（b）所示中水平测线 Ⅰ-Ⅰ，用求积仪量出速度分布曲线和水平测线所包围的面积，它表示以此水平测线为基准的单位水深（$h=1$）的过水断面所通过的流量，称为单位流量 q。如果绘制流速分布图时用的流速比例尺为 M_v（m/s/cm），宽度比例尺为 M_b（m/cm），则单位流量为

$$q = M_v M_b \int_0^b v\mathrm{d}b \qquad\qquad (7-20)$$

按此方法求出所有水平测线上单位流量 q_{I}、q_{II}、q_{III}、…。如果用水深比例尺 M_h（m/cm）定出纵坐标上各水平测线的位置，用单位流量比例尺 M_q（m²/s/cm）在横坐标方向标出相应于各水平测线的单位流量值，再以平滑曲线连接各顶点，则所得曲线称为单位流量分布曲线，如图 7-13（c）所示，其面积即为在某一导叶开度下通过测流断面的流量，即

$$Q = M_h M_q \int_0^h q\mathrm{d}h \qquad\qquad (7-21)$$

其数值可用求积仪量取。

对圆形测流断面，其通过流量可根据每个半径测杆上的流速分布图分别求得，然后取它们的算术平均值作为最终结果。

在计算中假定：半径测杆上任一点，图 7-14 所示的 A 点，所测得的流速值为 V_a，则点 A 所在的整个环形截面上流速值都是一样的。根据这一假定，则通过圆形断面流量为

$$Q' = 2\pi \int_0^R vr\,\mathrm{d}r \qquad\qquad (7-22)$$

此积分式可用图解法求解。首先根据所绘制的半径测杆上的流速分布图，将各测点处流速 v 乘上该点到圆心的距离 r，然后将所得之积 vr 标在该点下方，再通过 vr 值的端点

作平滑曲线，如图 7 - 15 （a）所示，用求积仪量出图上的阴影面积，乘以 2π 和比例尺，即得流量 Q'。

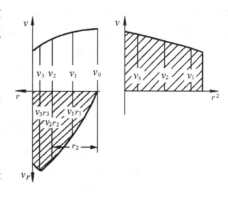

如果测流支架是采用两根互相垂直的测杆，则按上述方法分别对 4 个半径求出流量 Q'_I、Q'_{II}、Q'_{III}、Q'_{IV}，取其算术平均值作为计算结果，则

$$\overline{Q'} = \frac{1}{4}(Q'_I + Q'_{II} + Q'_{III} + Q'_{IV}) \quad (7-23)$$

通过圆形断面流量还可用另一积分式表示，即

图 7 - 15　圆形断面计算流量的图解法

$$Q'' = \int_0^F v\mathrm{d}f = \pi \int_0^{R^2} v\mathrm{d}r^2 \quad (7-24)$$

式（7 - 24）也可用图解法求解，即将半径测杆上的流速分布曲线——v 与 r 的关系曲线换算成 v 与 r^2 的关系曲线，如图 7 - 15 （b）所示。用求积仪求出图中阴影面积，再乘上 π 和比例尺，即得流量 Q''。4 个半径平均值为

$$\overline{Q''} = \frac{1}{4}(Q''_I + Q''_{II} + Q''_{III} + Q''_{IV}) \quad (7-25)$$

按上述两种方法求得的两个流量 $\overline{Q'}$ 与 $\overline{Q''}$ 之差不应超过其平均值的 1%，此时通过断面的最终实测流量可取两者平均值，即

$$Q = \frac{1}{2}(\overline{Q'} + \overline{Q''}) \quad (7-26)$$

7. 流速仪法测流的特点和应用

流速仪法测流是一种最基本的测流方法，具有成熟的应用经验，在最佳测试条件下可达到 $\pm1\% \sim \pm1.5\%$ 的精度；测流成果可靠，适用范围广。但流速仪与测杆埋设于水流中会干扰流场，边缘流速采用插值方法会影响计算精度；准备工作量很大，安装和拆卸流速仪需停机放水，会影响发电；试验中如个别流速仪停止工作则会影响流速计算精度，资料整理与计算工作繁琐，试验中如个别流速仪故障会影响流速计算，不能用于机组流量的运行监测。

目前，我国大部分水电站的水轮机原型效率试验多采用流速仪法测流。

近年来随着计算机技术的发展，使传统的流速仪法测流在测试手段和试验数据处理方法上不断改进：以光导纤维传输流速仪转速信号，提高了信号传输可靠性，记录方法更为简便；以微处理器为核心的智能流速仪可以直接显示、打印测点的流速；以单片机为前置机采集并向上位机发送流速仪实测数据，经计算机运算、处理后显示和打印出各测点流速，并对流速分布进行自动处理，可实现流量的实时测量。

四、水锤法测流

1. 水锤法测流的基本原理

水锤法又称压差-时间法或吉普逊法，适用于压力管道中的流量测量。

当机组突然甩掉负荷时，水轮机导叶迅速关闭，压力钢管中水流速度很快减小到 0，水流的动量转变成压力冲量，从而引起钢管内水压急剧升高，从而产生水锤现象。水压的

升高与水流速度变化快慢有关，即与导叶关闭时间长短有关。导叶关闭时间越短，水流速度变化越快，水压升高也越大。如能测出钢管中水压变化的数值与过程，就可算出水流速度，从而求出导叶关闭前通过水轮机的流量。

根据牛顿第二运动定律，即动量与冲量转换守恒定律，有

$$m(v_0 - v) = \int_0^{T_s} Fp\,dt \tag{7-27}$$

式中　m——长度为 $L(\text{m})$ 的测量管段内水的质量，kg；

v_0——导叶关闭前的水流速度，m/s；

v——导叶关闭后由漏水等引起的管中水流速度，m/s；

T_s——导叶关闭时间，s；

F——测量管段断面面积，m²；

p——随时间 $dt(\text{s})$ 变化的水锤压力，Pa。

而且存在如下关系：

测量管段内水的质量：$m = \gamma LF/g$，γ 为水的重度；

机组在甩负荷前稳定工况下通过水轮机的流量：$Q = Fv_0$；

导叶关闭后尚存在的流量：$q = Fv$，分为导叶漏水量 q_1 和技术引用水量 q_2；

水锤压力随时间变化曲线与水压恢复曲线所包围的有效面积：$A = \int_0^T \dfrac{p}{\gamma}\,dt$。

将这些关系代入式（7-27）得

$$Q = g\frac{F}{L}A\frac{M_p}{M_t} + (q_1 + q_2) \tag{7-28}$$

式中　g——当地重力加速度，m/s²；

L/F——管道系数，m⁻¹；

A——水锤示波图的有效面积，cm²；

M_p——示波图的压力比例尺，m/cm；

M_t——示波图的时间比例尺，cm/s；

q_1——导叶漏水流量，m³/s；

q_2——技术引用流量，m³/s。

水锤法测流可分单断面法（只选取一个测压断面）和双断面法（选取两个测压断面）。当采用单断面法时，用压力传感器配合应变仪、示波器录取测压断面的水锤压力随时间变化曲线，此时 L 是从上游进水口或调压井自由水面到测压断面的全长；当采用双断面法时，用差压变送器配合应变仪、示波器录取两个测压断面的水锤压力差，此时 L 是两个断面之间的管段长度。

水轮机测流都采用双断面法，因为单断面法受进水口或调压井自由水位变化的影响，当遇到管道本身不平整或管道内安装某些设备时，会影响水锤压力波的传播，从而影响测量精度，而双断面法由于这些因素的影响同时作用到两个测压断面上，故可互相抵消。

2. 测压管路的布设与管道系数的计算

在管道上选取测压断面和安装测压管路时，如采用单断面法，则测压断面应选在靠近水轮机的管道直段部位，且长度不得小于 15～30m；如采用双断面法，则两个测压断面应

选在断面相等的管道直段上，且两个测压断面之间的长度应满足如下规定：

$$Lv_{cp} \geqslant 50 \qquad (7-29)$$

式中　L——两测压断面之间的管道长度，m；

　　　v_{cp}——设计水头下机组满负荷运行时测压断面平均流速，m/s。

测压断面选定后，按图 7-16
所示布置测压管路，在每个断面至
少设置两个测压孔，一般为 4 个，
对称布置，直径不小于 9mm，孔深
至少为孔径的两倍。对圆形管道，
测压孔应布置在与垂线呈 45°位置
上。钻孔垂直于壁面，孔口与管道
壁齐平，孔边无毛刺，且有半径为
1.5mm 的圆角，在孔口上游至少
45cm 和下游至少 15cm 范围内，管
道壁面要求光滑并与水流平行。断

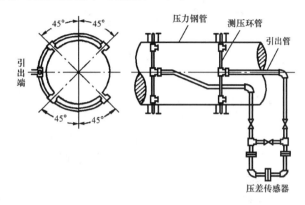

图 7-16　水锤法测流测压管路布置图

面上各测压孔用环管连通并引至测量仪表，引出管路应尽可能短，并尽量减少弯头和三
通，保持 10%以上的坡度，使管路越来越高，以利于排气。管路安装之后，要进行超过
额定压力 30%～40%的耐压试验，要求无漏气和漏水情况。

对大中型电站，一般在设计和安装时就已选定了测压断面和埋设了测压管路。

由于管道系数 L/F 对流量计算有直接的影响，故必须对管道长度 L 和断面 F 进行多
次测量，取其平均值作为计算值，使管道系数的误差在 0.2%以内。

管道系数应根据管道断面形状的不同而分别丈量和计算：

圆形直管：

$$\frac{L}{F} = \frac{4L}{\pi D^2} \qquad (7-30)$$

圆形渐变管：

$$\frac{L}{F} = \frac{4L}{\pi D_1 D_2} \qquad (7-31)$$

式中　D_1、D_2——渐变管进口、出口内径。

其他形状的管道：

$$\frac{L}{F} = \frac{L_1}{F_1} + \frac{L_2}{F_2} + \cdots + \frac{L_n}{F_n} = \sum_{i=1}^{n} \frac{L_i}{F_i} \qquad (7-32)$$

当管道为弯管时，取其中心线的长度按直管方法计算。

3. 漏水量的测定

导叶漏水量 q_1 通常用容积法测定。即在压力钢管充水时，关闭机组的导叶和上游进
水口闸门，此时用标准压力表测出钢管斜直段上的水位∇A，经过一时段 t 后，再用压力
表测得钢管内下降后的水位∇B，如图 7-17 所示。压力表前后两次读数之差就是在测量
时段 t 内钢管内水位垂直下降值 h，即 $h = \nabla A - \nabla B$，根据钢管断面面积 F 和坡度 i，得导
叶漏水流量为

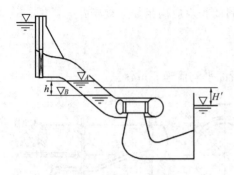

图 7-17　用容积法测定导叶漏水量

$$q_1' = \frac{Fh}{t}\sqrt{1+\frac{1}{i^2}} \qquad (7-33)$$

再将上游闸门关闭后水头为 H' 时测得的导叶漏水量换算为实际水头 H 时的漏水量：

$$q_1 = q_1'\sqrt{\frac{H}{H'}} \qquad (7-34)$$

若上游闸门也漏水，则此闸门漏水量 Δq 也可用容积法另行测定，即关闭上游闸门和主阀（此阀必须不漏水），在一定时段 t 内用标准压力表测出钢管内水位垂直上升值 Δh，代入式 (7-33) 得闸门漏水流量 Δq。此时导叶的实际漏水量为 $q_1+\Delta q$。当主阀也漏水时，或无主阀情况下，闸门漏水量可用别的方法测量。如排空蜗壳和尾水管内的水，再把闸门漏水引至检修排水深井进行测量。

若在机组的钢管内有分流存在，如技术引用水量，则在测量导叶漏水量时，应将技术用水关闭，若无法关闭，则需单独测定其流量 q_2。

4. 压力比例尺与时间比例尺的确定

压力比例尺是指示波图上每 1cm 光点偏移所对应的两测压断面的压差值（m）。为取得大小合适的 M_p，可先初步估算试验中可能出现的最大压差值，再根据最大压差值和记录纸带宽度大致定出 M_p，使水锤示波图不致过小而影响计算精度，也不致过大而超出记录纸带的宽度。

M_p 的精确得出是通过压差传感器整定实现的，可采用如图 7-18 所示的水柱静压整定装置进行整定。通过控制阀门 1 使高压管内水位不断上升，可得到一系列水柱差 h 值和示波器振动子光点偏移 l 值，在坐标纸上连成一直线，此直线的斜率就是 $M_p=h/l$，如图 7-19 所示。

为消除读数误差，通常先按压力上升方向（水柱压差从小到大）整定一次，再按压力下降方向（水柱压差从大到小）整定一次，若前后两次的 $h-l$ 直线重合为一，或相互平行，则说明应变片线性变形良好，

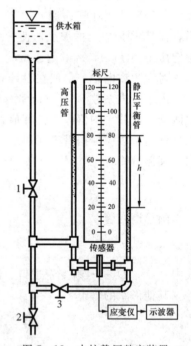

图 7-18　水柱静压整定装置

厚度合适。若为折线且不重合，则需来回反复整定多次，如仍不能成为一直线，就应调整应变片的厚度，以达到最好的线性变形。

时间比例尺 M_t 表示 1s 内水锤示波图上时间轴的水平线长度（cm），实际上就是纸带移动速度（cm/s）。

在 SC-16 型光线记录示波器上，有快慢不同的 4 种时间频率可供选择，一般采用 $M_t=2.5$cm/s。M_t 主要根据被测值的变化速度而定，当被测值变化较快时应选用较大的 M_t，以

便清晰录下变化过程；而当被测值变化较慢时则选较小的 M_t，以便节省记录纸带。

5. 水锤压差示波图的录制

水锤压差示波图的形状和大小，主要取决于压力比例尺 M_p、时间比例尺 M_t 和导叶关闭时间 T_s。在 M_p 和 M_t 已定条件下，导叶关闭时间短，水锤压差曲线呈尖锋形；而导叶关闭时间长，则曲线平展，这两种形状的示波图均会影响流量的计算精度。为得到合适的水锤压差示波图，导叶关闭时间 T_s 可按式（7-35）确定：

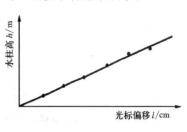

图 7-19　差压传感器的整定曲线

$$T_s = (40 \sim 60)\frac{2l}{c} \tag{7-35}$$

式中　l——从进水口或调压井自由水面算起的压力管道全长，m；

　　　c——水锤波在压力管道中的传播速度，m/s。

水锤法测流所需要的 T_s 比机组正常运行时的整定值大，根据经验，一般采用 $T_s = 8 \sim 12s$，对高水头、长管道的电站，T_s 可增大至 $20 \sim 30s$。开始试验前，应将导叶关闭时间调整到所选定的 T_s 值。

水锤法测流的甩负荷方式，以前一般采用发电机断路器跳闸，使机组与系统解列的方式进行，这种甩负荷方式由于断路器跳闸频繁，会造成设备损伤而出现事故，且每测试一次，机组都要与系统解列、并列一次，操作麻烦费时，故测试次数受到限制，不宜过多。现在，机组甩负荷方式一般常用发电转调相方式，即不跳断路器，而用手动压下调速柜中的引导阀，使导叶迅速关闭，发电机转为调相运行。这种甩负荷方式避免了高压断路器连续多次跳闸，对设备有利，同时也避免了同期操作的麻烦，保证试验既安全又快速，可增加测量次数，从而提高测流精度。

水锤法测流所用仪器及其接线方式如图 7-20 所示。当测量仪器接线完毕，经检查无误后就可以正式开始测试。启动机组并入电网，带上负荷，待运行工况稳定后，使机组甩掉负荷，录下水锤压差示波图，其形状如图7-21所示。

在示波图上，水锤压差曲线是在导叶关闭过程中两测压断面

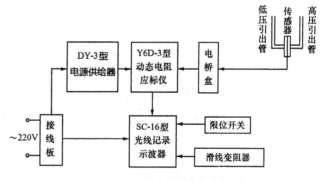

图 7-20　水锤法测流接线框图

间水锤压差随时间变化的过程线，为了便于分析，还应同时录取接力器行程曲线、导叶关闭终止标记和校正电阻光点偏移值等。

6. 水锤压差示波图的分析与流量计算

对录制的水锤压差示波图进行分析，确定示波图的有效面积 A 的边界范围，以便计算流量。

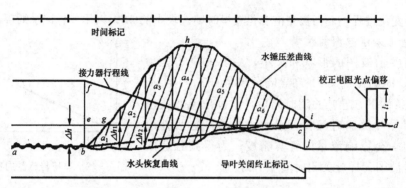

图 7-21　水锤压差示波图

（1）确定导叶关闭的起始点：根据接力器行程曲线上启动点 f 确定关闭的起始点 b，水锤压差曲线在 b 点之后应有明显的上升趋势，此点即为示波图左边界点。由于机械、液压传动的滞后因素，常会导致压差曲线上升处并不与接力器启动点吻合而出现滞后现象。

（2）确定导叶关闭终止点：根据导叶关闭终止标记确定导叶关闭终止点 j，过此点作一垂直线 jc，此线为水锤示波图有效面积 A 的右边边界线。压差曲线也会出现滞后现象。

（3）确定两测压断面间的水头损失：找出导叶关闭前后稳定状态下运行线 ab 和静压线 cd，延长 cd 线至 b 点上方的 e 点，则 b、e 两点间的距离 Δh，即为导叶关闭前稳定状态下流速为 v_0 时两测压断面间的水头损失。

（4）划分示波图面积：用直线连 b、c 两点，先以此线为示波图面积下限线，并以垂线将 bc 线以上的水锤压差示波图面积进行分块。分块越多，则每块面积越小，所求得的水头恢复曲线精度越高。一般至少应分成 6 块，并在开始时段内，分块适当小些，然后用求积仪求出各分块面积 a_1、a_2、$\cdots$、a_n。

（5）计算各分块面积交界线处的水头损失 Δh_i 值：根据水头损失与流量的关系，得到各分块面积交界线处的水头损失 Δh_i 为

$$\Delta h_i = \Delta h \left[1 - \frac{\sum\limits_1^i a_i}{A} \right]^2 \qquad (7-36)$$

利用式（7-36）计算各分块面积交界线处的水头损失 Δh_1、Δh_2、$\cdots$、Δh_n。

（6）推求水头恢复曲线：以 ec 直线为基准线，在各分块面积交界线处向下量取按式（7-36）计算所得的水头损失 Δh_1、Δh_2、$\cdots$、Δh_n 等长度，连接其下端得一曲线，称为第一次近似水头恢复曲线。以此线为示波图面积的下限线，求出其上各分块面积，并按同样方法求出各分块面积交界线处的水头损失，仍以 ec 直线为基准线，向下量取这些水头损失值，连其下端得一曲线，称为第二次近似水头恢复曲线。如此重复以上步骤，直至前后两次求得的水头恢复曲线相差很小为止。通常第二次近似水头恢复曲线即可满足要求。

当水头损失 Δh 值小于示波图上最大水锤压差的 1% 时，水头恢复曲线可用直线 bc 代替，这样既可减少计算工作量，又不会引起过大误差。

（7）计算流量值：利用高精度求积仪求出水锤示波图的有效面积 A，即导叶关闭过程

中（起始点 b 到终止点 c）水锤压差曲线与水头恢复曲线所围的总面积（阴影部分），代入式 (7-28) 中，即可求得机组在甩负荷前通过水轮机的流量 Q 值。

7. 水锤法测流的特点和应用

水锤法测流应用广泛，误差估计为 $\pm 1.5\% \sim \pm 2\%$，但只适用于中、高水头的电站，测流精度也较难控制，一般用于水轮机原型效率试验。

五、浓度法测流

1. 浓度法测流基本原理

浓度法又称混合稀释法，是标记法中的一种测流方法。在流过封闭管道或明渠的流体中混入适当的物质作为标记物，此标记物必须能与被测流体很好地混合，且不妨碍流体的流动和使用，通过测量混合后流体的浓度即可求得流量。

用浓度法进行水轮机测流时，在管道或渠道的上游以恒定的小流量注入适当的标记物，当标记物与水很好地混合后，在下游处取样，通过测量标记物的浓度即可求出水轮机的流量。

在标记物混合良好的情况下，单位时间内流过的流体中，上游侧注入处标记物的质量应等于下游侧取样处标记物的质量，即

$$C_0 G + C_1 G_x = C_2 (G + G_x) \tag{7-37}$$

式中　C_0——上游侧流体在未加入标记物前已有的标记物质量浓度，g/kg；

C_1——上游侧注入的标记物质量浓度，g/kg；

C_2——下游侧流体中测得的标记物质量浓度，g/kg；

G——待测流体的质量流量，t/s；

G_x——上游侧注入标记物流体的质量流量，t/s。

于是得

$$G = \frac{C_1 - C_2}{C_2 - C_0} G_x \tag{7-38}$$

工程上常用体积流量 Q 表示，它与质量流量 G 的关系为

$$Q = \frac{G}{\gamma} = \frac{C_1 - C_2}{C_2 - C_0} \cdot \frac{G_x}{\gamma} \quad (\text{m}^3/\text{s}) \tag{7-39}$$

式中　γ——流体的重度，t/m³；

其余符号意义同式 (7-37)。

可见测流时与所选用的标记物浓度单位无关，只要选用同一种浓度单位即可。

2. 测量步骤

用浓度法测量流量时，有如下三个操作步骤：

(1) 注入标记物：水轮机流量测量中使用的标记物常用食盐（NaCl）。把盐和水按预定的浓度调配成盐水，然后通过喷射栅以恒定的微小流量注入，应严格控制注入流量，可用齿轮式容积流量计或层流流量计进行测定。注入时保持盐水的浓度不变，并使标记物尽可能均匀地注入整个进口断面。

(2) 使注入物与待测流体很好地混合：在水轮机测流中，不宜再装设其他附设装置，故浓度法测流只适用于在水轮机过水系统中存在较多水流紊流和旋流的机组；对于其他管

道的测流，为使标记物与被测流体很好地混合，还可装设特殊的混合装置，如增加管路上的弯管段或阀门等。

（3）对混合物进行取样分析：取样时，应在出口处（如水轮机尾水管出口处）通过取样架同时进行多点取样。当取样处横截面上的浓度不均布时，应多取几个点，并求出平均浓度为所测浓度值。取样处一般设在尾水平台上，把几个取样瓶固定在一个取样架上，同时伸入水中进行取样。盐水浓度一般用电传导法测定，其测量精度将直接影响流量的测量精度。

3. 浓度法测流的特点及应用

浓度法测流不受管路形状、大小和管径影响，也不受弯管和阀门等因素影响，测量精度可达±1%～±1.5%，适合于各种液体和气体测流，特别适合于过水系统中存在紊流和旋流的水轮机测流，而其他测流法一般要求流体不能有紊流和旋流。对某些河床式或坝后式电站，由于引水管道短，水流紊乱复杂，不便于布置水锤测流仪表或流速仪，此时使用浓度法测流是一种行之有效的办法，但浓度法测流所需的溶液制备和投放装置复杂而庞大，标记物耗量大，费用高，浓度测量仪表精度要求高，并有一定的装卸工作，因此只适合于短期测流，如用于水轮机原型效率试验，用于整定蜗壳流量系数 K 值。

六、超声波法测流

1. 超声波法测流的基本原理

超声波法测流根据测量原理分为传播速度差法和多普勒频移法。在水轮机测流中常用传播速度差法，其工作原理为：超声波对水具有很强的穿透能力，当它在水流中传播时，对于固定坐标系而言，其传播速度将受到水流速度的影响，顺流时传播速度快，逆流时传播速度慢，这种影响称为携带效应，通过测量超声波在顺流和逆流时的传播速度差，即可求出水流的流速，进而求得流量。根据具体检测量不同，传播速度差法又分为时差法、相差法和频差法。

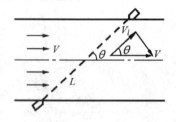 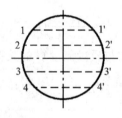

图 7-22　超声波法测流原理图

（1）时差法。时差法通过测量超声波在顺流和逆流时传播的时间差，进而求得水流速度。如图 7-22 所示，超声波传播的顺流时间为

$$t_1 = \frac{L}{C + V\cos\theta} \quad (7-40)$$

逆流时间为

$$t_2 = \frac{L}{C - V\cos\theta} \quad (7-41)$$

式中　L——超声波发射器与接收器之间的距离，m；
　　　　C——超声波在静止的流体中传播速度，m/s；
　　　　V——流体的平均速度，m/s；
　　　　θ——超声波传播方向与流体流动方向的夹角，(°)。

由于常温下 $C \approx 1500\text{m/s}$，而 $V \leqslant 15\text{m/s}$，故 $C \gg V$，则顺流和逆流的时间差为

$$\Delta t = t_2 - t_1 \approx \frac{2LV\cos\theta}{C^2} \quad (7-42)$$

从而得

$$V \approx \frac{C^2}{2L\cos\theta}\Delta t \tag{7-43}$$

当发送器和接收器位置确定时，θ 和 C 是已知的，L 可实测得到，故只要测出 Δt，即可求出该超声波传播线上的水流平均速度 V，进而求得流量。

根据空间情况和精度要求，θ 通常取 $30°\sim65°$。由于 C 值随水流温度而变化，故在使用式（7-43）时，必须采取温度补偿措施或对 C 值进行修正，否则会引起较大误差。另外，为消除 C 的影响，也可根据式（7-40）和式（7-41）得

$$V = \frac{L\Delta t}{2t_1(t_1 + \Delta t)\cos\theta} \tag{7-44}$$

若取 $t = (t_1 + t_2)/2$，则 $C \approx L/t$，则由式（7-43）得

$$V \approx \frac{L\Delta t}{2t^2\cos\theta} \tag{7-45}$$

由于式（7-44）和式（7-45）不含 C，故消除了水温变化的影响。

（2）相差法。相差法通过测量超声波在顺流和逆流时传播的相位差，进而求得水流速度。设发射波与接收波的相位差在顺流时为 ϕ_1，在逆流时为 ϕ_2，则

$$\phi_1 = \omega t_1 = \frac{\omega L}{C + \cos\theta} \tag{7-46}$$

$$\phi_2 = \omega t_2 = \frac{\omega L}{C - \cos\theta} \tag{7-47}$$

则超声波在顺流和逆流时传播的相位差为

$$\Delta\phi = \phi_2 - \phi_1 \approx \frac{2\omega L V\cos\theta}{C^2} = \frac{4\pi f_c L V\cos\theta}{C^2} \tag{7-48}$$

故得

$$V \approx \frac{C^2}{4\pi f_c L\cos\theta}\Delta\phi \tag{7-49}$$

式中　f_c——超声波频率。

由于 f_c、L、C、θ 均是已知的，故只要测得 $\Delta\phi$，即可求出该超声波传播线上的水流平均速度 V，进而求得流量。

相差法的优点是灵敏度比时差法提高了 ω 倍（$\Delta\phi = \omega\Delta t$），在一定条件下提高了测量精度，但 C 值受水流温度变化的影响，且相位的测量较困难。

（3）频差法。频差法通过测量超声波在顺流和逆流时传播的循环频率差，进而求得水流速度。即

$$\Delta f = f_1 - f_2 = \frac{1}{t_1} - \frac{1}{t_2} = \frac{2V\cos\theta}{L} \tag{7-50}$$

故得

$$V = \frac{L}{2\cos\theta}\Delta f \tag{7-51}$$

只要测得 Δf，即可求出该超声波传播线上的水流平均速度 V，进而求得流量。

频差法由于没有 C 值影响，故测量精度较高，但测量时需要进行多次循环才能得到

结果，相应速度较慢，且易受外界影响。

2. 声道布置

超声波换能器有发射器和接收器两种。发射器利用压电材料的逆压电效应，将电路产生的发射信号施加到压电晶片上，使其产生振动，发出超声波，实现电能到声能的转换。接收器是利用压电材料的压电效应，将接收到的声波，经压电晶片转换为电能，完成声能到电能的转换。

发射器和接收器是可逆的，即同一个换能器，既可以作发射用，又可以作接收用，由控制收发系统的开关脉冲来实现。换能器的布置方式有透过式、反射式、交叉式和平行式等多种，如图 7-23 所示。

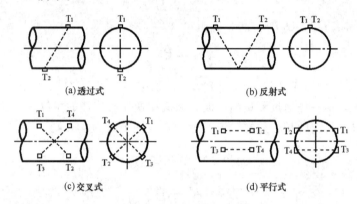

图 7-23　超声波换能器的布置方式

超声波传播途径越短，则信号越强。实践表明，透过式布置的换能器超声波信号强，测量稳定性好。当管道直径较大时，为了提高测流精度，减小断面流速分布不均的影响，需要增加声道数。对于圆管，常用双声道、4 声道和 8 声道等，对于较大矩形断面或梯形断面，有时需要增加到 16 声道甚至更多。

当换能器布置在压力钢管直管段时，直管段长度 8 声道时不宜小于 5 倍钢管直径，4 声道时不宜小于 10 倍钢管直径；当换能器布置在有压长尾水洞时，直管段长度不宜小于 2 倍尾水洞直径。

3. 流量计算

利用超声波法得到的流速是超声波测量声道上的线平均流速，而计算流量所需要的是流道横截面的面平均流速，两者的数值存在一定差异，差异大小取决于流速分布状况。因此，在实际应用中，当声道数较少时，需要采用一定的方法对流速分布进行修正后，再用面积积分法求出断面的过流量。

对于圆形管道，如图 7-24 所示，通过测量断面的总流量为

$$Q = \int_{-R_0}^{+R_0} HV(r)\,\mathrm{d}r = 2\int_{-R_0}^{+R_0} \sqrt{R_0^2 - r^2}\,V(r)\,\mathrm{d}r \tag{7-52}$$

对于矩形管道，如图 7-25 所示，通过测量断面的总流量为

$$Q = \int_{-\frac{H}{2}}^{+\frac{H}{2}} BV(h)\,\mathrm{d}h \tag{7-53}$$

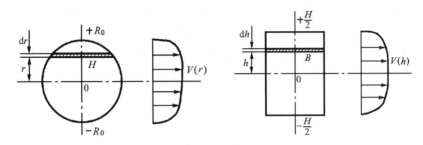

图 7-24 圆形管道流量积分   图 7-25 矩形管道流量积分

4. 超声波法测流的特点及应用

超声波法测流采用非接触式测量，对流场无干扰，不影响机组的正常运行和管路的正常工作；能进行动态测量，可直接测得瞬时流量和累计流量，实现流量、效率的长期在线实时测量和运行监测；应用范围广，没有最高流速限制，特别适用于大管径、大流量的测量；测流装置安装测试简便，使用灵活，维护方便；对信号处理要求较高，设备比较复杂；水温变化对超声波传播速度有较大影响，温度变化较大时应对声速进行补偿；当水流中气体、泥沙或悬浮物达到一定含量时，对超声波传播与测流精度有一定影响。因此，超声波法测流适用于清水或含沙量小于 $10kg/m^3$ 的水流。

目前，超声波法测流已广泛用于水电站的机组实时测流和原型效率试验，是水电站测流的发展方向。

南京自动化研究院开发的 UF 系列多声道超声波流量计采用多声道流速测量加权积分计算流量，较好地解决了流态分布、信号处理、各种管道渠道现场定位安装等技术难题，可用于大尺寸过水断面流量的准确测量，可测量圆管直径 15m、渠宽 100m 的过流量。

第五节　水轮机引、排水系统的监测

水轮机引、排水系统的水力特性是水电站与水力机组的重要动力特性之一，为保证水电站和机组的安全与经济运行，需要对其进行监测。

水轮机引、排水系统的监测包括：拦污栅前、后压差；蜗壳进口断面压力；水轮机顶盖压力；尾水管进口断面压力或真空、其他特征断面压力以及水流特性等项目。此外，在寒冷地区还要设置冰凌监测，根据电站需要还可能设置钢管防爆保护装置。通过对水轮机引、排水系统进行水力监测，可使运行人员随时了解在不同工况下引、排水系统各部分的实际情况，如压力、压差、真空度、水头损失等，以便对机组进行必要的操作。同时，也为科学研究和改进设计提供资料。

一、进水口拦污栅前、后压差的监测

拦污栅在清洁状态时，其前、后的水压差只有 0.2～0.4kPa，即 2～4cmH₂O。当有污物堵塞时，其前后压力差会显著增加，轻则影响机组出力，重则甚至会压垮拦污栅，造成严重事故。因此，大中型电站一般要设置拦污栅前、后压差监测装置，以便随时掌握拦污栅的堵塞情况，及时进行清污，确保电站的安全和经济运行。通常情况下，当监测装置测到的拦污栅前、后压差达到一定值时，向中控室发出信号，信号分为清理信号和停机信号，其中清理信号一般按拦污栅被堵塞 1/3 有效过水面积所造成的落差确定，一般为 0.8~4m 水头压差，停机信号则根据拦污栅强度确定，最大为拦污栅设计最大荷载。

正常情况下，拦污栅的水力损失可按式（7-54）计算：

$$h_\omega = \xi \frac{v_1^2}{2g} \quad (\text{mH}_2\text{O}) \tag{7-54}$$

$$\xi = \beta \left(\frac{b}{s}\right)^{3/4} \sin\alpha \tag{7-55}$$

式中　ξ——拦污栅的阻力系数；

v——栅前平均流速，m/s，人工清污时取 0.6~0.8m/s；机械清污时取 1~1.2m/s；不考虑清污时取 0.5m/s；

b——栅条宽度，cm；

s——栅条净距，cm；

α——栅条与水平面的夹角；

β——与栅条形状有关的系数，矩形栅条取 2.42；圆形栅条取 1.79；单头圆弧形栅条取 1.83；双头圆弧形栅条取 1.67；流线形栅条取 0.76。

选择监测仪表时，先选定测压断面，并计算两断面间的水力损失，然后确定拦污栅清理信号和停机信号整定值，最后根据电站的自动化程度和允许布置仪表的条件合理选用仪表。

对河床式或坝后式电站，一般采用差压式仪表，如 CWD-288 型（带报警）双波纹管差压计或 DBC 型差压变送器，仪表发送器需装在上游最低水位以下，通常可布置在坝体廊道或主厂房的水轮机层，二次仪表则一般布置在中控室。DBC 型差压变送器一般用于电站自动巡检系统或计算机监控系统中。

对引水式电站，常采用两台 UTY 型浮筒式遥测液位计分别监测拦污栅前、后的水位，再用一台 XBC-2 型接收器及报警仪表实现对拦污栅前、后压差的监测，发送器一般布置在上游水位以上。如果电站上游水位采用 UTY 型发送器进行监测时，则可在拦污栅后再装一台同样的仪表，并配以 XBC-2 型接收器及报警仪表。

二、蜗壳进口压力的测量

在水轮机引水系统中，蜗壳进口断面的特性具有重要意义。在机组正常运行时，检测蜗壳进口压力可得到压力钢管末端的实际压力水头值和在不稳定流作用下的压力波动情况；在机组做甩负荷试验时，可测量水锤压力的上升值及其变化规律；在机组做效率试验时，可测量水轮机工作水头中的压力水头部分；在进行机组过渡过程研究试验中，可用来与导叶后测点压力比较，以确定导叶在一定运动规律下的水力损失变化情况，此时蜗壳进口压力相当于导叶前的压力。因此，所有机组都装设蜗壳进口压力测量装置。

测压孔的布置应考虑水流流态的影响，防止泥沙和杂物淤堵及气泡进入，故在测量断面上一般都布置若干个测孔。为防止淤堵，测孔不应布置在测量断面的底部；为避免气泡或漂浮物进入，测孔尽量不要布置在顶部。对于圆形断面（金属蜗壳），一般取 4 个测压孔，布置方式如图 7-26 所示，4 个测孔布置在与垂线呈 45° 的位置，并用均压环管将其连接起来，然后引至测量仪表，测压孔应垂直于管壁；对于矩形断面（混凝土蜗壳），一般取 6 个测压孔，布置在两侧垂直的壁面上，如图 7 - 27 所示，6 个测压孔用均压环管连接起来，再接到测量仪表，测压孔应垂直于壁面。当水轮机装有进水阀时，最好在进水阀前、后各设一个测量断面。有时在蜗壳末端还设一个测压点，用来测量机组甩负荷时的蜗壳压力上升值。

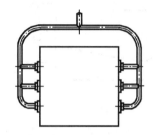

图 7 - 26　圆形断面测压孔布置图　　图 7 - 27　矩形断面测压孔布置图

被测压力的最大值可按式（7 - 56）计算：

$$H_{\max} = (\nabla_1 - \nabla_2) - \frac{Q^2}{2gF^2} + \Delta H \quad (\text{mH}_2\text{O}) \tag{7 - 56}$$

式中　∇_1——上游最高水位（校核洪水位），m；

　　　∇_2——仪表安装高程，m；

　　　Q——最大水头满出力时的流量，m^3/s；

　　　F——测压断面的面积，m^2；

　　ΔH——水锤压力上升值，mH_2O。

根据被测压力的最大值 $H_{\max}$ 选择仪表量程，并确定仪表的型号。一般选用标准压力表或普通压力表；当电站有自动监测系统时，应选用 DBY 型压力变送器。测量仪表一般装在水轮机层的仪表盘上。

监测蜗壳进口压力脉动的仪表应单独设置，蜗壳末端压力监测应在靠近蜗壳尾部最小断面处设置 3 个测点。

三、水轮机顶盖压力的测量

水轮机顶盖压力的测量目的主要有：通过监测顶盖下部的压力，了解止漏环的工作情况及该处的压力脉动情况，为改进止漏环的设计提供依据；对采用顶盖取水的技术供水系统，通过监测顶盖下部的压力，了解技术供水压力的波动情况。

在正常运行条件下，转轮上止漏环的漏水经由转轮泄水孔和顶盖排水管排出，当止漏环工作不正常使漏水量突然增多或排水管与泄水孔堵塞时，顶盖下部的压力就会增大，从而导致推力轴承负荷增加，甚至超载，使推力轴承温升过高，润滑条件恶化，导致机组不能正常运行，为此需要对水轮机顶盖压力进行监测，以确保机组安全、经济运行。

对于从顶盖取用技术供水时，要求供水压力保持在一定范围之内，而止漏环漏水量与机组的出力有关，要求随机组出力的变化适当调整泄水孔阀门的开度，来达到调整顶盖内压力值的目的，避免出现压力不足或超压现象，这就要求顶盖测压仪表不但能指示压力值，还能在适当压力值时发出信号，以控制阀门与远方显示。

对水轮机顶盖压力的监测，一般选用普通压力表；当电站有自动监测系统时，可选用 DBY 型压力变送器，并对压力脉动进行监视，仪表一般布置在水轮机层。

四、尾水管的监测

1. 尾水管进口压力、真空的测量

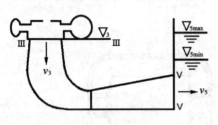

图 7 - 28　尾水管进出口断面

尾水管进口断面压力、真空的测量目的在于分析水轮机产生空蚀和振动的原因，以及检验补气装置的工作效果。

运行中的尾水管进口断面如图 7 - 28 所示，在断面Ⅲ-Ⅲ上，沿断面半径方向上各点的流态不同，其压力也各不相同，在实际监测时不可能将测压点沿测压断面半径方向分布，而只能在尾水管进口断面Ⅲ-Ⅲ的边界上布置若干个测压点来测量其平均压力和流速，测点一般布置在锥管距转轮出口（$0.3 \sim 0.7$）D_1 处，测点数一般为 4 个，对称布置，用均压环管将各测点连接起来，并引至测量仪表。在选择仪表时，需考虑尾水管进口断面可能出现的最大真空度以及最高压力值，以便确定仪表量程的下限和上限，有静压绝对压力和全压绝对压力之分，需分别进行计算。

（1）静压压力、真空。尾水管进口断面边界上静压绝对压力可表示为

$$\left(\frac{P_3}{\gamma}\right)_{\text{静}} = (\nabla_5 - \nabla_3) + \frac{P_a}{\gamma} + \frac{v_5^2 - v_3^2}{2g} + h_\omega \quad (\text{mH}_2\text{O}) \tag{7-57}$$

式中　∇_5——下游尾水位高程，m；

∇_3——尾水管进口断面高程，m；

v_5——尾水管出口平均流速，m/s；

v_3——尾水管进口平均流速，m/s；

$\dfrac{P_a}{\gamma}$——当地大气压力，mH$_2$O；

h_ω——尾水管进口至出口的水力损失，mH$_2$O。

尾水管进口断面边界上最小静压绝对压力出现在下游尾水位最低，同时又产生最大负水锤（即水轮机导叶开度在很短时间内自 100% 关到零）的情况下，其值可由式（7-58）表示：

$$\left(\frac{P_3}{\gamma}\right)_{\text{静min}} = (\nabla_{5\text{min}} - \nabla_3) + \frac{P_a}{\gamma} + \frac{v_5^2 - v_3^2}{2g} + h_\omega - \Delta H \quad (\text{mH}_2\text{O}) \tag{7-58}$$

式中　$\nabla_{5\text{min}}$——下游可能出现的最低尾水位高程，m；

ΔH——运行中可能出现的最大负水锤，mH$_2$O；

其余符号的意义同式（7-57）。

进口断面边界上最大真空度为

$$\left(\frac{P_B}{\gamma}\right)_{\text{静max}} = \frac{P_a}{\gamma} - \left(\frac{P_3}{\gamma}\right)_{\text{静min}} = (\nabla_3 - \nabla_{5\text{min}}) + \frac{v_3^2 - v_5^2}{2g} - h_\omega + \Delta H \quad (\text{mH}_2\text{O}) \tag{7-59}$$

尾水管进口断面边界上最大压力值出现在下游尾水位最高，同时又产生最大正水锤（即水轮机导水叶开度从零突然开到 100%）的情况下，其值可表示为

$$\left(\frac{P_3}{\gamma}\right)_{\text{静max}} = (\nabla_{5\text{max}} - \nabla_3) + \Delta H \quad (\text{mH}_2\text{O}) \tag{7-60}$$

式中 $\nabla_{5\text{max}}$——下游最高尾水位高程，m；

ΔH——运行中可能出现的最大正水锤，mH_2O；

其余符号的意义同式（7-57）。

在实际运行中，使水轮机导叶的开度从零突然开到 100% 的情况是不会有的，故此计算仅作选择仪表量程时的参考。

由于尾水管进口断面可能出现正压，也可能出现负压（真空），故仪表选择应选用压力真空表，其正压量程按 $\left(\frac{P_3}{\gamma}\right)_{\text{静max}}$ 值选择，负压量程按 $\left(\frac{P_B}{\gamma}\right)_{\text{静max}}$ 值选择。

（2）全压压力、真空。全压压力是在静压压力的基础上计入尾水管中切向流速 v_u 的影响。

尾水管进口断面最小全压绝对压力由式（7-61）给出：

$$\left(\frac{P_3}{\gamma}\right)_{\text{全min}} = \left(\frac{P_3}{\gamma}\right)_{\text{静min}} + \frac{v_{u3}^2}{2g} \quad (\text{mH}_2\text{O}) \tag{7-61}$$

式中 v_{u3}——尾水管进口断面的切向流速，m/s，$v_{u3} = \Gamma/(\pi D_3)$；

Γ——速度环量，m^2/s，$\Gamma = KQ/D_3$；

Q——额定流量，m^3/s；

D_3——尾水管进口直径，m；

K——环量系数，$K = 0.6 \sim 0.7$。

尾水管进口断面最大真空度为

$$\left(\frac{P_B}{\gamma}\right)_{\text{全max}} = \frac{P_a}{\gamma} - \left(\frac{P_3}{\gamma}\right)_{\text{全min}} \quad (\text{mH}_2\text{O}) \tag{7-62}$$

尾水管进口断面最大压力值与静压压力类同。

2. 尾水管出口压力的测量

尾水管出口压力的测量目的是为计算水轮机工作水头和分析水轮机效率、空蚀和运行稳定性提供资料。

测量尾水管出口压力时，一般在尾水管出口的测量断面上布置至少 4 个测点，并用均压环管将其连接起来，再引至测量仪表。

测量仪表可选择压力表或 DBY 型压力变送器。对于装有立式机组的电站，可把所有测量仪表集中装设在水轮机层的仪表盘上。对于水轮机吸出高度为正值的电站，由于下游水位较低，应把测量仪表装在进水阀廊道或其他高程较低的地方，以免测量值失真。

3. 尾水管水流特性的测量

尾水管的形状及其工作情况对于水轮机效率、空蚀和运行稳定性都有密切的关系，而其内部的水流情况又很复杂，且与尾水管形状和水轮机工作状态有关。尾水管有时会出现严重的局部空蚀，损坏机械设备和水工结构，有时会产生强烈的压力脉动，影响机组的运行稳定性。因此，测量尾水管各特征断面的流速与压力分布情况，借此分析尾水管的工作情况，找出发生空蚀和振动的原因，这对于提高电站的安全性、改进设计和进行有关科学研究，都是十分必要的。

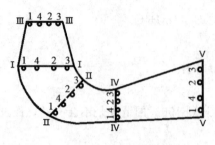

图 7-29　尾水管测压断面图

尾水管水流特性测定的主要内容是测量各特征断面的压力及旋转强度，一般至少在直锥管段入口和出口、肘管、扩散段入口和出口选 5 个测量断面，每个断面取 4 个测点，如图 7-29 所示，其中对于Ⅲ-Ⅲ断面和Ⅰ-Ⅰ断面的测点，在考虑测嘴时不仅要能测静压力，还应能测量全压力。

进行尾水管水流特性的测定，一般需得到如下数据。

（1）水轮机在正常运行时，尾水管各特征断面的流速及平均压力，由此计算尾水管各段的水力损失及效率。

（2）水轮机在低负荷运行时，尾水管的水流旋转情况，以及伴随水轮机空蚀、振动和出力摆动等情况而出现的尾水管各断面水流压力脉动现象。

测量尾水管水流特性所用仪表一般采用压力表、真空表或压力真空表；也可采用差压计或差压变送器通过一定的管网连入测量系统，以便可任意选测某两个断面之间的压差。测量压力脉动的仪表应能同时测量正、负压力，并具有较高的频率响应特性。

第六节　机组相对效率的测量

一、机组相对效率的意义

效率特性是机组的基本能量特性，是评价机组优劣的主要指标之一。电站经济运行的实施就是建立在机组效率特性基础之上。

机组的效率表示为

$$\eta = \frac{N_f}{9.81QH} \tag{7-63}$$

式中　N_f——发电机输出的有功功率，kW；

　　　　Q——水轮机的引用流量，m^3/s；

　　　　H——水轮机工作水头，m。

将式（7-63）改写为

$$9.81\eta = \frac{N_f}{QH} \tag{7-64}$$

式（7-64）中左端为常数与绝对效率的乘积，它可以用比值 $N_f/(QH)$ 来表示，定义为机组的相对效率。

要得到机组在某工况下的效率值，就必须进行原型效率试验，在该试验中，最困难的是水轮机引用流量的测定，目前普遍采用流速仪法、水锤法、浓度法和超声波法，但这些方法均需耗费大量的人力、物力和时间，测量很不方便，且增加了外界因素对精度的影响。但要获得机组的相对效率却比较容易，因为只需测定 $N_f/(QH)$ 的比值，不要求测出其中每一项的绝对值。在比值 $N_f/(QH)$ 中，水轮机工作水头的测量相对误差一般较小，同时可粗略认为发电机输出功率 N_f 与水轮机引用流量 Q 的测量相对误差大致相等，在这个前提下，同一机组不同工况相对效率之间的差别是可信的。

在水电站运行中，相对效率值对比较同一机组相邻工况的效率大小具有较大实际意义，如对于可逆式机组的水泵运行工况，为了获得水泵工况的高效率运行条件，需要根据扬程来确定水泵的转速，从而确定导叶开度和桨叶转角之间的协联关系；对于双重调节的转桨式水轮机，也可根据机组的最高相对效率来整定水电站实际运行条件下的水轮机协联关系，即在一定水头下导叶开度和桨叶角度的最优关系；还可在变工况下，根据相对效率值的偏差方向来调整导叶和桨叶的协联位置；还可将测得的最高相对效率值或偏差方向作为高效凸轮（协联装置）的可逆式电动机或电气协联装置的控制信号，此时相对效率测量装置就成为最优运行的调节设备。

在测定机组相对效率时，由于无需测量机组出力、水头和流量的具体值，仅测比值 N_f/QH 随不同工况的变化情况，故测量十分简单，且适合于机组在运行条件下的连续测量。

二、机组相对效率的测量装置

机组相对效率测量装置又称效率计，可由 DDZ-Ⅲ 电动单元组合仪表中的有关单元组合而成，一般原理方框图如图 7-30 所示。

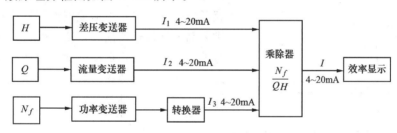

图 7-30　机组效率计原理方框图

在图 7-30 中，水轮机的工作水头 H 选用 DBC 型差压变送器测量蜗壳进口与尾水管出口的压差，输出与 H 成正比的 4~20mADC 信号 I_1；水轮机引用流量 Q 选用由 DBC 型差压变送器和开方器所构成的流量变送器测量蜗壳内外测点的压差，输出与 Q 成正比的 4~20mADC 信号 I_2；发电机有功功率 N_f 选用功率变送器测量发电机出线端的功率，输出 4~20mADC 信号 I_3。将 I_1、I_2、I_3 分别送入乘除器进行乘除运算，即可输出与机组效率成正比的 4~20mADC 信号，送往显示记录单元显示或记录。

对于按上述方法组合而成的效率计，若水轮机工作水头 H、流量 Q 和发电机有功功率 N_f 的变送器均经过标定，且在系统中计入必要的常数，则输出端就可按一定标定比例尺显示出机组的绝对效率值。

第七节　水轮机空蚀的测量

空蚀是一种极其复杂的不稳定流动过程，虽然经过多年研究，但至今仍然以试验为主要研究方法，即采用观察空蚀对水轮机外特性影响的方法，通常是在专门的空蚀试验台上，通过改变模型水轮机的装置空化系数来测定其能量参数（如出力、效率等）变化的特性曲线，根据曲线陡降情况来确定水轮机的临界空蚀系数。

原型水轮机的空蚀特性都是从模型试验中获得的，由于原型水轮机的运行条件与模型试验的条件不同，如水的含气量、混浊度和下游水位与负荷之间的关系等不同，同时也由于尺寸效应和制造误差等影响，虽然在设计中已经按模型空蚀特性限定了水轮机的装置条件，且一般还留有一定的空蚀余量，但在实际运行中有些水轮机的空蚀还是很严重的。

为了考查原型水轮机在不同工况下的空蚀特性，从中得出空蚀随工况变化的规律，用以指导水轮机的运行，使其避开严重空蚀区，确保水轮机安全、经济运行，有必要对原型水轮机进行空蚀测量，并从原型与模型水轮机的空蚀特性差异中更好地解决空蚀相似换算问题。

由于空蚀很复杂，影响因素较多，产生机理目前尚不十分清楚，故目前还没有很成熟的空蚀定量测定方法，只能进行相对比较和定性分析。常用的水轮机相对空蚀强度测量方法有声学法和电阻法两种。

一、声学法

1. 基本原理

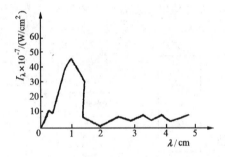

图 7 - 31　超声波声强与波长关系曲线

运行在某一工况下的水轮机，当水流流经低压通道且压力降低到当时温度的汽化压力时，水就开始汽化，在水中形成汽泡，这些汽泡随水流进入高压区后迅速溃灭，溃灭时产生很高的压力脉冲，并伴随有声振动。试验表明，空蚀声振动的频谱是由汽泡溃灭的数目与速度决定的，且空蚀状态同压力脉冲是相互联系的，如图 7 - 31 所示，在空蚀开始阶段只出现强度很低的稀少脉冲，其频谱很宽且幅值很小。当空蚀进一步发展时，压力脉冲的数量及幅值有所增加。随着空蚀的发展，汽泡产生与溃灭数目增多，冲击强度加大，在声振动频谱上表现为一定频率的谐振，且谐振频率多在 $100 \sim 120\text{kHz}$ 之间，说明此时水流中具有一定尺寸的汽泡占优势，即谐振频率与水流中存在的多数汽泡尺寸有关。因此，空蚀过程的状态和变化，可从压力脉冲的幅值和振动频谱中反映出来。

用声学法测量水轮机空蚀时，主要测量声强（单位时间内穿过与声波射线垂直的单位面积内的能量），其值为

$$I_\lambda = \frac{A_p^2}{2\rho f \lambda} = \frac{A_{p0}^2}{\rho f \lambda} \tag{7-65}$$

式中　A_p——声压振幅；

$\quad A_{p0}$——有效声压振幅，$A_{p0} = A_p / \sqrt{2}$；

$\quad \rho$——水的密度；

$\quad f$——声压频率；

$\quad \lambda$——声压波长。

目前一般采用压电式换能器测量 A_{p0} 值，再求出相应频率的声强。

2. 测量方法

利用声强特性测量水轮机相对空蚀的方法有宽频法和窄频法两种。

（1）宽频法：设机组在某一确定工况下的负荷为 P_1，用压电探测器对该工况下不同频率的超声波声压振幅 A_{p0} 进行测量，并按式（7-65）计算出各频率的超声波声强 I_λ，利用计算出的一系列声强和与之对应的波长绘图，得该工况下的声强与波长关系曲线，如图 7-31 所示。

根据曲线由式（7-66）用求积法求得在该工况下的超声波声强积分强度 I_1：

$$I_1 = \int_0^{\lambda_{\max}} I_\lambda \mathrm{d}\lambda \tag{7-66}$$

按照上述方法对其他工况 P_i 值下的超声波声压振幅进行测量，经计算与求积得到相应的 I_i，于是可得到关系曲线 $I_i = f(P_i)$，如图 7-32 所示。从图可看出，当水轮机的负荷超过 2 万 kW 时，超声波声强积分强度突然增大，表明水轮机运行进入严重空蚀区，相应于曲线突变的工况为空蚀临界工况，此时的装置空蚀系数就是水轮机在该工况下的空蚀系数，由此可定出原型水轮机在该水头下的合理运行范围。

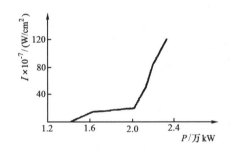 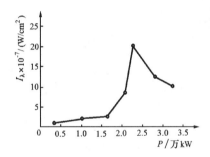

图 7-32　超声波声强积分强度与功率关系曲线　　图 7-33　超声波声强与功率关系曲线

（2）窄频法：该方法只测水轮机不同工况下一个频率的超声波声强 I_λ 值，所测频率应在常见谐振频率范围内，常用 120kHz。经测量和计算，可得到如图 7-33 所示的 $I_\lambda = f(P)$ 曲线，在曲线上有一个突变点，由该点定出水轮机的合理运行范围。

声学法测量水轮机相对空蚀的优点是可在机组不停机情况下进行测量，其中窄频法比较简单，且当所选频率接近于实际谐振频率时准确度也较高。

3. CQ-1 型超声波相对空蚀强度测定仪

CQ-1 型超声波相对空蚀强度测定仪是基于声学原理制成的，它实际上是一种带有压电晶体换能器的选频微状表，由转换器、测量电路和显示记录仪表组成，如图 7-34 所示。测量时，将转换器（探头）装在水轮机尾水管锥段管壁上或其他靠近空蚀部位的地方，对轴流式水轮机，探头布置在距转轮中心线（0.2～0.6）D_1 处为宜。当运行中的水轮机发生空蚀现象时，就会产生不同频率的声波信号，锆钛酸钡压电晶体将接受到的声压信号转换为电信号，输入到测量电路，经过阻抗变换和选频放大，最后送微伏表显示。

在测量电路中，自举射极跟随器用于实现阻抗变换，以增大仪器的输入阻抗；交替反馈放大器主要起电压放大作用；隔离射极跟随器用于完成阻抗变换，改善电气性能；可调

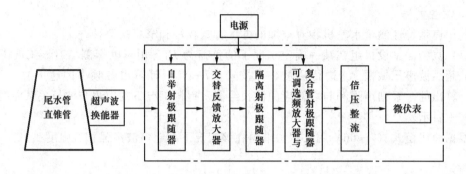

图 7 - 34 CQ - 1 型超声波相对空蚀强度测定仪方框图

选频放大器用来从包括各种频率的复合信号中，选择出 $109 \sim 122 \text{kHz}$ 中任何一个频率信号进行单频电压放大，它与复合管射极跟随器的电流放大相结合，完成功率放大任务；倍压整流器将交流信号变为直流信号，供微伏表显示相对空蚀强度值。

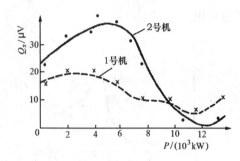

图 7 - 35 某电站机组空蚀强度测定曲线

图 7 - 35 所示为应用 CQ - 1 型测定仪对某电站两台机组进行实测的结果。测量时，将超声波探头固定在尾水管进人孔处的管壁上，每调节一次负荷 P，即可测得该工况下的空蚀强度值 Q_x，从而获得 Q_x 与 P 的关系曲线。可见，同型号水轮机装在同一电站上，由于水轮机制造、安装等方面的原因，其空蚀性能具有较大的差别，但两机组空蚀变化总趋势仍然相似，即两台机都是在 $10 \sim 13 \text{MW}$ 负荷时，空蚀强度最小，而在较小负荷区则空蚀强度均较大。

二、电阻法

水轮机发生空蚀时，由于水中汽泡浓度不断增加，单相介质流逐渐变为气液两相介质流，从而使水的导电率发生变化，即水流的电阻值发生变化，电阻法测空蚀就是利用电阻值随空蚀程度不同而变化的现象来定性测量空蚀发展情况的方法。

影响水流电阻值的因素较多，如水中电解质或其他导电物质的含量。另外，水温、水压也影响着水流中汽泡的饱和程度，从而对水流的电阻值有较大影响。因此，不宜单独测量空蚀发生区的水流电阻，而应在同一机组的空蚀发生区和非空蚀区（如蜗壳进口）各装设一对电极，并将其作为电桥的两个臂接入测量回路，以起到避免上述各项影响的补偿作用。将测量电路的输出信号输入微安表，则微安表上的读数即可为水轮机相对空蚀强度。

电阻法的优点是可连续测量运行中机组的空蚀。当机组负荷变化时，输出信号也随之变化，表明水轮机的空蚀随工况而变化，将变化情况绘制成图即可得该水轮机的空蚀特性曲线。图 7 - 36 所示为某电站 ZZ440 型水轮机的实测相对空蚀特性曲线。从曲线可得到空蚀突变点，据此确定水轮机的合理运行范围，还可看出轴流转桨式水轮机在非协联工况下的非空蚀运行区域窄小。

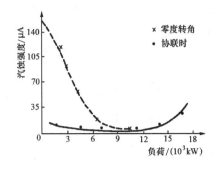 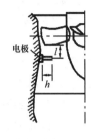 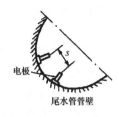

图 7 - 36　ZZ440 水轮机空蚀特性曲线　　　　图 7 - 37　电极测头布置图

用电阻法测定空蚀时，电极参数及其安放位置是决定灵敏度的关键因素。两电极之间的距离以及它们相对于转轮和边壁的位置，都影响着电阻的绝对值。根据试验，按如图 7 - 37 所示布置电极可获得较好的效果：电极放在转轮下面与机组轴线垂直的平面内，使该平面与叶片之间的距离 $l = (0.04 \sim 0.05)D_1$；电极径向伸入水流的深度 $h = (0.05 \sim 0.1)D_1$，且两电极之间的距离 $s < 2h$。电极通常采用不锈钢，要与支撑绝缘良好。

第八节　机组振动和轴向位移的测量

一、机组振动的测量

1. 机组振动测量目的

水力机组在运行中，由于水力、机械、电气等方面各种因素综合作用的结果，不可避免地要产生振动现象。若振动量不大，在机组工作允许范围内，则对机组并无妨害，但若振动超过一定限度却是非常有害的。对机组的振动进行测量，一方面可评定机组振动状态，检查机组的振动量是否在允许范围内，鉴定机组安装检修质量；另一方面可用于分析振动的特性与规律，以便查明产生振动的原因，提出减小机组振动的有效措施。

2. 机组振动原因

造成机组振动的原因主要有机械振动、水力振动和电气振动三种。

（1）机械振动：由于机组轴线不正、转动部分质量不平衡、轴承间隙不均匀、轴承润滑不良及转动部件与固定部件之间的摩擦等原因所引起的振动。机械振动在机组中是普遍存在的，对于高水头和高转速机组更为突出，是机组的主要振源之一。

（2）水力振动：由于水轮机流道中水力不平衡、空腔空化、压力脉动、卡门涡列、密封间隙不均匀等引起的振动。

（3）电气振动：由于发电机定子和转子空气间隙不均匀、转子线圈匝间短路、转子外圆不圆或磁极突出、发电机在不对称工况下运行等引起的振动。电气振动的核心是产生了不均匀磁拉力，导致电磁力不平衡，不仅会引起机组转动部件振动，也会引起发电机定子和上机架等固定部分振动。

3. 机组振动试验

为了寻找机组的振动根源，一般可作如下振动试验。

（1）转速试验：用于判断振动是否由机组转动部件质量不平衡所引起。试验在空载无励磁条件下进行，通过改变转速，分别测量机组各部位的振动，绘制振幅随转速变化的关系曲线。如果转速增加时振幅也随着增加，则说明振动是由转动部件质量不平衡所引起。转速一般从额定转速的50％开始，以后每增加10％测量一次，直至额定转速的120％左右为止。

（2）励磁电流试验：用于判断振动是否由机组电磁力不平衡所引起。试验一般在空载额定转速下进行，通过改变励磁电流，测得各部位振动随励磁电流变化的数据，并绘制振幅随励磁电流变化的关系曲线。如果振幅随励磁电流增加而增加，则说明振动是由机组电磁力不平衡所引起。励磁电流一般取额定励磁电流的25％、50％、75％和100％。有时，为进一步确定机组电磁力不平衡的具体原因，可在额定转速下带一定负荷进行试验，并增测定子、转子之间的间隙和定子铁芯温度。

（3）负荷试验：用于判断振动是否由过水系统的水力不平衡所引起。试验在额定转速下进行，分别测量负荷为额定负荷的25％、50％、75％及100％下的机组各有关部位的振动，并绘制振幅随负荷变化的关系曲线。如果振幅随负荷变化增减，则说明振动一般是由水力不平衡引起。有时，为进一步查明水力不平衡的具体原因，还需测量过水系统各部位的水流脉动压力。

（4）调相运行试验：用于判断振动是由水力不平衡，还是由机械不平衡或电气不平衡所引起。试验时，把机组转为调相运行，如果振动减弱或消失，则说明振动是由于水力不平衡所引起，否则振动是由于其他原因所致。

（5）补气试验：通过向尾水管空蚀区强迫补气，测量有关部位的振幅，并与未补气的相同工况比较。如果相同工况下补气前后，振幅变化明显，则说明振动主要是由尾水管产生的空腔空化、低频压力脉动引起的。

4. 测量机组振动的常用方法

（1）机械式示振仪：采用机械杠杆原理将振动量放大，属于相对式测振传感器。测量时，除测量振动的位移量变化，还可用笔式记录装置测录振动的时间历程与波形相位，据此得出振动的频率和周期，一般适用于测量频率较低的振动。水电站常用百分表来简单测量振动位移量。

（2）电测法：利用振动传感器来测定振动状态及其特性，一般是由传感器、放大部分、记录和分析部分组成，常用磁电式、应变式、压电式和电容式几类测振系统。电测法灵敏度高，频率范围广，便于记录和分析，容易实现遥测和自动监控，应用广泛，但易受电磁干扰，测试时应采取必要的屏蔽措施。采用电测法时，应根据被测对象的主要频率范围和最需要的频率及幅值中合理选择仪器，并注意配套仪器的阻抗匹配和频带范围，否则会造成错误的测量结果。

5. 应变式测振系统的装置方法

（1）应变梁固定于厂房内相对静止的支架或起重吊物上，自由端则以螺钉或滚轮与被测部件相接触。图7-38所示为测量发电机下机架和水轮机顶盖振动时的情况，应变梁固定在机坑墙体的三角支架上，自由端以螺钉与被测部位相接触，图中还给出测量主轴摆动时的情况，此时应变梁通过三角支架固定在水导轴承的油箱盖上，自由端以滚轮与主轴相接触。在测量发电机上机架的振动时，可将应变梁固定在起吊重物上。

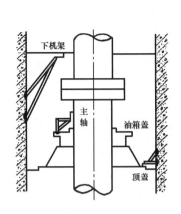

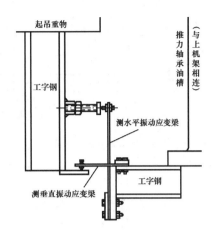

图7-38　应变梁固定在相对静止支架上　　图7-39　应变梁固定在被测部件上

（2）应变梁固定在被测部件上，自由端与相对静止的支架或起吊重物的某一平面相接触。图7-39所示为测量发电机上机架水平振动与垂直振动时的情况。

为提高测量精度，测量时应事先将与应变梁自由端相接触的部件表面处理光滑，且使螺钉或滚轮压紧触点，以提高触点的跟随性能。

二、机组轴向位移的测量

1. 机组轴向位移测量目的

机组在运行时，由于作用在叶片上的力发生变化或支撑转动的部件工作不正常，机组转动部分可能发生轴向位移。虽然在设计和制造时，通过选用合理的推力轴承结构与上机架刚度，使机组在正常运行状态时的轴向位移量不超过允许范围。但在实际运行中，还是会因某种偶然因素，使机组主轴出现较大的位移量，甚至超过允许范围，成为重大事故的隐患。为此，对因轴向位移可能带来严重后果的机组，需对轴向位移进行监测，如可逆斜流转桨式机组，其转轮室为半球形，为提高水轮机容积效率，叶片外缘与转轮室的间隙做得很小，在运行中主轴轴向位移稍一超限，就可能使叶片和转轮室相碰撞，造成严重事故，危及机组和运行人员的安全。为此需对这类机组的轴向位移进行监测。

2. 机组轴向位移的测量方法

机组的轴向位移测量可采用电感式或电容式非接触位移传感器作为感受转换元件，将感受到的轴向位移量转换为电信号，再经测量回路输给显示记录仪表，并根据需要发出相应的控制信号。

图7-40所示为电感式轴向位移测量装置方框图，它由电感式交流信号发送器、交流磁饱和稳压器、直流信号变换器和自动记录仪等部分组成。

电感式交流信号发送器由两个相同的具有铁芯的电感线圈组成，利用机组主轴的法兰分别作为两个铁芯的轭铁，如图7-41所示，通过调整使主轴无位移时两铁芯与法兰相对应的截面积相等。当出现轴向位移时，两铁芯与法兰盘相对应的截面积将发生变化，一个增大一个减小。把两电感线圈与两电阻接成桥式回路，输入一定的工频电压。当主轴无轴向位移时，因磁路对应截面积相等，故两线圈的感抗大小相等，方向相反，电桥平衡，无

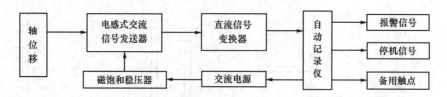

图 7-40　轴向位移测量装置方框图

电压输出；当出现轴向位移时，因磁路对应的截面积变化，使两线圈的感抗发生变化，电桥失去平衡，有电压输出，且此电压与机组的轴向位移成正比。

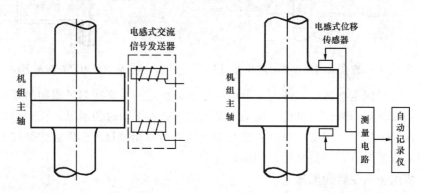

图 7-41　电感式轴向位移测量装置　　　图 7-42　可变气隙型位移测量装置

交流磁饱和稳压器向电感式交流信号发送器提供幅值稳定的交流电压，以保证测量精度；直流信号变换器是一套相敏整流装置，把交流信号变换为直流信号，以输给自动记录仪；自动记录仪采用指针指示数值，也可通过记录纸实现自动记录，并附有三组常开或常闭触点。当主轴轴向位移超出允许数值时，可利用一组触点发出警报信号，另一组触点发出停机信号。

电感式轴向位移测量装置的特点是工作可靠，结构简单，但不易整定。为此，出现了如图 7-42 所示的可变气隙型电感式轴向位移测量装置，它把改变磁路对应截面积的方法改为变更磁路中空气隙的方法，由于易于整定，故得到了广泛应用。

第九节　机组辅助设备系统的监控

一、油系统的监控

油系统监控包括油温、油压、油质和油位的监控。

（1）油温监视：一般在轴承油槽、压油槽和回油箱中设置油温监视装置，常用热电阻温度变送器或温度巡检装置。

（2）油压监视：采用压力变送器监视油压。压油槽压力较高，采用量程较大的压力变送器；轴承油槽和回油箱则采用微压型压力变送器（油位变化小于 0.5m）。

（3）油质监视：一般在轴承油槽和回油箱内设置油混水传感器，以监视油质变化情况。

（4）油位监控：一般在压油槽、轴承油槽、回油箱、漏油箱和重力添油箱等处设置油位计或油位变送器，进行现场观测与数据采集。同时，利用压油槽、漏油箱的油位信号控制压力油泵、漏油泵的启动和停止操作。

1）压油槽宜装设翻板式液位计，以便于运行人员观测油位，为了进行控制油位，可在翻板式液位计内加装电气接点，作为补油、补气的控制信号。

2）漏油箱宜装压力式、浮子式或电容式液位计监视油位，并可装设液位开关作为控制与报警信号，以控制油泵启停和油位报警。

3）对于采用外部冷却的轴承油槽，必须在机组开机前获得润滑油，并在润滑油中断时自动投入备用油源。

二、压缩空气系统的监控

压缩空气系统的监控对象主要包括空压机、储气罐、机组制动系统和气垫调压室等，监测内容为压力和温度等。

（1）空压机监控：主要监测空压机各级气缸的排气压力、排气温度、水冷式空压机的冷却水量等。

1）采用压力信号器监视空压机各级气缸的排气压力，当压力超过警戒值时发出报警信号，当压力过高时控制空压机停止。

2）采用压力变送器监视空压机出口压力，并接入计算机监控系统或装设带辅助接点的压力变送器，直接用于控制空压机启动和停止。

3）采用温度变送器监视空压机各级气缸的排气温度，当排气温度过高时利用其辅助接点发出报警。

4）采用流量计或流量开关监视水冷式空压机的冷却水流量，当冷却水中断时控制空压机停机。

5）对空压机工作、备用和故障等工作状态，用开关上的辅助接点与事故报警装置进行监视。

（2）储气罐监控：用压力变送器监视储气罐压力，并控制空压机启动和停止，并用温度信号器监视储气罐温度。

（3）机组制动系统监视：主要监测机组制动供气压力与制动风闸位置。一般采用压力变送器监视制动管路和制动风闸活塞上、下腔的压力波动。

（4）气垫调压室监控：在气室的顶部设置温度测量装置，采用差压式变送器测量气室水位。

三、技术供水系统的监控

技术供水系统的监测主要包括供水的压力、流量、温度及水流的通断。监测对象主要有：发电机空气冷却器冷却水、各轴承冷却水、主轴密封水、空压机冷却水、主供和备用干管的切换、工作泵和备用泵的切换、干管上阀门的状态与开度等。

（1）压力（压差）监控：供水压力是技术供水的主要参数，需在供水管路上装设压力监视装置，一般装设压力变送器，可现地观察，并可将信号引入计算机监控系统。压力变送器的量程应根据测量压力具体确定。在可能发生负压的管路上，如水泵进口与水泵吸水管，宜装设可测量正压与真空度的压力变送器。滤水器前后应配置差压信号器，差压信号整定值应小于 5m，当压力超过此值时应发出报警。

（2）流量监视：在发电机空气冷却器和各轴承冷却器的供水管路或排水管上装设流量计，以判断供水量是否满足冷却要求及管路是否堵塞。由于管路直径较小，一般常用电磁流量计和涡轮流量计等。

（3）水温监控：在发电机空气冷却器和各轴承冷却器供水管路上装设水温监视装置来测量供水温度，以保证冷却效果。水温监测宜采用温度变送器，也可用温度信号器来控制与报警。

（4）水流通断监控：机组冷却水和润滑水的通断作为开机的必要条件与机组保护信号，必须进行监控。一般在各自的排水管路上设置示流信号器或流量开关。对润滑水，当主供水发生故障时，备用水源应能在 2～3s 内自动投入，并发出报警。

（5）水位监控：对于设有中间水池的电站，应装设水位信号器监视中间水池的水位，并根据水位变化自动调节进水阀门的开度。

（6）阀门位置监控：技术供水主供和备用管道上的阀门一般采用液压或电动操作，阀门位置可用行程开关进行控制，并用开度指示仪等辅助装置提供监视信号，接入二级仪表或计算机监控系统。

四、排水系统的监控

排水系统的监控主要是监视水位和控制水泵的启动和停止。

（1）在集水井中设置水位监视装置，以防止集水井水位过高淹没设备，并自动控制排水泵的启动和停止。集水井水位监视可用液位信号器或液位计，用于报警与控制水泵时多用浮子式水位计或液位信号器。液位信号器可直接控制水泵的启动和停止，液位计用于监视水位变化，可现场指示水位，输出信号可接入计算机监控系统。一般根据集水井水位变化的大小选择适当量程的液位信号器或液位计。

（2）渗漏排水泵采用深井泵时，深井泵的轴承润滑水管上宜装设自动控制供水阀和示流信号器，以监控深井泵润滑水。

（3）设置水轮机顶盖水位信号装置以监视顶盖水位，如果设有顶盖排水泵，则应根据水位信号自动控制顶盖排水泵启动和停止。

（4）当检修排水第一次抽空积水后，排除漏水的水泵宜根据水位信号能自动启停。

第十节　水力监测系统

一、水力监测系统的设计步骤

水力监测系统应满足电站的安全和经济运行要求，同时还应考虑为改进设计而进行的科学研究提供资料。

对于机组台数较多的大中型水电站和梯级水电站，为满足水电站自动控制和优化调度的要求，应将有关的参数传送到中控室，根据需要有的还要传送到系统调度中心，以便合理分配负荷，提高水电站的运行效率，发挥水电站的最大经济效益。

在设计时，应根据水电站的型式、机组容量、台数、电站在系统中的地位以及水工建筑物的要求等方面，统一考虑，确定测量项目、测量地点、仪表装设位置、参数传递和接收方式以及自动化程度等。设计步骤主要包括以下几个方面：

1. 搜集有关资料

搜集的资料主要包括：水电站所在地的水文、气象资料；水电站的各种水头和上、下游水位及其变化幅度；机组型式、单机容量、机组台数、最大过流量和尾水管型式；电力系统对水电站的要求；水电站的总体布置；机电设备的特点等。

2. 确定监测项目

在确定测量项目时，既要考虑满足水电站运行监测和试验性测量的近期要求，又要考虑将来发展的需要，在预埋管路的布置上应留有余地。测量项目主要包括以下两部分内容：

（1）全厂性测量：为了解水电站机组运行情况，并为电力系统调度提供水电站准确的水力参数资料，需要设置若干全站性的水力监测装置。必须设置的项目有：上游水位（水库水位或压力前池水位）、尾水位、装置水头和水库水温等。这些项目是全厂共有的，因此每个项目只装一套量测设备。

（2）机组段测量：主要是用于监测机组运行情况或为研究机组过流部件的水力特性提供资料。测量项目主要有：拦污栅前后压差、水轮机工作水头、水轮机过流量、导叶（桨叶）开度、管道和蜗壳以及顶盖的压力、尾水管进出口压力和真空、尾水管内水流特性、辅助设备系统监测等。由于各台机组的运行情况不同，故每台机组应各有一套量测设备。

3. 监测设备的选择

根据仪表的生产供应情况和电站的自动化要求，合理选择监测设备，主要包括以下内容：

（1）确定设备类型：尽量采用先进的仪器仪表，如 DDZ－Ⅲ型电动单元组合仪表和智能仪表。

（2）量程计算：计算被测参数的最大值和最小值，据此选择仪表量程。

（3）确定信号传输方式：包括信号显示和传送方式确定。

（4）选择仪表：包括仪表型号、规格、数量和精度等级的选择。

4. 拟定水力监测系统图

在水力监测系统图中，要求全面反映出水电站与机组段的水力监测项目、监测方式方法、测点位置、仪表装设地点以及系统的管路、线路联系等内容，除机组引水和排水系统的监测装置外，还有冷却水等辅助系统的监测装置。

图 7-43 所示为某大型水电站的水力监测系统图。

5. 绘制施工详图

包括埋设管路布置图、仪表安装图和仪表盘面刻度图等。

二、测压管道的选择和布置

1. 测压管道的选择

测压管的管径和管长会影响测量精度，应根据被测流体的流速、仪表种类和布置条件进行选择。

（1）管径选择：测压管管径应根据测量性质和管路长度来确定。一般情况下，当测压管管径较大时，管内介质流动速度较低，惰性也较小，因而反应速度较快，灵敏度较高；

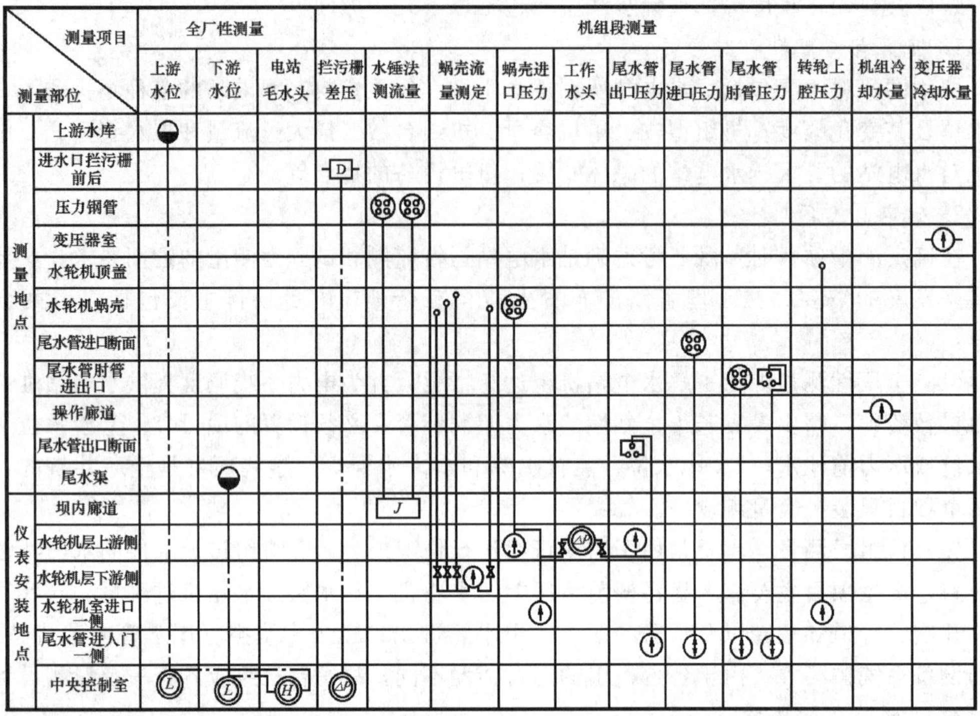

测量部位 ＼ 测量项目	全厂性测量			机组段测量										
	上游水位	下游水位	电站毛水头	拦污栅差压	水锤法测流量	蜗壳流量测定	蜗壳进口压力	工作水头	尾水管出口压力	尾水管进口压力	尾水管肘管压力	转轮上腔压力	机组冷却水量	变压器冷却水量
测量地点 · 上游水库	●													
测量地点 · 进水口拦污栅前后				D										
测量地点 · 压力钢管					○○ ○○									
测量地点 · 变压器室														○
测量地点 · 水轮机顶盖														
测量地点 · 水轮机蜗壳						○	○							
测量地点 · 尾水管进口断面										○○				
测量地点 · 尾水管肘管进出口											○○	○		
测量地点 · 操作廊道													○	
测量地点 · 尾水管出口断面									○					
测量地点 · 尾水渠		●												
仪表安装地点 · 坝内廊道						J								
仪表安装地点 · 水轮机层上游侧							○	○○						
仪表安装地点 · 水轮机层下游侧					○○○									
仪表安装地点 · 水轮机室进口一侧								○					○	
仪表安装地点 · 尾水管进人门一侧									○	○	○	○		
仪表安装地点 · 中央控制室	Ⓛ	Ⓛ	Ⓗ	Ⓝ										

图 7-43 水电站水力监测系统图

反之，则灵敏度较差。但管径也不能过大，否则不但布置困难，还可能在管中引起振荡，从而影响测量精度。因此，当被测对象变动速度较低、测压管中介质流速不大时，应选择较小的管径。通常根据不同的测量对象选择管径。

1）对于测量瞬变压力的管路，如水锤法测流管路、输水系统中压力测量管路和尾水管中压力或真空测量管路等，应采用较大的管径，如 DN32。

2）对于测量缓变流动的管路，如水轮机工作水头测量管路、拦污栅前后压差测量管路和蜗壳差压法测流管路等，可采用较小的管径，如 DN20。

当管道较长时，适当加大管径；反之，可适当缩小管径。对于均压环管，一般采用 DN40mm。对于就地安装的仪表，可采用 DN6 或 DN8。

（2）管长的选择：管长应根据仪表种类和布置条件而定。连接差压计的管长一般在 3～50m 之间；连接压力表、真空表和压力真空表的管长一般不超过 20m。

（3）管材的选择：由于测压管中的存水一般均很少流动，因此测压管一般都采用镀锌钢管或具有抗锈蚀涂层的无缝钢管。对于就地安装的小直径管道，如 DN6、DN8、DN10 等，可采用紫铜管或不锈钢管。

2. 测压管道的布置

在水力监测系统中，测压管绝大部分埋设在水下部分的混凝土中，对布置并无特殊要求，只要首尾接头正确，管路尽量取直，并尽可能使测压管布置在测压孔水平线的下方即可。当测量仪表位置低于测压断面时，从测压孔到仪表的测压管应按最短距离敷设，并尽可能保持垂直或不小于 1/10 的倾斜度。当倾斜度小于 1/10 时，在测压管最高处应设置放气阀，如图7-44所示。当测量仪表位置高于测压断面时，在测压管最高处应设置放气阀和储气设备。为了减少空气进入测压管和仪表，在接近测压断面处最好设有U形弯管，弯头下端至少比测压孔低$0.7\sim1m$，如图7-45所示。管路安装完毕后应进行水压试验，试验压力一般为1.5倍最大工作压力，但最低不得小于0.3MPa，试验时间为$10\sim30min$。

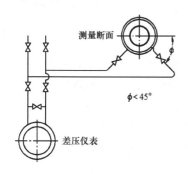

图7-44 仪表低于测压断面
的测压管布置图

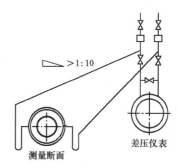

图7-45 仪表高于测压断面
的测压管布置图

三、测压管嘴的选择

根据不同性质的测量，选用不同型式的测压管嘴，且为防止管嘴在使用中被锈蚀，应尽量采用不锈钢管嘴。

（1）一般静压测嘴：如图7-46所示，管嘴的中心线垂直于输水管道的中心线，但不凸入管内。这种管嘴结构简单，可用在水流流向较顺且没有环流之处测量静压，如蜗壳进口、尾水管肘管出口及扩散段出口处测量静压时均可采用。

（2）特殊静压测嘴：如图7-47所示，测头以钩嘴的形式伸入管道内。这种管嘴结构较复杂，可用于水流状态复杂，特别是有旋转分量处测量静压，如尾水管锥管进口、出口压力或真空测量时，应使用这种测嘴。

图7-46 一般静压测嘴　　图7-47 特殊静压测嘴　　图7-48 斜截面反向测嘴

（3）斜截面反向测嘴：如图7-48所示，管嘴为一斜截面且伸入输水管道中，管嘴的中心线垂直于输水管道的中心线。因测嘴斜截面背向水流方向，所以在测量时会造成一个$(-v^2/2g)$的误差，用在需要改变仪表量程时测静压，如蜗壳直径很大时用于高压侧测孔上或蜗壳直径很小时用于低压侧测孔上。

（4）斜截面正向测嘴：如图7-49所示，和斜截面反向测嘴基本类似，只是其斜截面正向水流方向，所以在测量时会造成一个$v^2/(2g)$的误差，用在需要改变仪表量程时测

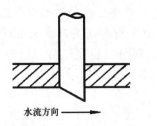  

图 7-49 斜截面正向测嘴　　　图 7-50 全压与静压测嘴　　　图 7-51 全压测嘴

静压，如蜗壳直径很大时用于低压侧测孔上或蜗壳直径很小时用于高压侧测孔上。

（5）全压与静压测嘴：如图 7-50 所示，外形为椭圆球状，内分两腔，结构复杂，使用时将其放入流道中，按图示位置调整与水流方向的关系。其作用是上腔测全压，下腔测静压，用在既需测全压又要求测静压的地方，如压力钢管的测压。

（6）全压测嘴：如图 7-51 所示，其原理与毕托管相同，管嘴伸入流道中，孔口迎着水流方向。用于需要测量全压之处，如尾水管锥管段进口。

思 考 题 与 习 题

1. 简述水力参数监测的目的。

2. 水电站水力监测的测量项目有哪些？对监测装置有什么要求？

3. 何谓水电站的上、下游水位和装置水头及水轮机的工作水头？

4. 水电站上、下游水位和装置水头的测量目的是什么？常用哪些测量方法？

5. 根据什么原则来选择水电站上、下水位和装置水头的测量设备类型？

6. 简述水电站上、下游水位的测量仪表在布置方面的考虑因素。

7. 影响水轮机工作水头的因素有哪些？其测量方法是什么？

8. 测量水轮机工作水头时，如何选择仪表型式及仪表量程？

9. 简述水轮机流量测量的意义、目的和特点。

10. 水轮机测流有哪些测量方法？其应用情况如何？

11. 蜗壳差压法测流的原理是什么？其测压断面和测压孔是如何布置的？

12. 说明公式 $Q = K\sqrt{\Delta h}$ 中各字母的含义，其中的 K 值有什么特点？

13. 蜗壳差压法测流中差压计量程上限和内测孔到机组中心的距离如何考虑？

14. 蜗壳常数 C 与蜗壳流量系数 K 是否同一概念？如何求解 C 和确定 K？

15. 蜗壳差压法测流有什么特点？常用哪些仪表？

16. 流速仪法测流的基本原理是什么？它有哪些优缺点？

17. 如何正确选择流速仪的测流断面？流速仪的选择和安装时有哪些要求？

18. 流速仪有哪些类型？旋桨式流速仪主要由哪些部件组成？

19. 如何正确布设流速仪支架和测杆？测点过多或过少有什么不好？

20. 流速仪发出的脉冲信号采用何种仪器记录？

21. 说明矩形断面和圆形断面流速分布图的做法。

22. 某水电站单机压力钢管直径 $D = 5\text{m}$，效率试验采用流速仪法测流，4 个半径支臂，计算流速仪的台数为多少？半径上第 4 台流速仪距圆心的距离为多少？

23. 简述水锤法测流的概念、基本原理和优缺点。

24. 何谓水锤测流的单断面法、双断面法？它们有何区别？

25. 水锤法测流的断面、测压孔口和管道布设有何要求？

26. 水锤压差示波图的压力比例尺和时间比例尺如何确定？

27. 水锤压差示波图的形状和大小取决于哪些因素？导叶关闭时间 T_s 对水锤压差示波图形状有何影响？如何确定 T_s？

28. 采用水锤法测流时，机组甩负荷有哪两种方法？各有什么特点？

29. 如何确定水锤压差示波图有效面积的边界？

30. 简述浓度法测流的基本原理、测量步骤、适应范围和特点。

31. 简述超声波法在水轮机测流时基本原理、方法及特点。

32. 简述水轮机引、排水系统的监测内容，并说明其监测目的。

33. 说明监测水轮机进口拦污栅前后压差的目的，其仪表如何布置？

34. 测量蜗壳进口压力有何意义？常用什么测量仪表？

35. 测量蜗壳进口压力时，对圆形断面和矩形断面，测压孔应如何布置？

36. 为何圆形断面测压孔与垂线呈 45°角，而矩形断面底部不设置测压孔？

37. 为何要测量水轮机顶盖的压力？常用什么方法测量？

38. 说明测量尾水管进口压力、真空的目的，常用什么方法测量？

39. 简述尾水管进口断面边界上产生最小压力和最大压力的条件。

40. 按什么具体方法来选择尾水管进口的压力真空表？

41. 为什么要测量尾水管的水流特性？如何测量？

42. 什么叫机组的相对效率？说明其测量意义和原理。

43. 简述测量水轮机相对空蚀强度的目的，并说明常用的方法和原理。

44. 机组运行时产生振动的主要原因是什么？常用的振动试验有哪些？

45. 为什么要测量机组的轴向位移？常用什么方法？

46. 机组辅助设备系统的监测内容主要有哪些？

47. 水力监测系统的设计有哪些要求？

48. 全厂性及机组段水力监测系统的测量项目有哪些？仪表如何选择？

49. 水力监测系统设计的步骤有哪些？

50. 如何选择测压管径？测压管道的布置有什么要求？

51. 测压管嘴有哪些种类？各有什么特点和用途？

第八章 辅助设备系统的设计

第一节 辅助设备系统设计的任务

工程设计是用科学方法对即将进行建设的工程项目进行规划，使之具有良好的技术和经济效果的工作，使主观认识逐渐深化、合理，逐渐符合客观实际。

辅助设备系统的设计是水电站整体设计的一个组成部分。各种辅助设备都是为电站和主机服务而设置的，因此在设计中要了解辅助设备系统与电站和主机的相互影响和联系，使辅助设备系统满足电站和主机稳定、安全、经济运行的要求。

辅助设备系统是一个综合系统，分为多个独立且有联系的子系统，如油、气、水等系统，它们具有各自的服务对象和内容，又从不同方面组成一个统一的整体，实现水电站运行的目标。根据各电站的具体情况不同，各子系统设计任务一般有以下几种：

（1）进水阀。设置进水阀必要性的论证，进水阀选择，阀室布置安装图、操作系统及管路图。

（2）油系统。设备用油量计算，储油设备及油处理设备选择，油系统图及操作程序，油库及油处理室布置图、管路图，油桶等非标准件制作图。

（3）气系统。各用户用气量计算，供气方案确定，储气罐与空压机选择，气系统图，设备布置、安装图，管路图，储气罐、气水分离器、制动柜等非标准件制作图。

（4）水系统。设备用水量计算，水源、供水方式和设备配置方式确定，水处理方案，供水设备选择；检修排水量计算，检修排水方式确定，检修排水泵选择；渗漏集水井容积确定，渗漏排水泵选择；水系统图，设备布置图，管路图，滤水器等非标件制作图。

（5）水力监测系统。监测项目确定，监测设备选择，系统图，埋设管路布置图，仪表安装图，仪表盘面刻度图。

除此之外，还有厂内起重设备、机修设备的选择和布置。

最后汇总提出设备材料清单，厂用电负荷数据，投资概算。

第二节 设计阶段及其内容

由于水电站的设计工作涉及面广、工作量大，且设计质量关系着工程的成败优劣，而设计人员是按专业进行分工的，需要互相提供数据资料，互相影响和制约，因此水电站的设计工作必须分阶段进行，完成一个阶段的工作后，进行集中协调统一，提交成果，经过审查批准，作为下一阶段的设计依据。而下一阶段的设计，对前一阶段既要有继承，又要逐步深入和提高。

水电工程的设计阶段一般有流域开发规划、工程可行性研究、初步设计、技术设计、施工设计等阶段。辅助设备系统的设计一般只是后 3 个设计阶段。

（1）初步设计：解决水电站开发和建设中带方向性的方案规划和系统设计，确定工程规模、投资和效益，论证技术可行性与经济合理性，是工程设计的基础阶段。初步设计应在批准的河流规划基础上，根据主管部门审批的设计任务书进行，其主要任务是充分研究水电站所在河流和地区的自然条件，论证工程和主要建筑物等级，进行工程总体布置，确定主要建筑物型式和控制性尺寸，确定水库特征参数，确定电站装机容量、机组台数、机组类型、电气主接线及主要机电设备，提出施工方案和工程总概算，进行技术经济分析，阐明工程效益。有时还要根据电站的特殊情况，拟定需进一步研究的专题项目。辅助设备系统的初步设计则是配合工程总体设计，完成上述任务中对各主要方案的研究，初步提出油气水系统图和主要设备清单，拟定设备制造任务书等技术文件，编写初步设计说明书有关章节，参加编制工程概算。

（2）技术设计：在初步设计已确定的方案基础上进行，其任务是对主要技术问题作深入探讨，进行设计计算、调查试验和分析论证，提出解决这些问题的技术方案，并在深入工作的基础上提出对初步设计中某些问题的修改和补充。

（3）施工设计：将技术设计所确定的方案，在详细布置和结构设计的基础上，绘制施工图纸（表示出制作安装的具体尺寸和要求），编制说明书作为施工依据，以付诸于具体实施。施工设计图纸较多，设计工作具体、琐碎，工作量大，往往各种矛盾都集中暴露出来，要求设计认真细致，图纸正确，表达清楚，各专业之间要密切配合，反复核对，消除差错，使各种矛盾和问题及早暴露，消除在施工、安装、运行之前。施工图说明书应包括：技术条件的实施，质量检验的标准和方法，试验要求，运行使用程序，保养检修制度及注意事项，为水电站安装、运行、检修作出指导性说明。辅助设备系统施工设计的主要任务是：进行设备和管路布置，绘制设备布置图和管路图；非标准件设计。设备和管路布置图有两种表达方式：一种为综合各系统按厂房分层分块出图，这种图纸便于安装、检修时使用，容易避免各种管道在布置中的相互干扰，但绘图时要注意各系统的管道连接，避免遗漏；另一种为按系统出图，这在设计制图时较有系统性，不易遗漏，但制图工作量较大，且要注意避免各分系统之间管道的相互干扰。非标件是指尚未定型化、系列化、无标准设计可供选用的设备和构件，需自行设计、绘制制造安装图。

对于不同规模的电站，设计阶段的划分应根据其重要性和技术复杂程度不同而有所差异。一般建设项目可按初步设计和施工设计两个阶段进行，对于技术复杂而又缺乏设计经验的项目，经主管部门批准，可增加技术设计阶段。

在设计过程中，由于基本资料发生变化、认识深化及技术发展进步等原因，为使方案更合理，有时需要修改设计，导致相关内容全部或局部返工，这是设计中的正常返工现象。

基建程序是多年来基本建设的实践总结，是客观规律的反映，是使基本建设顺利进行的重要保证。设计中必须严格执行：没有批准的设计任务书、资源报告、厂址选择报告不能提供初步设计，更不能进行设计审批；没有批准的初步设计不能提供设备订货清单和施工图纸。

第三节　设　计　基　本　资　料

设计工作需要可靠、准确和全面的基本资料，这是工程设计的基础与依据。对于辅助设备系统，要完成设计，必须收集以下资料。

1. 工程自然条件和总体规划设计资料

河流梯级开发方案；本工程任务、等级和建设期限；各种建筑物主要数据和布置情况；水库调节特性；对外交通，重件、大件运输条件；本电站在电力系统中的位置、任务，单机占系统总容量的比重；电站各种特征水头；上下游各种特征水位，下游水位与下泄流量关系曲线；装机容量、机组台数，最大利用小时数；运行方式，各种工况的运行持续时间；水质情况，水流含沙量资料；水温资料；气象资料；厂址附近地下水情况。

2. 机组资料

水轮机和发电机型号，额定功率，机组转速，设计水头；发电机效率，功率因数，额定电压；水轮机运行特性，吸出高度，装机高程，蜗壳、尾水管型式及尺寸；机组主要部件重量和外形尺寸；调速器、油压装置型号，调速系统用油量；机组各部分冷却、润滑水量，发电机消火水量，以及这些用水对水压、水温、水质的要求；机组各部分用油量，对油的牌号要求；机组制动用气量及对气压的要求，制动风闸尺寸、数量；水轮机顶盖与主轴密封漏水量，顶盖排水方式；机组油气水管路设置情况；随机配套供给的自动化元件的性能规格和数量。

3. 电站其他专业设计资料

电气主接线，电气设备布置情况，电气设备用水、用油、用气的要求；引水系统布置及尺寸，水头损失与流量关系曲线；厂房布置及混凝土体形图；水工建筑物渗漏水量；水工建筑物及金属结构的防冻吹冰要求；进水口闸门及尾水闸门的型式及漏水量；进水口拦污栅间距及过栅流速。

4. 辅助设备有关资料

各种辅助设备的厂家资料和样本，与本电站辅助设备系统设计有关的新技术、新理论、新研制的设备与材料的动态情况。

5. 已投产类似电站资料

已投产类似电站辅助设备系统的设计资料，运行及试验数据，设备及系统改进情况，调查报告等，用于剖析、对比研究。

第四节　方案拟定和比较

明确设计任务、收集基本资料之后，便可拟定出不同方案进行分析比较和设计计算。

一、方案的拟定

在设计过程中，对每一问题的解决都可能有若干不同的方案，除了明显不合理、不优越的方案外，一般对各种可能采用的方案均宜列出，根据具体条件，通过技术经济分析和方案比较工作，判定各方案的优劣，淘汰剔除较劣方案，找出最优方案。

例如某电站水头范围为 81～126m，单机容量为 30 万 kW，设计供水系统时曾提出自流减压供水、水泵供水和射流泵供水等不同方案，经过充分论证比较及一系列试验研究工作，最后确定采用射流泵供水方案。

这种对不同设计方案的拟定和比较在设计过程中是经常运用的。如水轮机进水口设置进水阀，还是设置快速闸门；进水阀是采用蝴蝶阀，还是球阀；技术供水是采用沉淀池或水力旋流器，还是从地下水源取水；排水系统是采用渗漏、检修合用一套设备，还是分设两套系统；无调相任务的水电站，其制动供气是设置专用的低压空压机，还是自油压装置系统取高压气减压后供给；等等。

不同的水电站，由于具体条件不同，最优设计方案也不相同。例如我国南方的电站和北方的电站，多泥沙河流的电站和清水河流的电站，设计时所考虑的技术内容就有很大区别。电站自动化水平不同，所考虑的方案就可能有质的不同。地下厂房和地面厂房，高水头电站和低水头电站，它们的供排水系统各有自己的特殊要求而有显著的差别。设计人员必须充分发挥主观能动性，反复琢磨，精心设计，从具体情况出发，提出技术先进、切实可行、协调统一的设计方案，具体地解决实际问题，照抄照搬是做不出好设计来的。

二、方案比较的内容

方案比较时必须对拟定方案所涉及的技术经济条件进行全面、综合的分析。对其优缺点进行详细比较，并结合必要的经济计算与分析，找出最优方案。

方案比较的具体内容如下：

（1）技术上：应在规定的工作条件下，符合工程的总体技术要求，充分发挥效益；具有较高的可靠性，操作简单，不易发生误动作，运行时不易发生故障，并考虑在可能发生事故时有报警及安全措施，设置有必要的备用系统，当工作系统故障时备用系统能及时投入，保证电力生产过程不间断地进行；维护方便，有较好的检修、安装工作条件，设备在制造、运输和布置各方面都能落实；采用技术先进，有一定的自动化水平。

（2）经济上：在一定的运行条件和运行时间内，支付的工程投资（包括材料、设备、劳务）和运行费用较节省，所获的收益较大。或者为了提高技术效果，虽然支付的材料、设备、劳务消耗要大些，但能从时间、效率、收益等方面在一定条件下能予以有效补偿，也就是其净收益是有价值的。

技术和经济两个方面往往是相互矛盾的。单纯强调经济上节省、收益高，不注意技术上的合理安全、可靠，或者只追求技术上先进，不注意经济上节省，都是片面的。

辅助设备系统对水电站总体来说是一个局部问题，因此必须了解这个局部和总体之间的相互影响和相互关系，按照工程总体的要求去研究如何发挥辅助设备的最有效作用。如果不着眼于整体去研究整个生产环节，即使对某个分系统进行最佳设计，而从整体看来未必是最佳的。例如刘家峡水电站水轮机前要不要装设蝴蝶阀，是一个局部的技术经济问题，从单机单管、水头不太高的技术条件来看，不设置蝴蝶阀在经济上是有利的，但运行多年来导叶受河流中含沙水流磨损严重，造成停机时漏水量大，维护检修麻烦，停机制动困难，成为一个不安全因素。若把进水口快速闸门接入水轮机启停自动回路，则将增长启停机时间，可见从整体来看，不设置蝴蝶阀是得不偿失的。

第五节 设 计 成 果

设计成果包括计算书、说明书和图纸三部分。

计算书是设计计算的原始材料，它记录了设计者在设计计算中所采用的方法、公式、数据、依据的资料。反映了设计计算的过程和结果，以及校核人、审阅人的核审意见。计算书是重要的工程技术档案，需长期或永久保存，供设计者本人或其他人查考。

说明书是设计单位对所作设计的说明和介绍，是供领导机关审批设计，供施工、安装、运行管理单位了解设计意图，以及供对外交流的技术文件。说明书介绍设计所采用的基本资料和原始数据；设计中计算、比较、分析、论证、试验、调查等的情况和成果；对各种方案选择推荐和剔除淘汰的理由；选定方案的基本数据、特点及存在的问题。说明书文字应突出重点、简明扼要，正确反映情况，确切说明问题。计算过程在说明书中不需列出，熟知的道理、通用的公式不必介绍，计算方法不作繁琐的推导和引证。

图纸是工程的语言工具，它表达设计者的意图和设想，表示出工程建筑物及设备的布置、各部位尺寸及相对关系，是施工、安装、运行管理的主要依据。设计图纸应内容完整正确、图面清晰整齐，并有设计者、校核者、审查批准者的签字，以对工程负责。

思 考 题 与 习 题

1. 什么叫工程设计？辅助设备系统的设计与水电站整体设计有什么关系？

2. 辅助设备系统通常包括哪些分系统？各个分系统的设计任务是什么？

3. 水电工程设计一般有哪些设计阶段？辅助设备系统的设计有哪几个阶段？

4. 什么是水电工程的初步设计、技术设计和施工设计？各在什么基础上进行？各主要任务是什么？

5. 设计工作对资料有什么要求？辅助设备系统的设计需要哪些基本资料？

6. 水电工程设计为什么要进行方案比较？方案比较的具体内容包括哪两方面？

7. 辅助设备系统的设计成果有哪三部分？各部分的内容和要求是什么？

附　　录

水力机械系统图常用图形符号表（SL 73.4—2013）

序号	名　称	符　　号	序号	名　称	符　　号
1	单行管路		16	坡度	1：500　　3° 长：高＝4：1
2	双行管路	—S——S—	17	螺纹连接	
3	三行管路	—S-S——S-S—	18	法兰连接	
4	不可见管路		19	焊接连接	d　　3d~5d
5	假想管路		20	承插连接	
6	柔性管 软管		21	弯管	焊接　螺纹连接　法兰连接
7	保护管		22	三通	
8	保温管		23	四通	
9	套管		24	同心异径头	
10	多孔管		25	偏心异径头	同顶 同底
11	交叉管		26	活接头	
12	相交管		27	快速接头	
13	带接点 的管路		28	软管接头	
14	弯折管	⊙——朝向观察者弯折 ○——背离观察者弯折	29	双承插管 接头	
15	介质流向	◄ 常标在靠近阀门处	30	外接头	

269

序号	名　称	符　号	序号	名　称	符　号
31	内外螺纹接头		44	重锤元件	
32	螺纹管帽	管帽螺纹为内螺纹	45	浮球元件	
33	堵头	堵头螺纹为外螺纹	46	活塞元件	
34	法兰盘		47	电磁元件	
35	盲板		48	薄膜元件	不带弹簧　　带弹簧
36	波形伸缩器		49	电动元件	
37	套筒伸缩器		50	控制及信号连接	
38	矩形伸缩器		51	闸阀	
39	弧形伸缩器		52	截止阀	
40	球形铰接器		53	节流阀	
41	可挠曲的橡胶接头		54	球阀	
42	手动元件		55	蝶阀	
43	弹簧元件		56	隔膜阀	

续表

序号	名　称	符　号	序号	名　称	符　号
57	旋塞阀		68	盘形阀	
58	止回阀	 图示流向：右向左	69	真空破坏阀	
59	三通阀		70	电磁阀	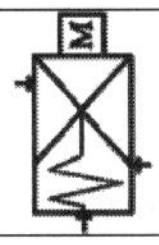
60	三通旋塞		71	电磁配压阀	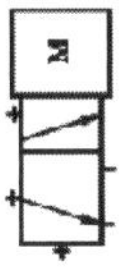  立式　　　卧式
61	角阀		72	地漏	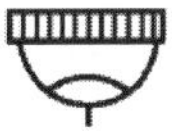  有碗扣　无碗扣
62	安全阀	  弹簧式　重锤式	73	喷头	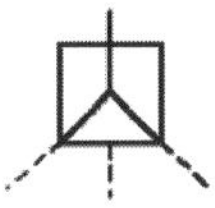
63	取样阀		74	测点及测压环管	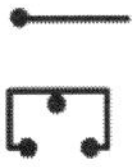 
64	消火阀	 	75	节流装置	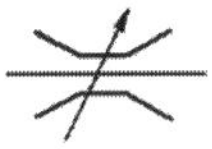 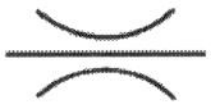 可调　不可调
65	减压阀	 小三角形一端为高压端	76	取水口拦污栅	
66	疏水阀	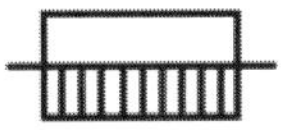	77	油呼吸器	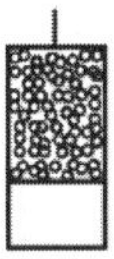
67	莲蓬头	  有底阀　无底阀	78	过滤器（油、气）	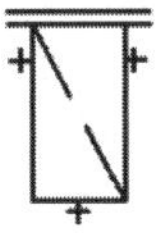

271

序号	名 称	符 号	序号	名 称	符 号
79	油水分离器（汽水分离器）		89	射流泵	
80	冷却器（油、气、水）		90	制动器	
81	油罐（户内、户外）		91	角式针阀	
82	油罐（卧式）		92	电动四通球阀	
83	油（水）桶		93	Y形管道过滤器	
84	移动油箱		94	自吸泵	
85	压力油罐		95	水力旋流器	
86	储气罐		96	浮球阀	
87	潜水电泵		97	冷干机	
88	深井水泵		98	复合式排气阀	

续表

序号	名　称	符　号	序号	名　称	符　号
99	雨淋阀		111	溢流阀	
100	法兰连接明杆闸阀		112	拍门	
101	法兰连接暗杆闸阀		113	水控阀	
102	法兰连接电动阀		114	液动滑阀（两位四通）	
103	螺纹连接电磁阀		115	液动配压阀	
104	手动截止阀		116	事故配压阀	
105	带法兰的液压截止阀		117	分段关闭阀	
106	法兰连接的手动球阀		118	进水阀	
107	带法兰的弹簧调节的减压阀		119	滤水器	
108	法兰连接的气动薄膜阀		120	油泵	
109	法兰连接的手动旋塞阀		121	手压油泵	
110	角式止回阀（手动）		122	空气压缩机	

序号	名　称	符　号	序号	名　称	符　号
123	真空泵		134	剪断销信号器	B
124	离心水泵		135	压差信号器	D
125	真空滤油机	V	136	示流信号器	F 单向　F 双向
126	高真空滤油机	V V	137	浮子式液位信号器	L
127	离心滤油机		138	油水混合信号器	M
128	压力滤油机	P	139	转速信号器	n
129	移动油泵		140	压力信号器	P
130	柜、箱（装置）		141	位置信号器	S
131	静电吸附装置		142	温度信号器	T
132	管道泵		143	电极式水位信号器	
133	潜水排污泵		144	示流器	

序号	名　称	符　号	序号	名　称	符　号
145	压力传感器	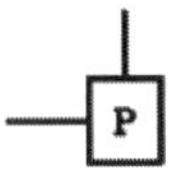	152	压力表	
146	压差传感器	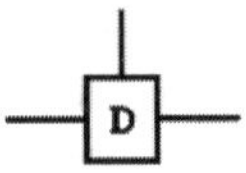	153	电接点压力表	
147	水位计		154	真空表	
148	水位传感器		155	压力真空表	
149	指示型水位传感器		156	插入式流量计	
150	二次显示仪表	 ＊表示仪表的名称	157	温度计	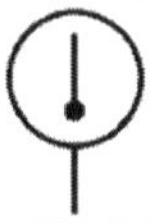
151	远传式压力表		158	测流装置	

图 形 符 号 使 用 规 定

（1）本图形符号适用于绘制水利水电工程水力机械系统图和布置图。

（2）图形符号中的文字和指示方向不应单独旋转某一角度。

（3）用同一图形符号表示用途不同的仪表、设备，可在图形的右下角用大写英文名称的字头表示，如泥浆泵用 M，污水泵用 S。

（4）阀类中的常开或常闭是对机组处于正常运行的工作状态而言。可在阀门符号的右上角用文字表示阀门的开启或关闭状态，常开阀用"ON"表示，常闭阀用"OFF"表示。表示常开的文字"ON"可省略不标注。

（5）元件的名称、型号和参数（如压力、流量、管径等），一般在系统图和布置图的设备材料表中标明，必要时可标注在元件符号旁边。

（6）标准中未规定的图形符号，可根据其说明和图形符号的规律，按其作用原理进行派生，并在图纸上做必要的说明。

（7）图形符号中的大小应以清晰、美观为原则。系统图中可根据图纸幅面的大小变化而定，但应适当考虑元件、设备等本身的大小和比例；布置图中可根据设备的外形结构尺寸按比例绘制。

参 考 文 献

［1］ 范华秀 . 水力机组辅助设备 ［M］. 北京：水利电力出版社，1987.

［2］ 陈存祖，吕鸿年 . 水力机组辅助设备 ［M］. 北京：中国水利水电出版社，1995.

［3］ 李郁侠 . 水力发电机组辅助设备 ［M］. 北京：中国水利水电出版社，2013.

［4］ 龙建明，杨絮 . 水电站辅助设备 ［M］. 郑州：黄河水利出版社，2009.

［5］ 高武 . 水电站辅助设备与监测习题集 ［M］. 北京：水利电力出版社，1992.

［6］ 孙力，徐国君 . 小型水电站计算机监控技术 ［M］. 北京：中国计划出版社，1999.

［7］ 水电站机电设计手册编写组 . 水电站机电设计手册水力机械分册 ［M］. 北京：水利电力出版社，1983.

［8］ 湖北省水利勘测设计院 . 小型水电站机电设计手册水力机械分册 ［M］. 北京：水利电力出版社，1985.

［9］ 中华人民共和国水利部 . 水利水电工程制图标准水力机械图分册 （SL 73.4—2013） ［S］. 北京：中国水利水电出版社，2013.

［10］ 中华人民共和国能源部，水利部水利水电规划设计总院，公安部消防局 . 水利水电工程设计防火规范 （SDJ 278—1990） ［S］.

［11］ 熊道树 . 水轮发电机组的辅助设备 ［M］. 北京：水利电力出版社，1987.

［12］ 邬承玉，王义林 . 水轮发电机组辅助设备与测试技术 ［M］. 北京：中国水利水电出版社，1999.

［13］ 谢云敏 . 水轮发电机组辅助设备及自动化运行与维护 ［M］. 北京：中国水利水电出版社，2005.

［14］ 全铃琴 . 水轮机及其辅助设备 ［M］. 北京：中国水利水电出版社，1998.

［15］ 梁建和，等 . 水轮机及辅助设备 ［M］. 北京：中国水利水电出版社，2005.

［16］ 哈尔滨大电机研究所 . 水轮机设计手册 ［M］. 北京：机械工业出版社，1976.

［17］ 金宗朝 . 水力控制阀 ［M］. 北京：中国标准出版社，2005.

［18］ 温念珠 . 电力用油实用技术 ［M］. 北京：中国水利水电出版社，1998.

［19］ 刘晓亭，李维潘 . 水力机组现场测试手册 ［M］. 北京：水利电力出版社，1993.

［20］ 陈德新 . 传感器、仪表与发电厂监测技术 ［M］. 郑州：黄河水利出版社，2006.

［21］ 电机工程手册编委会 . 电机工程手册：第 8 卷 ［M］. 北京：机械工业出版社，1982.

［22］ 机械工程手册编委会 . 机械工程手册 ［M］. 北京：机械工业出版社，1982.

［23］ 水电部西安热工研究所 . 电力系统油质试验方法 ［M］. 北京：水利电力出版社，1984.

［24］ 耶永章 . 活塞式压缩机 ［M］. 北京：机械工业出版社，1982.

［25］ 李建成 . 水力机械测试技术 ［M］. 北京：机械工业出版社，1981.